21世纪高等职业教育信息技术类规划教材
21 Shiji Gaodeng Zhiye Jiaoyu Xinxi Jishulei Guihua Jiaocai

计算机网络技术基础实训

JISUANJI WANGLUO JISHU JICHU SHIXUN

柳青 主编 叶明伟 陈立德 副主编

人 民 邮 电 出 版 社
北 京

图书在版编目（CIP）数据

计算机网络技术基础实训 / 柳青主编. -- 北京 ：人民邮电出版社, 2010.2（2014.1 重印）
21世纪高等职业教育信息技术类规划教材
ISBN 978-7-115-21955-8

Ⅰ. ①计… Ⅱ. ①柳… Ⅲ. ①计算机网络－高等学校：技术学校－教材 Ⅳ. ①TP393

中国版本图书馆CIP数据核字(2010)第003330号

内 容 提 要

本书是《计算机网络技术基础》的配套教材，引导学生在网络操作系统安装和配置、Internet 信息网站的建立、网线的制作与网络硬件的连接、交换机和路由器的配置、防火墙的配置等方面进行实训，突出实践能力的培养。

本书可作为高职高专院校计算机及相关专业（非网络专业）计算机网络技术基础课程的教材，以及非计算机专业计算机网络选修课教材，也可以作为计算机网络技术的培训用书。

21 世纪高等职业教育信息技术类规划教材

计算机网络技术基础实训

◆ 主　　编　柳　青
副 主 编　叶明伟　陈立德
责任编辑　潘春燕
执行编辑　刘　琦

◆ 人民邮电出版社出版发行　　北京市丰台区成寿寺路 11 号
邮编　100164　　电子邮件　315@ptpress.com.cn
网址　http://www.ptpress.com.cn
三河市海波印务有限公司印刷

◆ 开本：787×1092　1/16
印张：11.25　　2010 年 2 月第 1 版
字数：287 千字　　2014 年 1 月河北第 3 次印刷

ISBN 978-7-115-21955-8

定价：22.00 元

读者服务热线：(010)81055256　印装质量热线：(010)81055316
反盗版热线：(010)81055315

前 言

“计算机网络技术基础”是一门理论与实践紧密结合的课程，这门课程要求必须加强学习者实践能力的培养。本书是《计算机网络技术基础》的配套教材，根据职业岗位的工作性质和人才需求，引导学生在网络操作系统安装和配置、Internet 信息网站的建立、网线的制作与网络硬件的连接、交换机和路由器的配置、防火墙的配置等方面进行实训。本书理论与实践相结合，注重实践应用能力的培养，力求使学生通过学习获得实际构建、配置和管理网络的基本能力。通过课程学习和实训，使学生获得计算机网络技术的基础知识，掌握计算机网络建设的基本方法，具备网络系统软硬件的安装、配置、管理和维护等基本技能，培养学生对计算机网络的认知能力和对网络技术的实际应用能力。

本书实训以 Windows Server 2003 为典型网络操作系统，交换机和路由器以 Sisco 为典型产品。为便于更多的学校使用，本书还安排了神州数码交换机和路由器的实训。

本书由柳青主编并提出编写大纲。其中，实训 1 ~ 实训 10 由叶明伟编写，实训 11 ~ 实训 21 由陈立德编写，各实训中的预备知识由柳青编写，成秋华、刘顺来、沈明、张犟等参加了部分内容的编写，全书由柳青修改和统稿。本书是广州航海高等专科学校精品课程建设成果，且在本书编写过程中，广州中星网络技术有限公司、广州市唯康通信技术有限公司、神州数码网络集团等给予了大力的支持和帮助，在此表示衷心地感谢。

限于编者水平，书中难免有错误和不妥之处，望广大读者批评指正。

编 者

2009 年 11 月

目 录

实训 1

网线的制作与网络硬件的连接

一、实训目的

1. 掌握直通线和交叉线的制作。
2. 掌握网线连通性的测试。
3. 掌握网络硬件的连接。

二、实训设备

1. 压线钳 1 把。
2. RJ-45 连接头（水晶头）若干个。
3. 双绞线若干段。
4. 网线测试仪 1 个。
5. 计算机和交换机等网络硬件若干台。

三、预备知识

1. 计算机网络的传输介质

传输介质是网络中信息传输的物理通道，是网络通信的物质基础之一。传输介质可根据其物理形态分为有线传输介质和无线传输介质两大类。有线传输介质包括双绞线、同轴电缆和光纤等，无线传输介质包括无线电波、红外线和激光等。

（1）双绞线。

将两根具有绝缘保护层的铜导线按一定密度相互绞缠在一起形成线对，把一对或多对线对放在一条导管中便成了双绞线电缆。常用的双绞线电缆由 4 对导线按一定密度反

时针互相扭绞在一起。

① 双绞线电缆的分类。

- 按照线缆是否屏蔽分类，双绞线分为屏蔽双绞线和非屏蔽双绞线两类。
- 按照电气特性可将双绞线分为3类、4类、5类、超5类、6类、7类等类型，数字越大，技术越先进，带宽越宽，价格越高。目前常用的是5类、超5类或6类非屏蔽双绞线。

② 双绞线电缆连接硬件。

双绞线电缆连接硬件包括电缆配线架、信息插座和接插软线等，用于端接或直接连接电缆，使电缆和连接器件组成一个完整的信息传输通道。常用的连接硬件有RJ-45连接头（水晶头），如图1-1所示，以及信息插座（信息模块），如图1-2和图1-3所示。

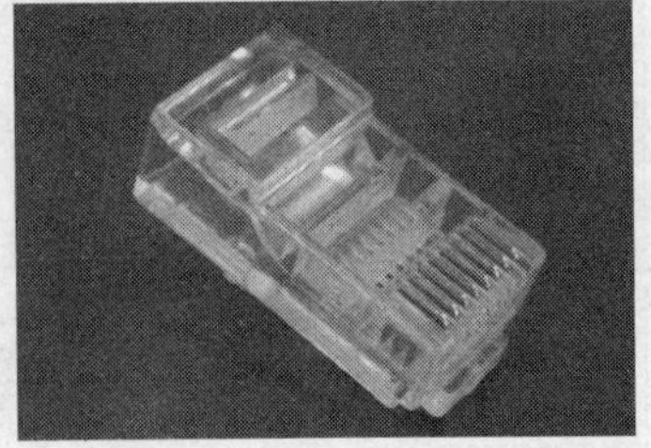

图1-1　RJ-45连接头

图1-2　RJ-45信息模块

图1-3　屏蔽RJ-45信息模块

（2）同轴电缆。

同轴电缆由圆柱形金属网导体（外导体）及其包围的单根铜芯线（内导体）组成，金属网与铜导线之间由绝缘材料（如发泡PE）隔开，金属网外是一层绝缘保护套（如PVC护套）。图1-4所示是一种典型的同轴电缆。粗缆和细缆的两端需要用50Ω的终端电阻防止信号产生反射，如图1-5所示。

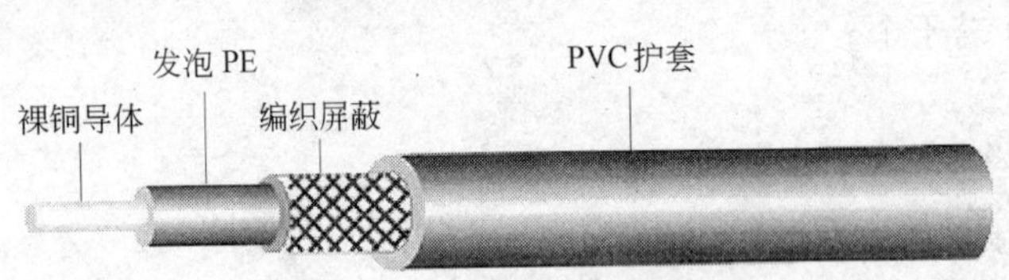

图1-4　同轴电缆结构示意图

图1-5　细缆终端电阻

① 同轴电缆的分类。

根据电缆中导体的直径大小不同分为粗缆和细缆两类。

② 同轴电缆的连接器。

- 粗缆连接器：粗缆通过收发器（Transceiver）与计算机连接。计算机通过一根电缆连接到收发器上，这根电缆称为连接单元接口（Attachment Unit Interface，AUI）电缆。计算机网络接口卡（网卡）和收发器件称为AUI连接器，如图1-6所示。
- 细缆连接器：细缆通过BNC（Bayonet Hut Connector，同轴电缆连接器）连接器连接到每段电缆的两端，与其他细缆或BNC T型接头连接。BNC连接器如图1-7所示。BNC T型接头有3个接口，可以连接细缆的BNC连接器或网卡，如图1-8所示。T型底部的接口

连接到计算机的网卡上，另两个接口用于连接细缆的 BNC 接头。

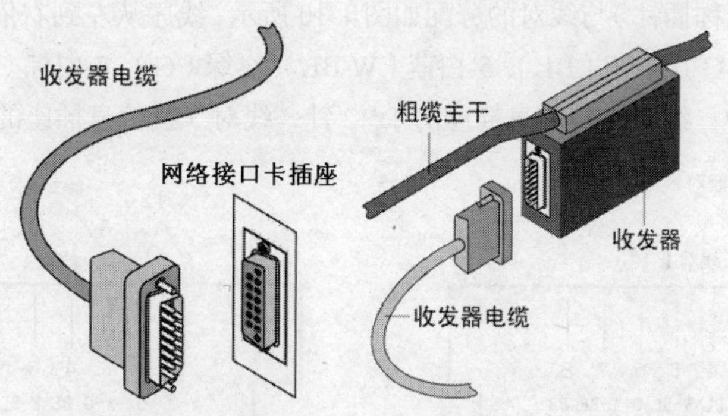

图 1-6　AUI 连接器

图 1-7　BNC 连接器

图 1-8　BNC T 型接头

（3）光纤。

光纤由石英玻璃拉成细丝，由纤芯和包层构成双层通信圆柱体。一根或多根光纤组合在一起形成光缆。

① 按照传输的总模数可以分多模光纤和单模光纤。

② 光纤连接部件主要有配线架、端接架、接线盒、光缆信息插座、各种适配器（如 ST、SC、FC 等）以及用于光缆与电缆转换的连接器，作用是实现光缆线路的端接、接续、交连和光缆传输系统的管理，以形成光缆传输系统通道。

（4）无线传输介质。

常用无线通信方法，常见的无线传输介质有微波、卫星、激光和红外线。

2. 双绞线制作标准与网线类型

每条双绞线电缆中都有 8 根导线，导线的排列顺序必须遵循一定的规律，否则会导致链路的连通性故障或影响网络传输速率。

（1）T568-A 与 T568-B 标准。

目前最常用的布线标准是 EIA/TIA T586-A 和 EIA/TIA T586-B。在一个综合布线工程中，可以采用任何一种标准，但所有的布线设备和布线施工必须采用同一个标准。通常情况下，在布线工程中采用 EIA/TIA T586-B 标准。

① T586-A 标准。

水晶头的 8 针（或称插针）与线对的分配如图 1-9 所示，线序从左到右依次为 1-白绿（W-G）、2-绿（G）、3-白橙（W-O）、4-蓝（BL）、5-白蓝（W-BL）、6-橙（O）、7-白棕（W-BR）、8-棕（BR）。4 对双绞线对称电缆中，线对 2 接信息插座的 3、6 针，线对 3 接信息插座的 1、2 针。

② T568-B 标准。

水晶头的 8 针（或称插针）与线对的分配如图 1-10 所示，线序从左到右依次为 1-白橙（W-O）、2-橙（O）、3-白绿（W-G）、4-蓝（BL）、5-白蓝（W-BL）、6-绿（G）、7-白棕（W-BR）、8-棕（BR）。4 对双绞线对称电缆中，线对 2 接信息插座的 1、2 针，线对 3 接信息插座的 3、6 针。

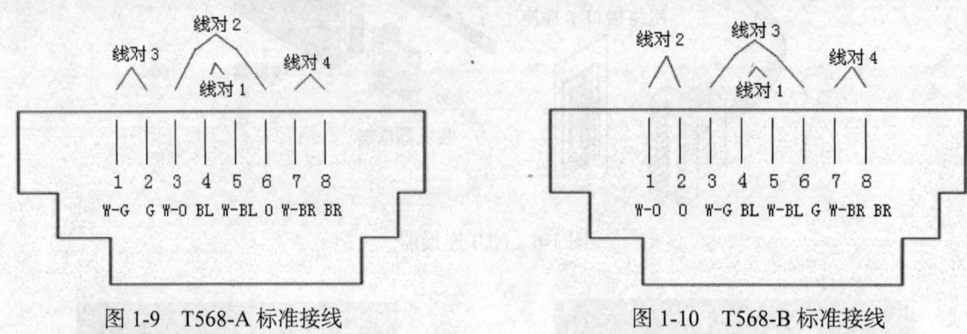

图 1-9　T568-A 标准接线　　　　图 1-10　T568-B 标准接线

（2）判断线序。

将水晶头有塑料弹片的一面朝下，有金属片针脚的一面朝上，而且有金属片针脚的一端指向远离自己的方向，有方形孔的一端对着自己，此时，从左至右的针脚序号是 1～8。

（3）网线的类型。

① 直通线。

直通线接法使双绞线的两端芯线一一对应。如果按照 T568-B 标准制作，则网线两端线序如表 1-1 所示。一般情况下，连接两个不同类型的设备时采用直通线连接，例如，计算机—集线器或计算机—交换机相连时采用直通线。

❖ 注意：4 个线对通常不分开，即线对的两条导线通常为相邻排列。

表 1-1　　　　直通线线序

端 1	白橙	橙	白绿	蓝	白蓝	绿	白棕	棕
端 2	白橙	橙	白绿	蓝	白蓝	绿	白棕	棕

② 交叉线。

交叉线接法（又称 1362 接法）采用 1 和 3 线对对接，2 和 6 线对对接。如果按照 T568-B 标准制作，则网线两端线序如表 1-2 所示。交叉线连接主要用于连接同种设备，例如，集线器—集线器连接、交换机—交换机连接、服务器—集线器连接、服务器—交换机连接、两台计算机的直接连接等。

表 1-2　　　　交叉线线序

端 1	白橙	橙	白绿	蓝	白蓝	绿	白棕	棕
端 2	白绿	绿	白橙	蓝	白蓝	橙	白棕	棕

设备连接时，需要正确地选择线缆。通常将设备的 RJ-45 接口分为 MDI 和 MDIX 两类。当同种类型的接口（两个接口都是 MDI 或都是 NDIX）通过双绞线互连时，使用交叉线；当不同类型的接口（一个接口是 MDI，一个接口是 MDIX）通过双绞线互连时，使用直通线。通常主机和路由器的接口属于 MDI，交换机和集线器的接口属于 MDIX。例如，交换机和主机相连采用直通线，路由器和主机相连采用交叉线。表 1-3 所示为设备间连线方法，其中 N/A 表示不可连接。

表 1-3　　设备间连线方法

	主　机	路　由　器	交换机 MDIX	交换机 MDI	集　线　器
主机	交叉	交叉	直通	N/A	直通
路由器	交叉	交叉	直通	N/A	直通
交换机 MDIX	直通	直通	交叉	直通	交叉
交换机 MDI	N/A	N/A	直通	交叉	直通
集线器	直通	直通	交叉	直通	交叉

四、实训内容与步骤

1. 直通线的制作

- 直通线的制作方法：双绞线两端都按照 T568-A 标准连接 RJ-45 连接头。
- 网线制作的主要工具：压线钳。
- 压线钳有 3 个功能：剥线、剪线、压线。
- 压线钳上有 3 个口，即剥线口、剪线口、压线口，可以相应完成 3 个功能，如图 1-11 所示。

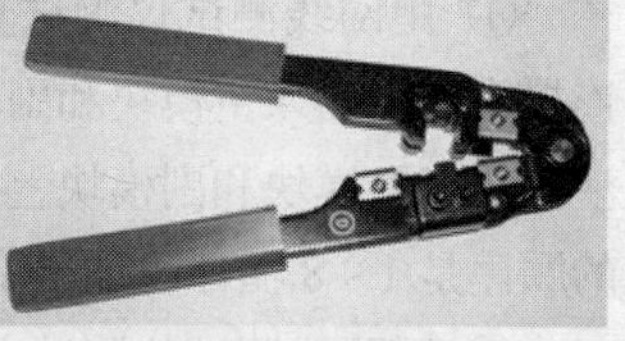

图 1-11　压线钳

直通线的制作步骤如下。

① 剥线。将双绞线一端放入压线钳剥线口，将双绞线的外皮剥去约 2 ~ 3cm，可见到由 8 根有色导线两两绞合而成的双绞线。

② 理线。将已剥去外皮的双绞线按照表 1-4 所示 T568-A 标准的双绞线线序（RJ-45 连接头有弹片的一侧朝下，RJ-45 连接头的进线口朝向自己时，从左至右的排列顺序号为 1 ~ 8）整理成平行排列。

表 1-4　　T568-A 标准的双绞线线序排列

线序	1	2	3	4	5	6	7	8
颜色	绿白	绿	橙白	蓝	蓝白	橙	棕白	棕

③ 剪线。理线完毕后，保持双绞线的线序排列及其平整性，用压线钳剪线口把双绞线前端剪齐，并使未绞合的平直部分长度约为 1.2cm。

④ 插线。将剪齐的双绞线插入 RJ-45 连接头中。插入过程中，注意 RJ-45 连接头的弹片朝下，RJ-45 连接器的进线口朝向自己，并确保双绞线的保护外皮插入 RJ-45 连接头内，8 根导线顶端应插入 RJ-45 连接头内线槽顶端，确保插入位置正确紧凑。

⑤ 压线。确认每根线插入 RJ-45 连接头内线槽顶端位置后，把 RJ-45 连接头紧紧插入压线钳压线口，并用力对 RJ-45 连接头进行压接。

⑥ 用相同的方法制作直通线的另一端。

2. 交叉线的制作

交叉线的制作方法：双绞线的一端按照 T568-A 标准连接 RJ-45 连接头，另一端按照 T568-B 标准连接 RJ-45 连接头。

交叉线的制作步骤如下。

① 交叉线一端的 RJ-45 连接头的连接方法与直通线相同，即双绞线的一端按照 T568-A 标准

与 RJ-45 连接头连接，其制作方法与直通线相同。

② 交叉线另一端按照 T568-B 标准与 RJ-45 连接头连接，即双绞线的另一端按照表 1-5 所示 T568-B 标准的双绞线线序排列与 RJ-45 连接头连接，其制作方法与直通线相似。

表 1-5　　T568-B 标准的双绞线线序排列

线序	1	2	3	4	5	6	7	8
颜色	橙白	橙	绿白	蓝	蓝白	绿	棕白	棕

3. 网线连通性的测试

网线测试仪分成主模块和副模块，如图 1-12 所示。主模块按顺序分别向每根芯线发出电信号，如果双绞线的相应芯线与 RJ-45 连接头的金属片是连通的，则主模块和副模块相对应的指示灯亮。如果不亮或者不按标准的顺序发亮，说明这根网线的连接有问题，这根网线的水晶头需要重新制作。

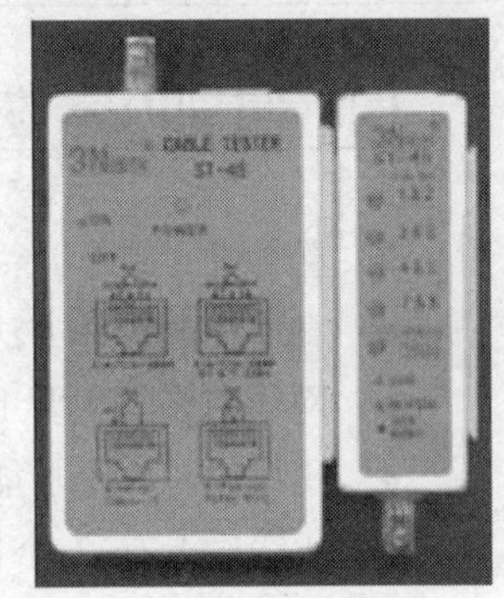

图 1-12　网线测试仪

网线连通性的测试步骤如下。

① 用网线测试仪测试直通线的连通性。把直通线两端的 RJ-45 连接头分别插入主模块和副模块的 RJ-45 插座，打开主模块上的开关。注意观察主模块和副模块上指示灯的闪亮情况：主模块上指示灯闪亮的顺序是 1～8 循环，如果副模块上指示灯闪亮的顺序也是 1～8，说明这根直通网线是连通的。

② 用网线测试仪测试交叉线的连通性。把交叉线两端的 RJ-45 连接头分别插入主模块和副模块的 RJ-45 插座，打开主模块上的开关。注意观察主模块和副模块上指示灯的闪亮情况：主模块上指示灯闪亮的顺序是 1～8 循环，如果副模块上指示灯闪亮的顺序是 3、6、1、4、5、2、7、8，说明这根交叉网线是连通的。如果网线测试仪具有直通线、交叉线测试转换开关，副模块上指示灯闪亮的顺序和直通线测试相同，也是 1～8。

4. 网络硬件的连接

① 直通线可用于将计算机连接到交换机的以太网口，或用于连接交换机与交换机。后者直通线两端连接的一个端口是级联口，另一个端口是交换机的以太网口，如图 1-13 所示。

② 交叉线可用于将计算机与计算机直接相连，或用于连接交换机与交换机。后者交叉线两端连接的两个端口都是交换机的以太网口，如图 1-14 所示。

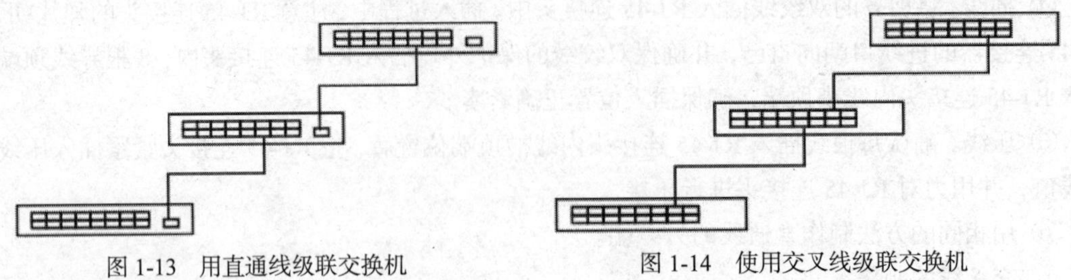

图 1-13　用直通线级联交换机　　图 1-14　使用交叉线级联交换机

五、实训总结与提高

本实训学习直通线和交叉线的制作方法和直通线、交叉线连通性的测试方法，以及常用网络

硬件的连接方法。

利用交换机与交换机的连接扩展网络连接端口，可以有不同的连接方式。除本实训采用的交换机连接方式外，还有光纤端口连接方式和交换机集群技术等连接方式。交换机的不同连接方式有其不同的优缺点和使用场合。

有的交换机支持堆叠功能，堆叠主要应用在中、大型网络环境中，特别是一些特定位置、端口需求比较大的情况下使用。交换机的堆叠是扩展端口最方便、最快捷的方式，而且堆叠还可以提升交换机的性能。但是，堆叠需要使用同一品牌的交换机。堆叠主要通过厂家提供的一条专用连接线缆，对一台交换机与另一台交换机进行堆叠连接。

实训2 对等网的组建与配置

一、实训目的

1. 掌握组建对等网的方法。
2. 掌握对等网的共享资源设置。

二、实训设备

1. 装有 Windows 操作系统的计算机 2 台。
2. 计算机连接成网络。

三、预备知识

在对等网络模式中，网络上各台主机的地位完全相同，网络中不存在处于管理或者服务核心的主机，计算机之间没有客户机（Client）和服务器（Server）的区别。一台计算机既可以作为服务器，又可以作为客户机。例如，当用户 A 需要从其他计算机获取信息时，用户 A 的计算机就成为网络客户机；如果是其他用户访问用户 A 的计算机，则用户 A 的计算机上就成为服务器。每个用户可以决定其计算机上的哪些资源将在网络上共享，对资源访问的控制由资源所在网络节点上的设置决定，网络上的共享资源是分散控制的。用户 B 能否访问用户 A 的计算机上的资源，完全由用户 A 对所在的计算机的设置来决定，反之亦然。

在 Windows 系列操作系统中，对等网络应用模式又被称为工作组（WorkGroup）。

四、实训内容与步骤

对等网的组建除了正确安装硬件、操作系统外，还需要正确安装网卡驱动程序、配置网络协议、标识计算机、设置共享资源，然后才可以通过网上邻居进行互访，实现共享资源。本实训主要学习正确标识计算机、配置网络协议、设置共享资源的方法。

以 Windows XP 专业版为例，练习对等网的组建方法。

1. 安装网卡驱动程序

Windows XP 增强了硬件设备驱动程序，硬件设备的兼容性极强。目前市场上出售的网卡，绝大多数都能被 Windows XP 自动识别，从而实现完全自动安装，无须再安装网卡驱动程序。对于个别 Windows XP 操作系统不能识别的网卡驱动程序，其安装方法与更新驱动程序的方法相似，可以按照更新驱动程序的方法安装网卡驱动程序。

（1）用鼠标在桌面上右击“我的电脑”图标，在弹出的快捷菜单中选择“属性”选项，弹出“系统属性”对话框，选择“硬件”选项卡，如图 2-1 所示。

（2）在“系统属性”对话框中单击“设备管理器”按钮，再在弹出的“设备管理器”对话框中单击“网络适配器”前的“+”号，“+”号变为“–”号，如图 2-2 所示。

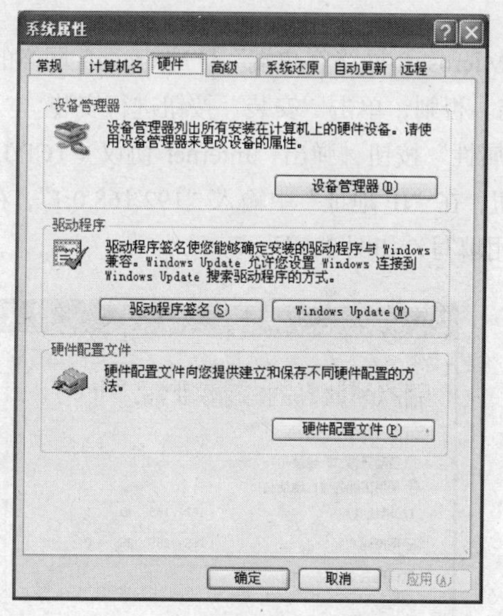

图 2-1　“系统属性”对话框

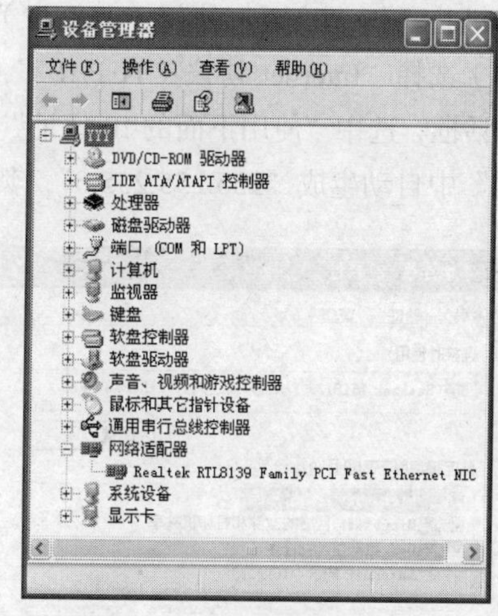

图 2-2　“设备管理器”对话框

（3）在“设备管理器”对话框中右击“Realtek RTL8139 Family PCI Fast Ethernet NIC”选项，在弹出的快捷菜单中选择“属性”选项；在打开的对话框中选择“驱动程序”选项卡，如图 2-3 所示。

（4）在“Realtek RTL8139 Family PCI Fast Ethernet NIC” 属性对话框中单击“更新驱动程序”按钮，弹出“硬件更新向导”对话框，选中“否，暂时不”单选按钮，单击“下一步”按钮；在打开的对话框中选中“从列表或指定位置安装（高级）”单选按钮，再单击“下一步”按钮，弹出“请选择您的搜索和安装选项”对话框，如图 2-4 所示。

（5）选中“在搜索中包括这个位置”复选框，单击“浏览”按钮，选择网卡驱动程序的路径，单击“下一步”按钮，完成更新网卡驱动程序。

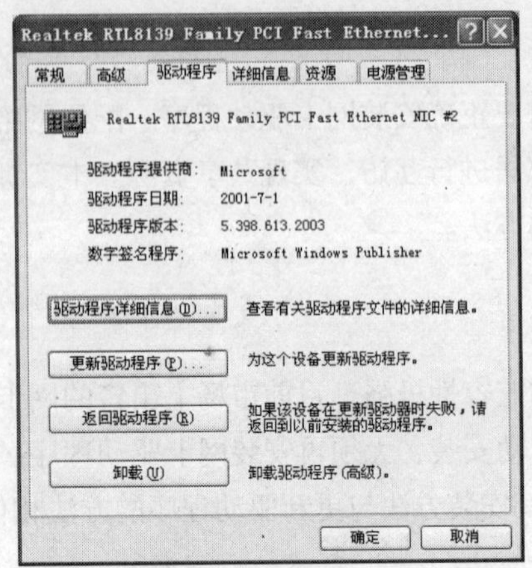

图 2-3 “Realtek RTL8139 Family PCI Fast Ethernet NIC”对话框

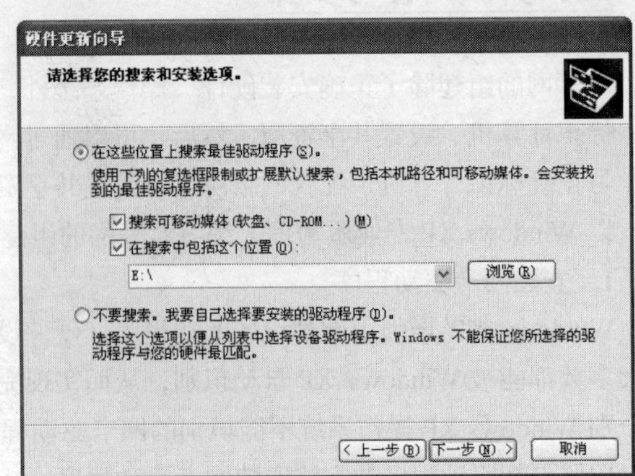

图 2-4 “硬件更新向导”对话框

2. 配置通信协议

（1）用鼠标在桌面上右击“网上邻居”图标，在弹出的快捷菜单中选择“属性”选项，弹出“本地连接 2 属性”对话框，如图 2-5 所示。

（2）确认“本地连接 2 属性”对话框中的“Microsoft 网络客户端”、“Microsoft 网络的文件和打印机共享”、“Internet 协议（TCP/IP）”已安装。否则，单击“安装”按钮进行安装。

（3）选择“Internet 协议（TCP/IP）”，单击“属性”按钮，弹出“Internet 协议（TCP/IP）属性”对话框，选中“使用下面的 IP 地址”单选按钮，在“IP 地址”中输入“192.168.0.1”，在“子网掩码”中自动生成“255.255.255.0”，其他项不用填写，如图 2-6 所示。

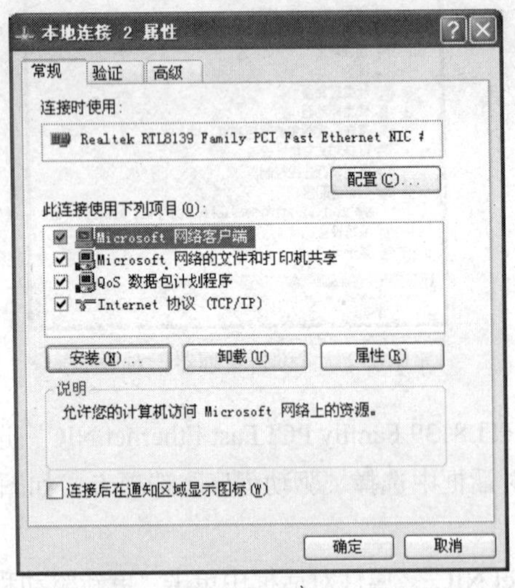

图 2-5 “本地连接属性”对话框

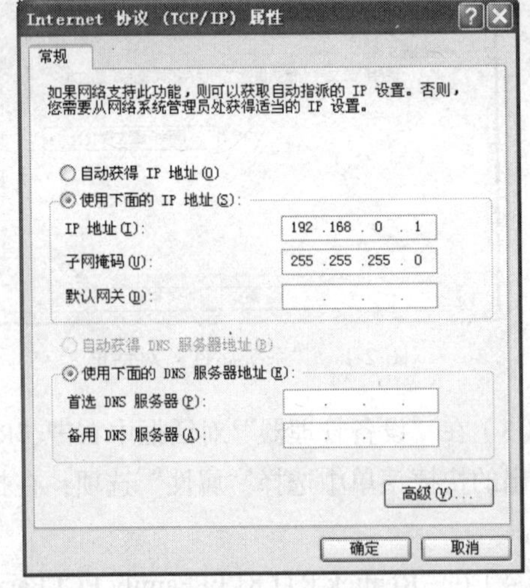

图 2-6 “Internet 协议（TCP/IP）属性”对话框

3. 标识计算机

（1）右击桌面上的“我的电脑”图标，在弹出的快捷菜单中选择“属性”选项，弹出“系统属性”对话框，选择“计算机名”选项卡，如图 2-7 所示。

（2）单击“更改”按钮，显示“计算机名称更改”对话框，如图 2-8 所示。在“计算机名”文本框中输入计算机名，在“工作组”文本框中输入工作组名，单击“确定”按钮，返回“系统属性”对话框。要使设置生效，须按要求重新启动计算机。

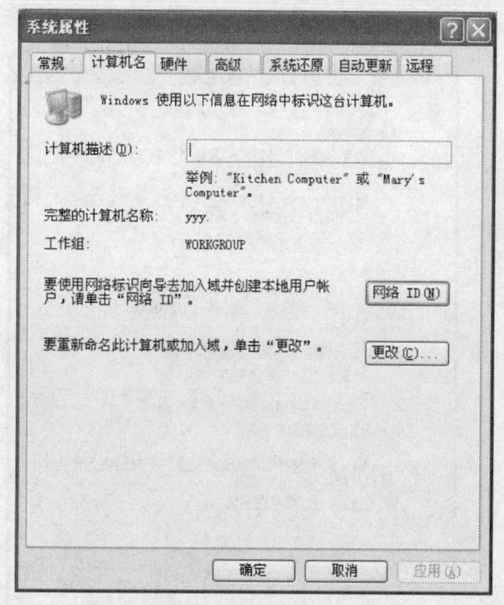

图 2-7　“系统属性”对话框

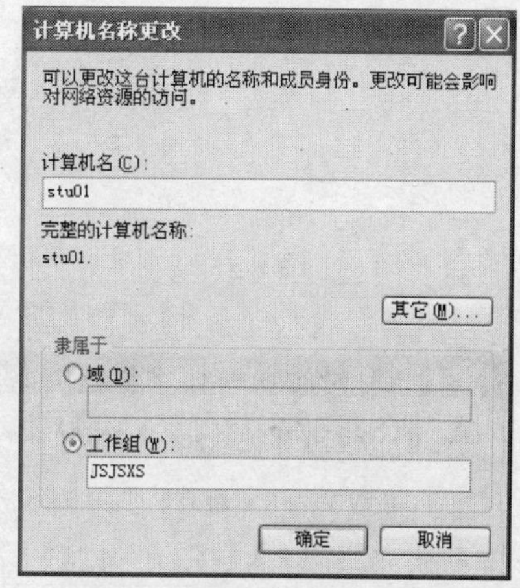

图 2-8　“计算机名称更改”对话框

4. 设置文件共享

设置文件共享的目的是为了使自己的文件资源让网络上的其他计算机使用。在 Windows XP 系统中设置文件共享的操作如下。

（1）双击桌面上的“我的电脑”图标，打开“我的电脑”窗口。

（2）右击“本地磁盘（D:）”，在弹出的快捷菜单中选择“共享和安全”选项，弹出“本地磁盘（D:）属性”对话框；选择“共享”选项卡，将光标指向“如果您知道风险，但还要共享驱动器的根目录，请单击此处。”，如图 2-9 所示。

（3）单击链接处，弹出共享和安全设置对话框，如图 2-10 所示。

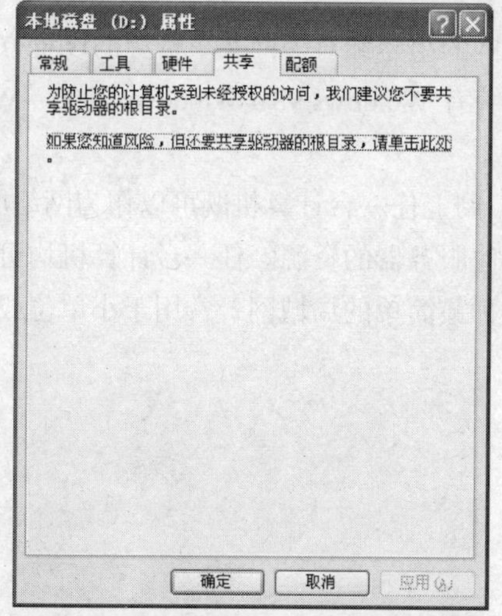

图 2-9　“本地磁盘（D:）属性”对话框

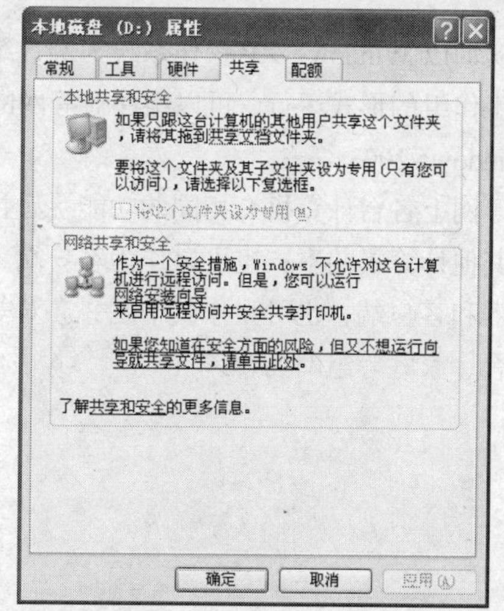

图 2-10　共享和安全设置对话框

（4）在“共享”选项卡中单击“如果您知道在安全方面的风险，但又不想运行向导就共享文件，请单击此处。”链接处，弹出“启用文件共享”对话框，如图 2-11 所示。

（5）在“启用文件共享”对话框中选中“只启用文件共享”单选按钮，单击“确定”按钮，返回“共享”选项卡，如图 2-12 所示。

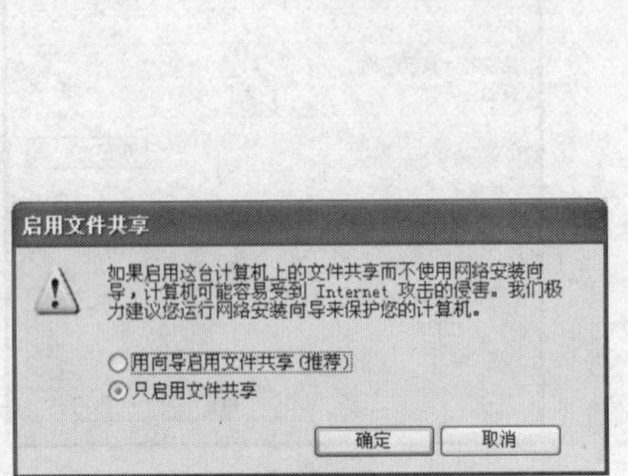

图 2-11　“启用文件共享”对话框

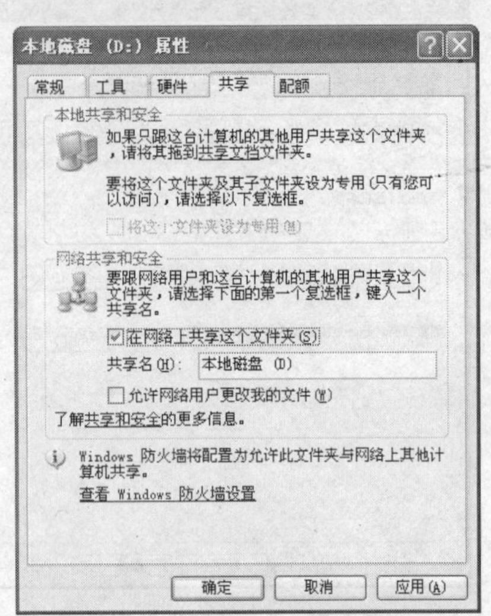

图 2-12　“共享”选项卡

（6）选中“在网络上共享这个文件夹”复选框。默认情况下，“允许网络用户更改我的文件”复选框没有被选中。从文件安全角度考虑，通常不选中后者。单击“确定”按钮，完成文件的共享设置。

（7）在“我的电脑”窗口中可以看见，本地磁盘（D:）的图标有一只手托着，表示 D 盘上所有的文件对所有网络用户开放，网络用户可以通过“网上邻居”访问共享硬盘和共享文件夹下的文件。

五、实训总结与提高

本实训以 Windows XP 操作系统为例，练习对等网的组建和对等网共享资源的设置方法。对等网以工作组的形式运行，可以组建对等网的操作系统有 Windows 98、Windows 2000、Windows XP、Windows 2003 等。

对等网上各台计算机有相同的功能，无主从之分，网上任一台计算机既可以作为网络服务器，资源供其他计算机共享；也可以作为客户端，分享其他服务器的资源。任一台计算机均可同时兼作服务器和客户端，也可只作其中之一。对等网是一种最简单的局域网，常用于小单位或部门、学生宿舍、家庭等组网场合。

实训3

Windows Server 2003 服务器的安装

一、实训目的

1. 熟悉安装 Windows Server 2003 Enterprise Edition 的硬件环境。
2. 掌握 Windows Server 2003 Enterprise Edition 的安装方法。

二、实训设备

1. 计算机 1 台。
2. Windows Server 2003 Enterprise Edition 光盘 1 张。

三、预备知识

1. 安装前的准备工作

为避免安装时发生问题，安装前先确定硬件配置是否符合需求、是否能够正常运行 Windows Server 2003。安装 Windows Server 2003 时，安装程序要求用户提供一些信息，以便决定如何安装与设置 Windows Server 2003。因此，为了顺利地进行安装，必须先做好下述各项准备工作。

（1）切断不必要的硬件连接，如打印机、扫描仪等，因为安装程序将自动检测连接到计算机端口的所有外围设备。

（2）查看硬件和软件的兼容性。在启动安装程序时，执行的第一个过程是检查计算机硬件和软件的兼容性。安装程序在继续执行前，将显示一个报告，通过该报告以及 Relnotes.htm（位于安装光盘的\Docs 文件夹）中的信息确定升级前是否需要更新硬件、驱动程序或软件。访问网址 http://www.microsoft.com/windows/catalog/，检查 Windows

Catalog 中的硬件和软件兼容性信息，可以判断是否兼容。

（3）检查系统日志。如果计算机中以前安装有 Windows 2000/XP，建议用“事件查看器”查看系统日志，寻找可能在升级期间引发问题的最新错误或重复发生的错误。

（4）备份文件。如果从其他操作系统升级到 Windows Server 2003，建议在升级前备份当前的文件，包括含有配置信息（如系统状态、系统分区和启动分区）的所有内容，以及所有的用户和相关数据。建议将文件备份到各种不同的媒体，如备份到网络上其他计算机的硬盘，尽量不要保存在本地计算机的其他非系统分区。

（5）重新格式化硬盘。虽然 Windows Server 2003 在安装过程中可以进行分区和格式化，但是如果在安装前完成这项工作，当执行新的安装操作时，磁盘的效率有可能得到提高（与不执行重新格式化相比）。另外，重新分区和格式化时，还可以根据需要调整磁盘分区或数量，以便更好地满足要求。

2. Windows Server 2003 的安装方式

（1）升级安装或全新安装。Windows Server 2003 可以选择不同的安装方式，主要根据安装程序所在位置、原有操作系统等进行选择。

① 升级安装。升级安装可以简化配置，且可以保留现有的用户、设置、组、权利和权限，也不需要重新安装文件和应用程序。建议升级前备份硬盘数据。如果执行升级安装，安装程序会自动将 Windows Server 2003 安装在当前操作系统所在的文件夹内。Windows Server 2003 企业版只能从 Windows NT Server 4.0+SP5 或更高版本以及 Windows Server 2000 的各个版本升级。

② 全新安装。此时，需要考虑磁盘分区是否包含要保留的应用程序，必要时对这些应用程序进行备份，安装完成后再重新安装。

（2）本机安装或网络安装。利用 Windows Server 2003 安装光盘，可从本机的 CD-ROM 进行安装；亦可把安装光盘置于网络服务器的共享 CD-ROM 中，通过网络进行安装。

（3）用安装光盘启动或其他操作系统启动计算机。可用 Windows Server 2003 安装光盘启动计算机进行系统安装，即全新安装。也可以用安装光盘制作安装软盘，用安装软盘启动计算机进行系统安装（安装时，光盘必须放入 CD-ROM），这种情况也是全新安装。

3. 选择文件系统

Windows Server 2003 可以安装在 FAT32 或 NTFS 格式的分区中。

格式化分区时，安装程序提供快速格式化和完全格式化两种方式。如果有坏扇区，或者以前有文件损坏的记录，最好选择“完全格式化”。如果无法判断是否有坏扇区，最好选择“完全格式化”。

4. 选择授权模式

在安装 Windows Server 2003 时，需要选择授权方式。用户只有获得授权，才能实现对服务器的访问。Windows Server 2003 支持两种不同的授权模式，即每服务器和每客户。

- “每服务器”（Per Server）模式：选择该模式并设置“同时连接数”，Windows Server 2003 服务器限制同时连接到该服务器的客户数量。默认为 5 个用户。
- “每客户”（Per Seat）模式：要求每台访问 Windows Server 2000 的客户机都有一个单独的客户访问许可证（Client Accessing Lincense，CAL）。如果网络内安装有多台服务器，通常采用“每客户”许可证模式。

5. 硬盘分区规划

运行安装程序前，需要确定安装 Windows Server 2003 操作系统所占的分区大小。基本规则是，

要为同一安装在该分区上的操作系统、应用程序及其他文件预留足够的磁盘空间。即如果安装 Windows Server 2003 的文件需要至少 2GB 的可用磁盘空间，建议要预留比最小需求更多的磁盘空间（如 10GB）。这样做的目的是为各种项目预留安装空间，如安装可选组件、用户账号、Active Directory 信息、日志、操作系统使用的分页文件及其他项目。

安装过程中只需创建和规划要安装 Windows Server 2003 的分区，系统安装完成后，可以用磁盘管理工具新建和管理已有的磁盘和卷，包括利用未分区的空间创建新的分区，删除、重命名和重新格式化现有的分区，添加和卸掉硬盘，以及在基本和动态格式之间升级和还原磁盘等。

如果计划在服务器上使用远程安装服务，需要一个单独的分区备用。由于远程安装服务的零备份存储功能要求使用 NTFS 文件格式，该分区应使用 NTFS 文件格式。如果需要为远程安装服务创建新分区，应在安装后再创建，并保留足够的磁盘空间（推荐的磁盘空间为 2GB）。同样，可以使用动态磁盘格式，它比基本格式在使用磁盘空间上更灵活。

四、实训内容与步骤

1. 系统需求

Windows Server 2003 有 4 个版本：Windows Server 2003 Standard Edition（标准版）、Windows Server 2003 Enterprise Edition（企业版）、Windows Server 2003 Datacenter Edition （数据中心版）、Windows Server 2003 Web Edition(Web 版)。Windows Server 2003 各版本的最低硬件要求见表 3-1。

表 3-1 Windows Server 2003 的最低硬件要求

硬件要求	Web 版	标准版	企业版		数据中心版	
			x86	Itanium	x86	Itanium
最小 CPU	133MHz	133MHz	133MHz	733MHz	400MHz	733MHz
推荐 CPU	550MHz	550MHz	733MHz		733MHz	
多 CPU 支持	最多 2 个	最多 2 个	最多 8 个		最少 8 个，最多 64 个	
最小内存	128MB	128MB	128MB		512MB	
推荐最小内存	256MB	256MB	256MB		1GB	
最大内存	2GB	4GB	32GB	64GB	64GB	512GB
所需磁盘空间	1.5GB	1.5GB	1.5GB	2.0GB	1.5GB	2.0GB

2. Windows Server 2003 的安装

本实训以 Windows Server 2003 Enterprise Edition（企业版）光盘启动全新安装练习 Windows Server 2003 的安装。

（1）用 Windows Server 2003 Enterprise Edition 光盘启动计算机，出现“欢迎使用安装程序”界面，如图 3-1 所示。

（2）屏幕上显示了 3 个选项：“要现在安装 Windows，请按 Enter 键”、“要用‘恢复控制台’修复 Windows 安装，请按 R”、“要退出安装程序，不安装 Windows，请按 F3”。这里选第一项，按 Enter 键，显示“Windows 授权协议”界面，如图 3-2 所示。

（3）仔细阅读 Windows 授权协议。按 PageDown 键可往下翻页，按 PageUp 键可往上翻页。如果不同意该协议，可按 Esc 键退出安装。如果同意该协议，按 F8 键继续，屏幕上会显示硬盘分区信息，如图 3-3 所示。

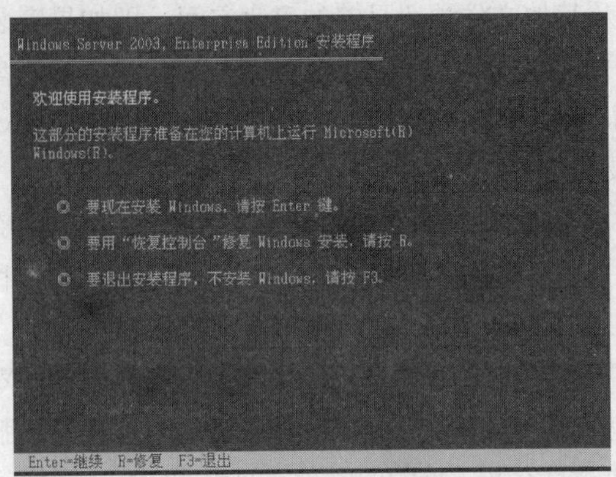

图 3-1 "欢迎使用安装程序"界面

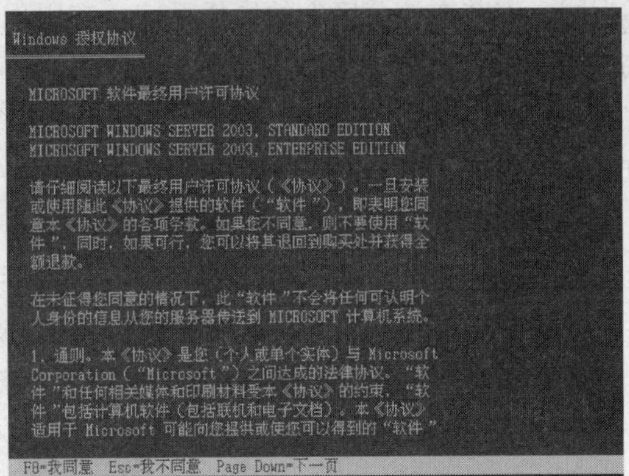

图 3-2 "Windows 授权协议"界面

（4）未经分区的空间将显示为未划分的空间，可对这些空间进行分区。选择未划分的空间，建立 C 分区，按 C 键继续，如图 3-4 所示。

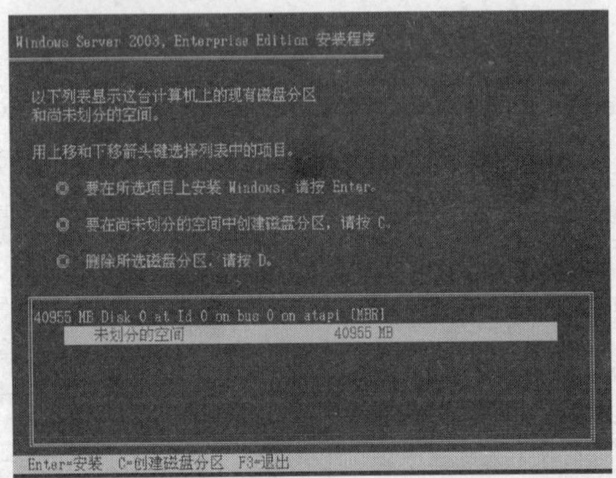

图 3-3 硬盘分区信息

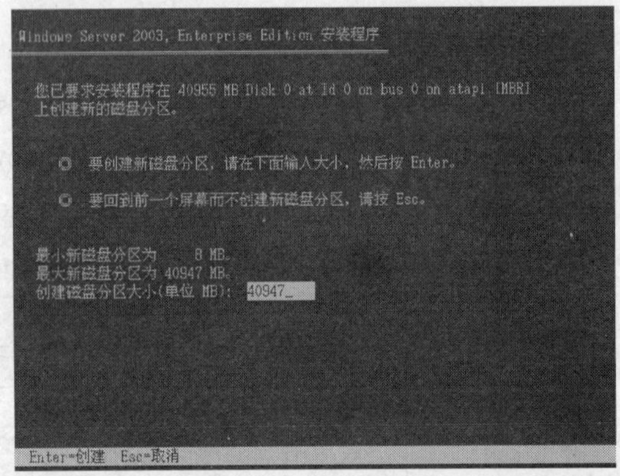

图 3-4 建立 C 分区

（5）设置 C 分区的大小，这里输入 20000，按 Enter 键，如图 3-5 所示。

（6）选择未划分的空间，采用相同的方法建立其他分区。如果对分区不满意，可以按提示删除分区，然后重新分区。

（7）选择用于安装系统的分区，按 Enter 键，显示格式化磁盘分区命令提示，如图 3-6 所示。

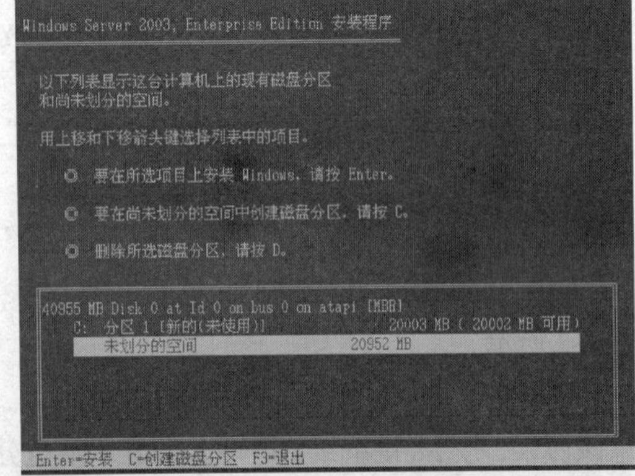

图 3-5 建立 C 分区后的硬盘分区信息

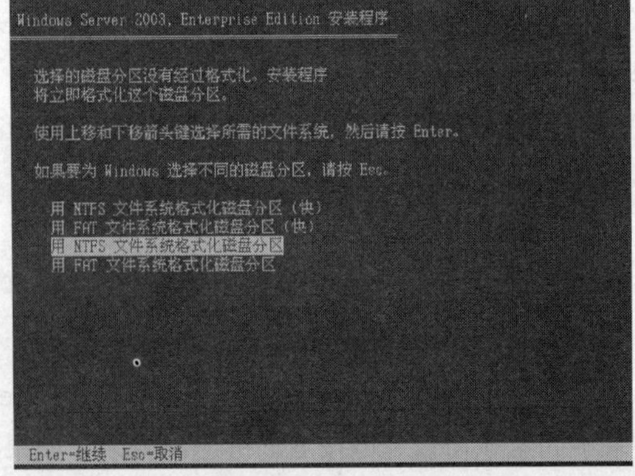

图 3-6 格式化磁盘分区命令提示

（8）选择“用 NTFS 文件系统格式化磁盘分区”，或选择“用 FAT 文件系统格式化磁盘分区”。这里选择“用 NTFS 文件系统格式化磁盘分区”，按 Enter 键继续格式化操作，如图 3-7 所示。

（9）格式化分区完成后，安装程序从光盘中复制文件，如图 3-8 所示。

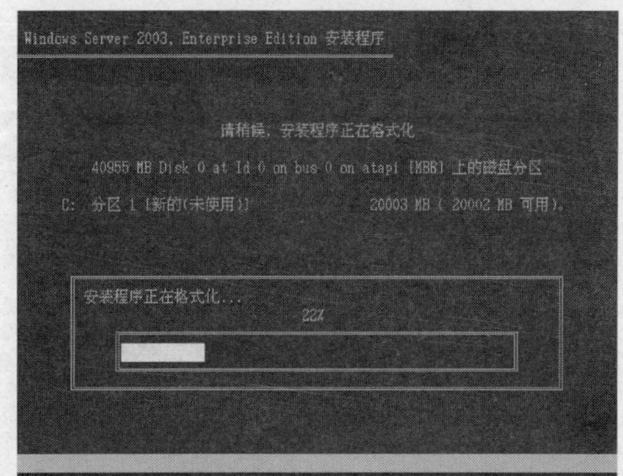

图 3-7　格式化磁盘分区

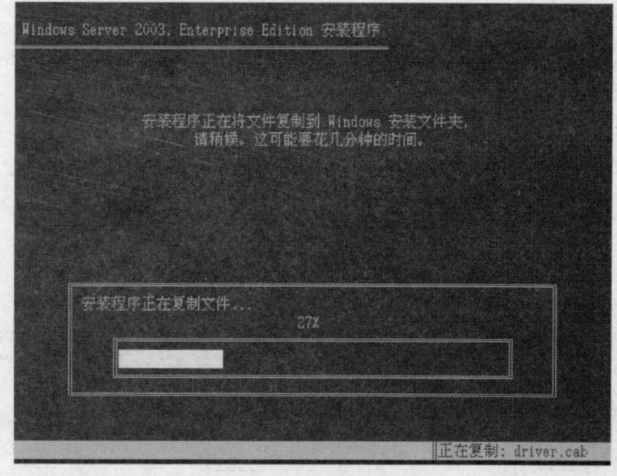

图 3-8　从光盘中复制文件

（10）复制文件后，系统重新启动，出现 Windows Server 2003 启动界面，如图 3-9 所示。

（11）系统进入“安装 Windows”界面，如图 3-10 所示。

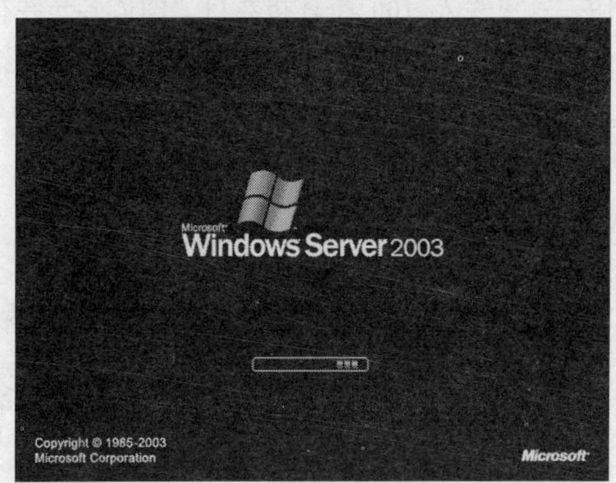

图 3-9　Windows Server 2003 启动界面

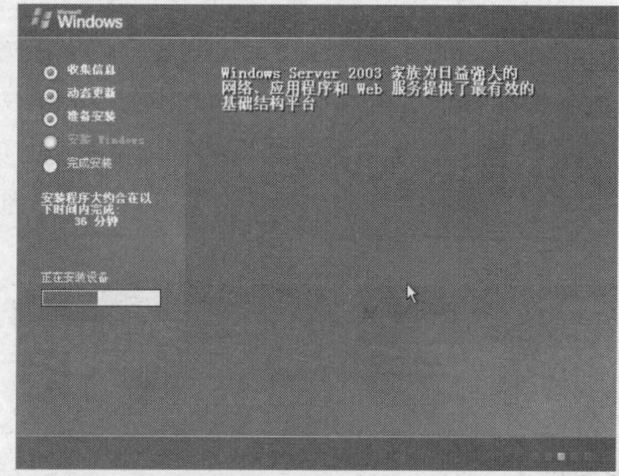

图 3-10　“安装 Windows”界面

（12）系统弹出“区域和语言选项”对话框，如图 3-11 所示。区域和语言选项选用默认值。

（13）单击“下一步”按钮，弹出“自定义软件”对话框，如图 3-12 所示。

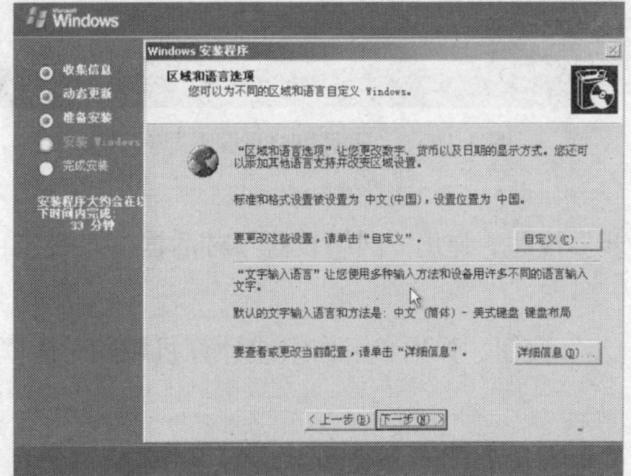

图 3-11　“区域和语言选项”对话框

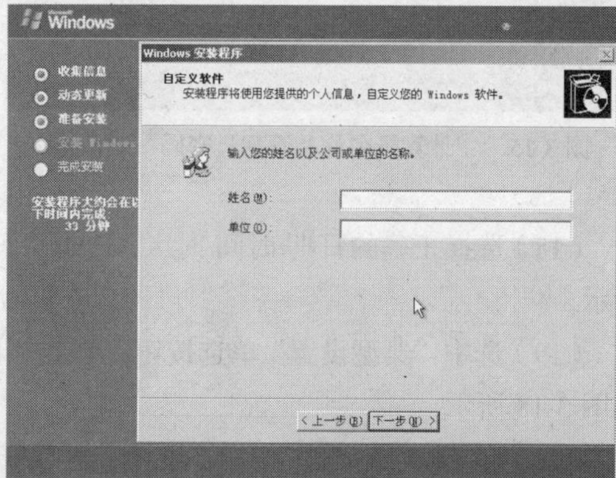

图 3-12　“自定义软件”对话框

（14）输入姓名和单位，单击“下一步”按钮，弹出“产品密钥”对话框，如图 3-13 所示。

（15）输入产品密钥后单击“下一步”按钮，弹出“授权模式”对话框，如图 3-14 所示。

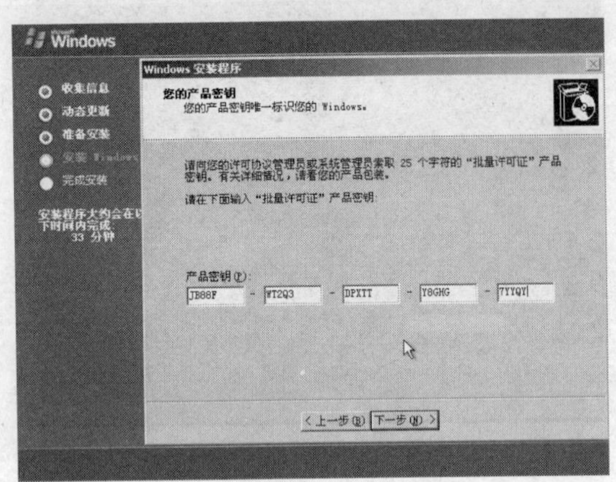

图 3-13 “产品密钥”对话框

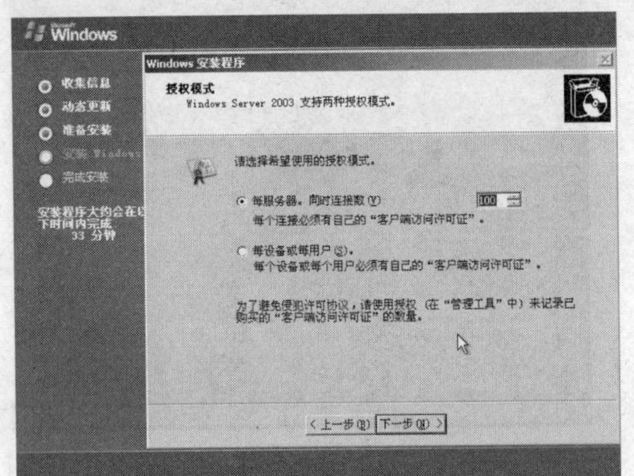

图 3-14 “授权模式”对话框

（16）选中“每服务器。同时连接数”单选按钮，这里输入 100 个连接数目，即最多允许有 100 台客户端的计算机连接，这些客户端不需另外购买许可证。单击“下一步”按钮，弹出“计算机名称和管理员密码”对话框，如图 3-15 所示。

（17）输入计算机名称和系统管理员密码。如果在此输入了密码，必须妥善保管。单击“下一步”按钮，弹出“日期和时间设置”对话框，如图 3-16 所示。

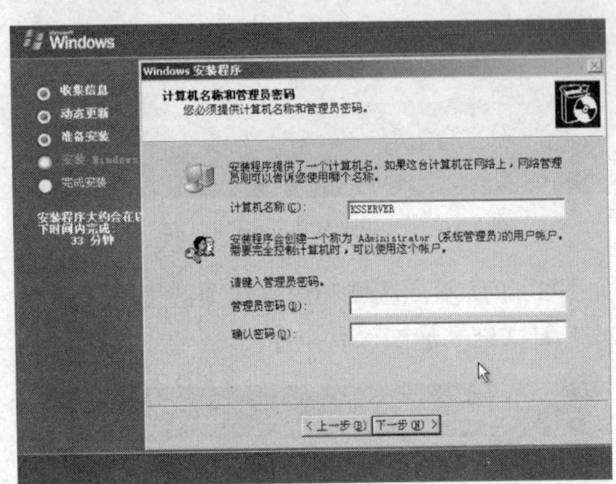

图 3-15 “计算机名称和管理员密码”对话框

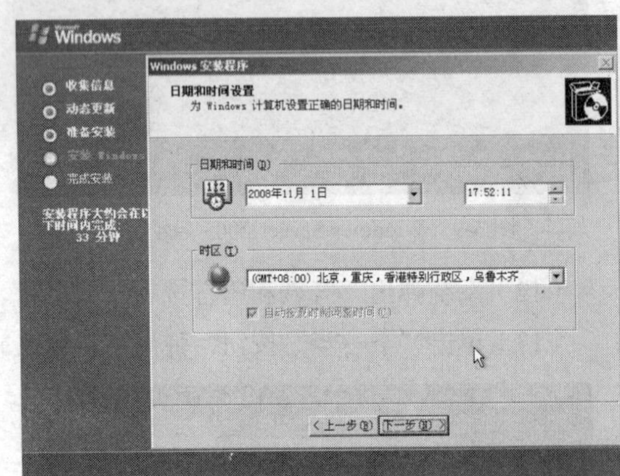

图 3-16 “日期和时间设置”对话框

（18）选择正确的日期/时间/时区，单击“下一步”按钮，弹出“网络设置”对话框，如图 3-17 所示。

（19）选中“典型设置”单选按钮，单击“下一步”按钮，弹出“工作组或计算机域”对话框，如图 3-18 所示。

（20）单击“下一步”按钮，继续“完成安装”过程，如图 3-19 所示。

（21）“完成安装”后，会显示 Windows Server 2003 桌面，如图 3-20 所示。

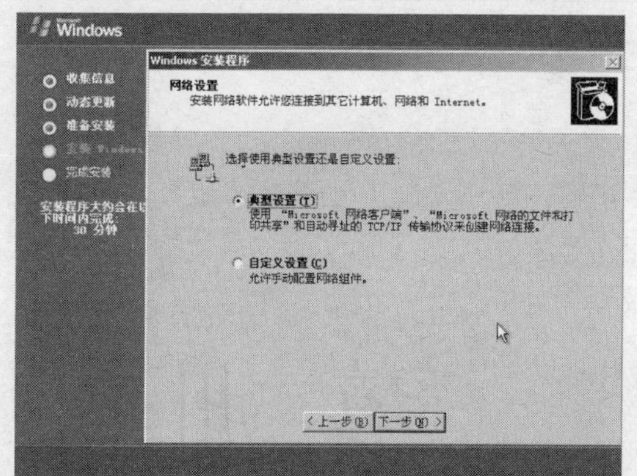

图 3-17　“网络设置”对话框

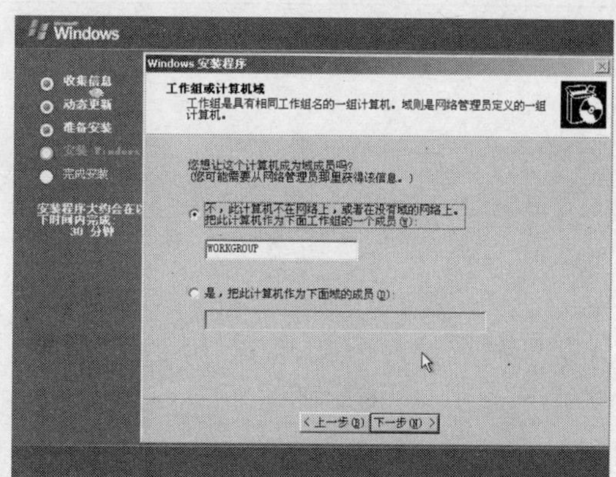

图 3-18　“工作组或计算机域”对话框

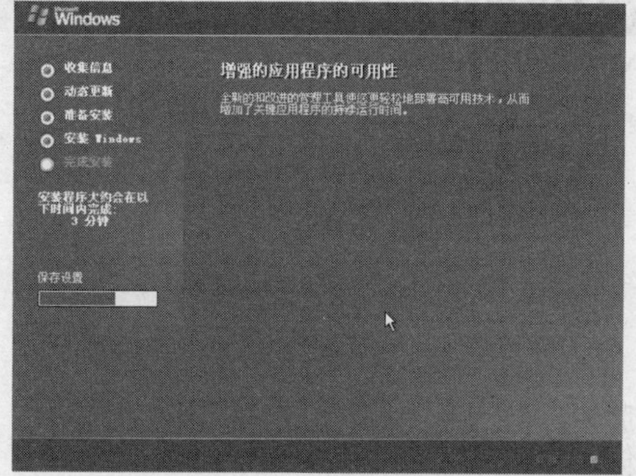

图 3-19　“完成安装”过程

图 3-20　Windows Server 2003 桌面

五、实训总结与提高

本实训介绍了 Windows Server 2003 Enterprise Edition 安装的硬件环境和 Windows Server 2003 Enterprise Edition 的安装方法。

用 Windows Server 2003 Enterprise Edition 系统光盘进行系统安装时，文件系统须选择 NTFS 类型，这样可以为用户提供更高层次的安全保证。

实训4

Windows Server 2003 服务器的管理

一、实训目的

1. 熟悉 MMC 管理控制台的使用方法。
2. 熟悉使用 MMC 管理控制台管理本地服务。
3. 熟悉使用 MMC 管理控制台管理远程服务。

二、实训设备

1. 装有 Windows Server 2003 操作系统的计算机 2 台。
2. 计算机连接成网络。

三、预备知识

MMC 管理控制台用来创建、保存和打开管理工具，以便管理硬件、软件和 Windows 系统的网络组件，实现对 Windows Server 2003 服务的管理。

MMC 具有统一的管理界面。MMC 控制台由分成两个窗格的窗口组成，如图 4-1 所示。左窗格为控制台树，显示控制台中可以使用的项目，右窗格列出了左侧项目的详细信息。每个控制台都有自己的菜单和工具栏，与主 MMC 窗口的菜单和工具栏分开，有利于用户执行任务。

MMC 控制台不仅可以用来管理本地计算机上的服务或应用，还可以用来管理远程计算机上的服务或应用，就像管理本地的计算机一样方便。

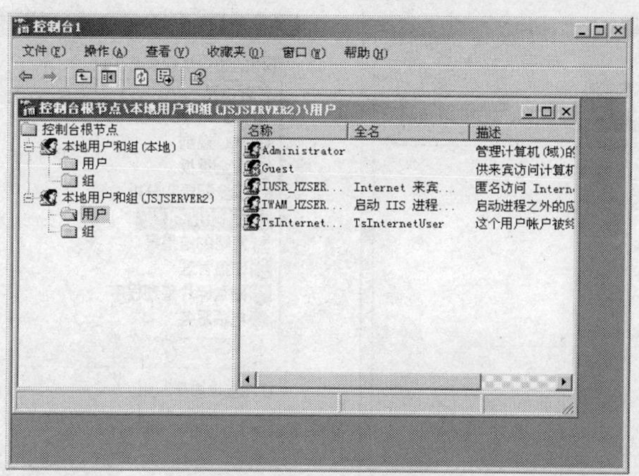

图 4-1　MMC 控制台

四、实训内容与步骤

1. MMC 管理控制台

使用 MMC 控制台进行管理之前，需要添加相应的管理插件，操作步骤如下。

（1）执行 MMC 命令，打开 MMC 管理控制台，如图 4-2 所示。

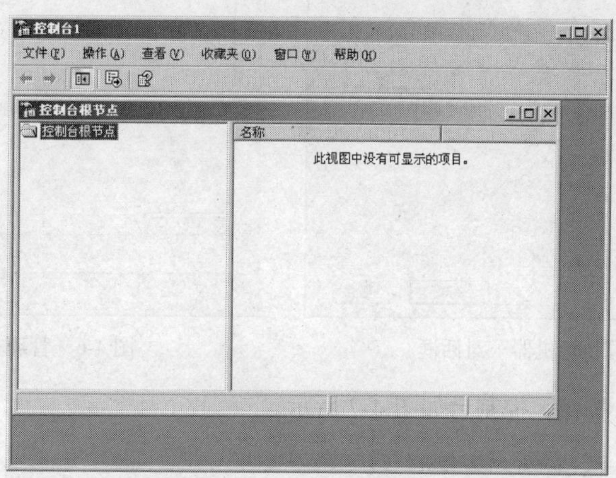

图 4-2　MMC 管理控制台

（2）在菜单栏上选择“文件→添加/删除管理单元”选项，弹出“添加/删除管理单元”对话框，如图 4-3 所示。

（3）单击“添加”按钮，弹出“添加独立管理单元”对话框，显示当前计算机中安装的所有 MMC 插件，如图 4-4 所示。

（4）选择要添加的插件，单击“添加”按钮，可将其添加到 MMC 控制台。如果添加的插件是针对本地计算机的，管理插件会自动添加到 MMC 控制台；如果添加的插件是管理远程计算机的，将弹出“选择目标机器”对话框，要求选择管理对象，如图 4-5 所示。

（5）如果直接在被管理的服务器上安装 MMC，可以选中“本地计算机（正在运行该控制台的计算机）”单选按钮。此时，只能管理本地计算机，如图 4-6 所示。

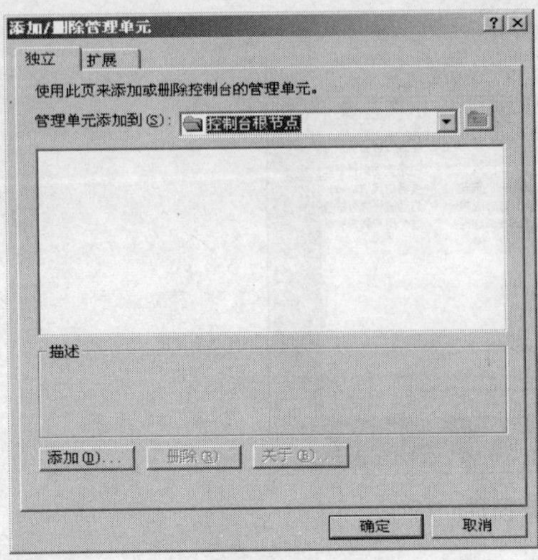

图 4-3 "添加/删除管理单元"对话框

图 4-4 "添加独立管理单元"对话框

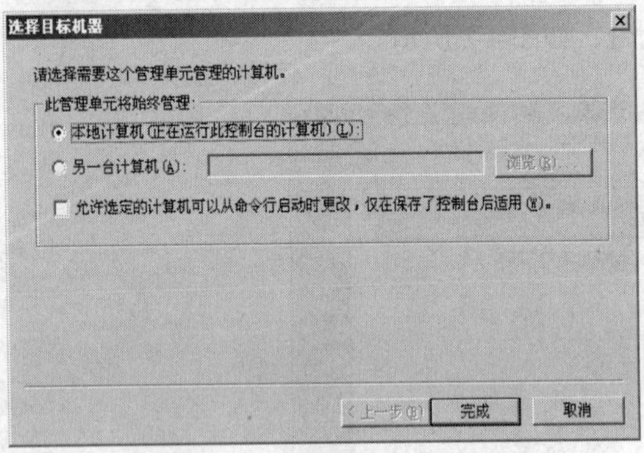

选择目标机器

请选择需要这个管理单元管理的计算机。

此管理单元将始终管理:

本地计算机(正在运行此控制台的计算机)(L):

另一台计算机(A):　浏览(R)...

允许选定的计算机可以从命令行启动时更改,仅在保存了控制台后适用(W)。

< 上一步(B)　完成　取消

图 4-5 "选择目标机器"对话框

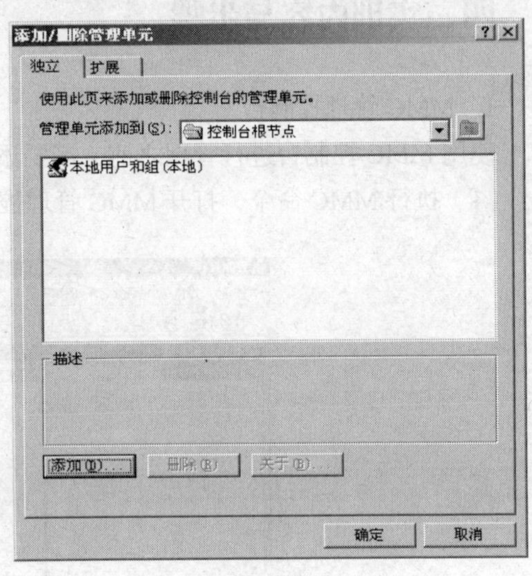

图 4-6 管理本地计算机

(6)单击"确定"按钮,控制台如图 4-7 所示。

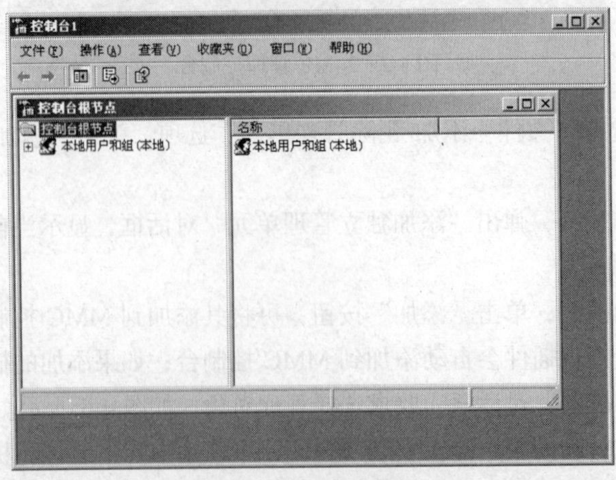

图 4-7 MMC 控制台

（7）如果要实现对远程计算机的管理，则在“选择目标机器”对话框（见图 4-5）中选中“另一台计算机”单选按钮，单击“浏览”按钮，弹出“选择计算机”对话框，如图 4-8 所示。

（8）单击“高级”按钮后，单击“立即查找”按钮，如图 4-9 所示。

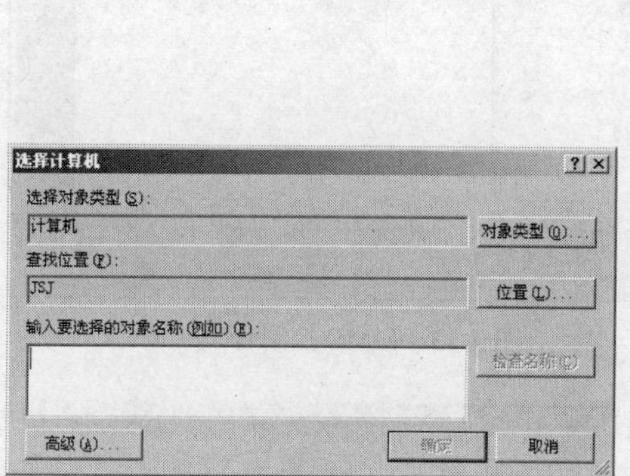

图 4-8　“选择计算机”对话框

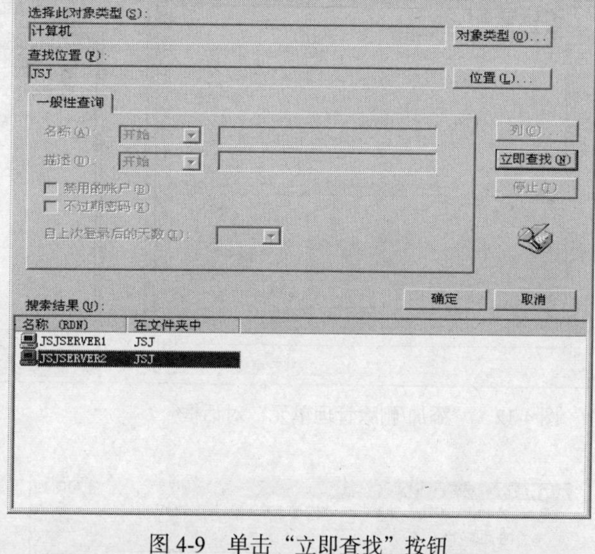

图 4-9　单击“立即查找”按钮

（9）单击“确定”按钮，此时“选择计算机”对话框如图 4-10 所示。

（10）单击“确定”按钮，回到“选择目标机器”对话框，如图 4-11 所示。

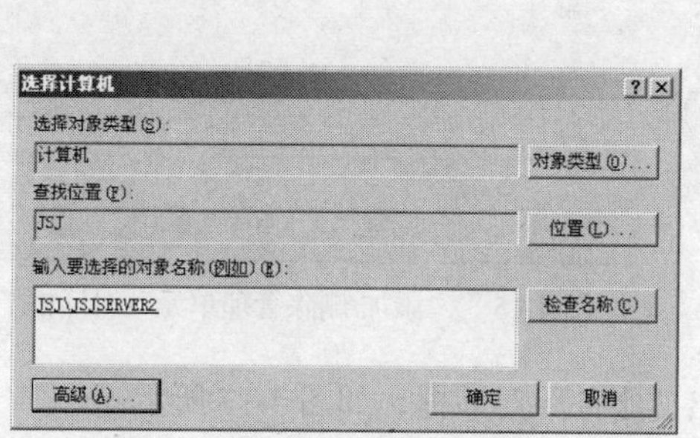

图 4-10　“选择计算机”对话框

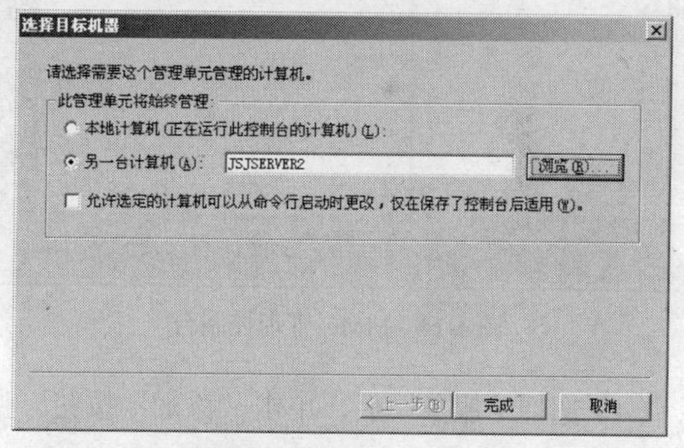

图 4-11　“选择目标机器”对话框

（11）单击“完成”按钮，回到“添加/删除管理单元”对话框，如图 4-12 所示。

（12）单击“确定”按钮，MMC 控制台如图 4-13 所示。

2. 使用 MMC 管理服务

使用 MMC 控制台可以打开系统中的服务并进行配置管理，还可以管理远程计算机上的服务。使用 MMC 控制台管理服务的操作步骤如下。

（1）执行 MMC 命令，打开 MMC 管理控制台，如图 4-14 所示。

（2）在菜单栏上选择“文件→添加/删除管理单元”选项，弹出“添加/删除管理单元”对话框，如图 4-15 所示。

（3）单击“添加”按钮，弹出“添加独立管理单元”对话框，显示当前计算机中安装的所有

MMC 插件，如图 4-16 所示。

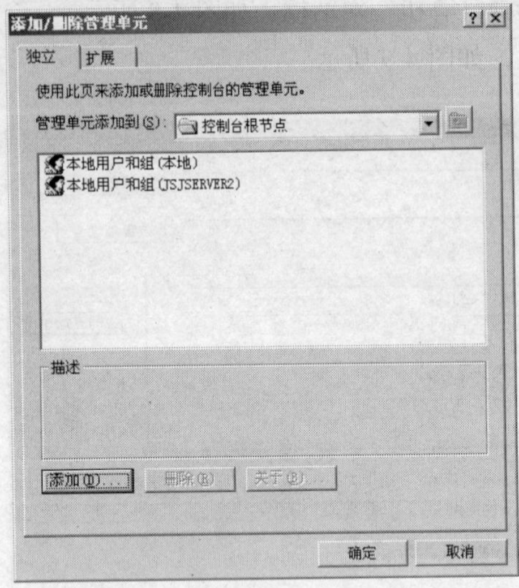

图 4-12 “添加/删除管理单元”对话框

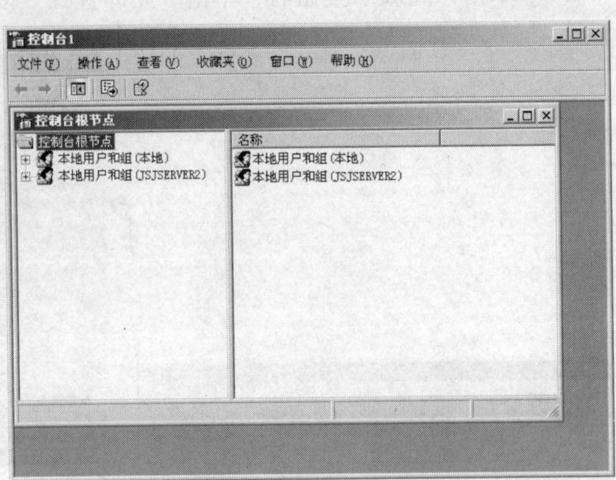

图 4-13 MMC 控制台

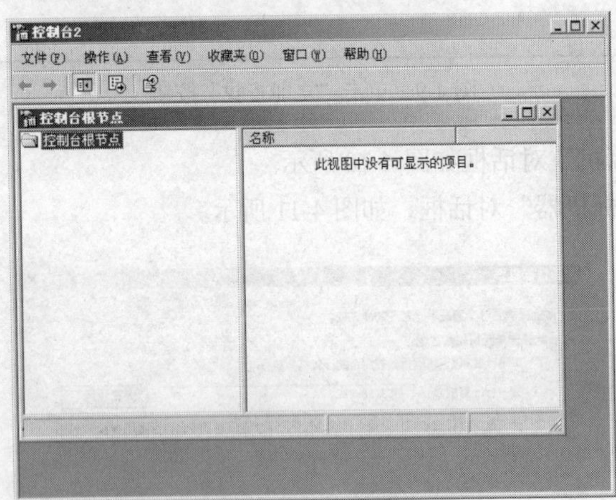

图 4-14 MMC 管理控制台

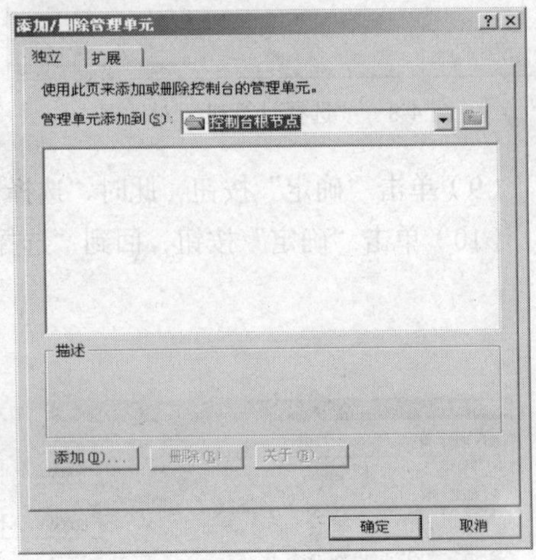

图 4-15 “添加/删除管理单元”对话框

（4）选择“服务”后，单击“添加”按钮，弹出“服务”对话框，如图 4-17 所示。

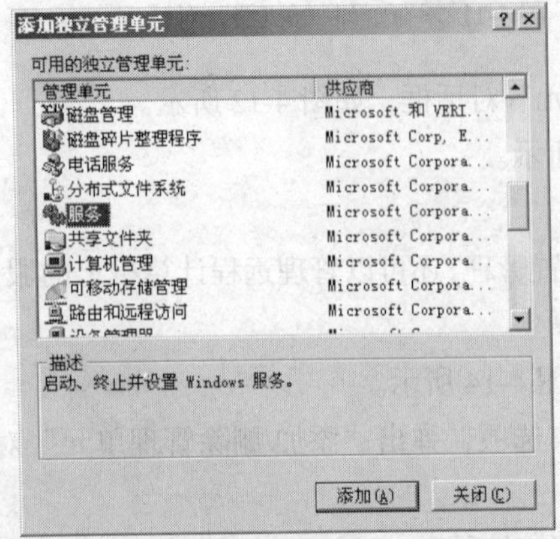

图 4-16 “添加独立管理单元”对话框

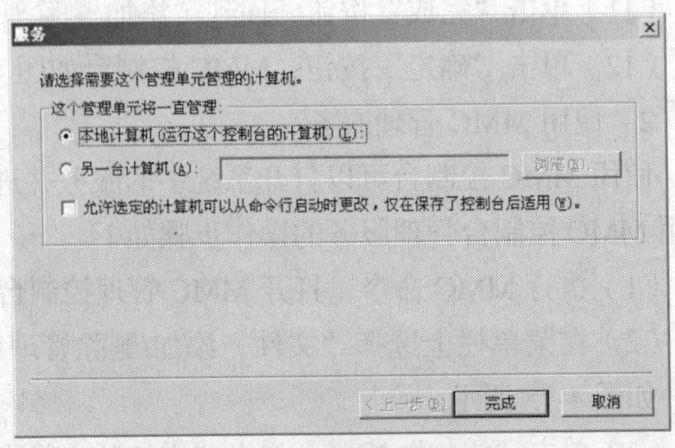

图 4-17 “服务”对话框

（5）如果使用 MMC 管理本地服务，可以选中“本地计算机（运行这个控制台的计算机）”单选按钮，弹出“添加/删除管理单元”对话框，如图 4-18 所示。

（6）单击“确定”按钮，控制台如图 4-19 所示。

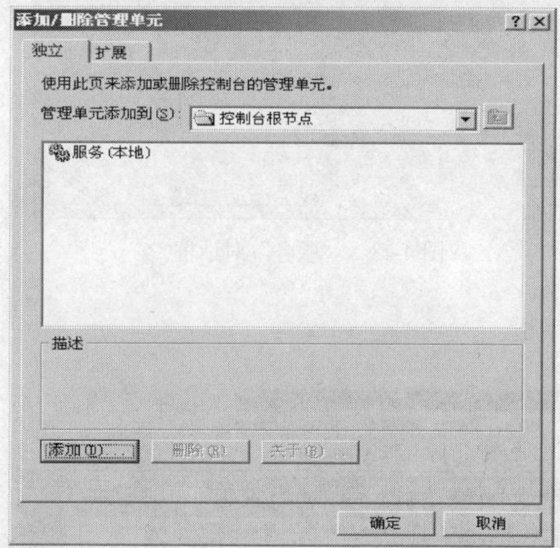

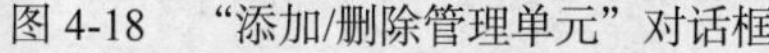

图 4-18　“添加/删除管理单元”对话框

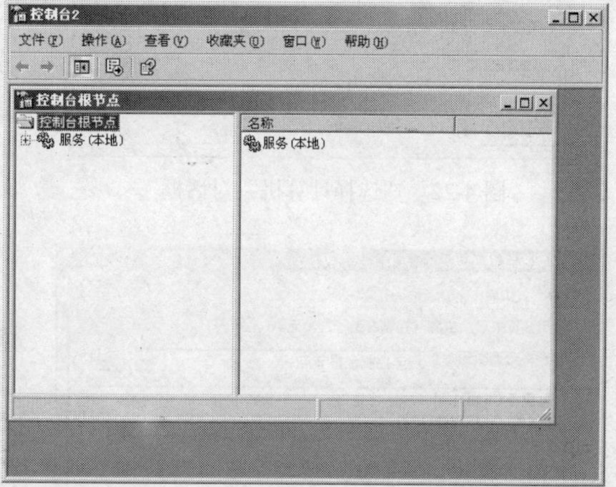

图 4-19　MMC 控制台

（7）如果用 MMC 管理远程服务，则在“服务”对话框中选中“另一台计算机”单选按钮，单击“浏览”按钮，弹出“选择计算机”对话框，如图 4-20 所示。

（8）单击“高级”按钮，单击“立即查找”按钮，如图 4-21 所示。

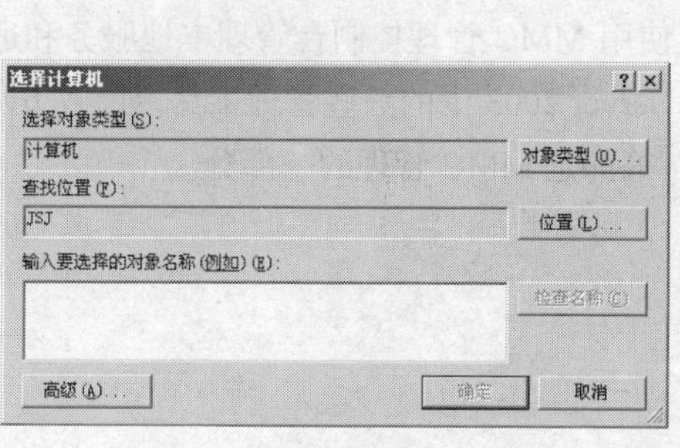

图 4-20　“选择计算机”对话框

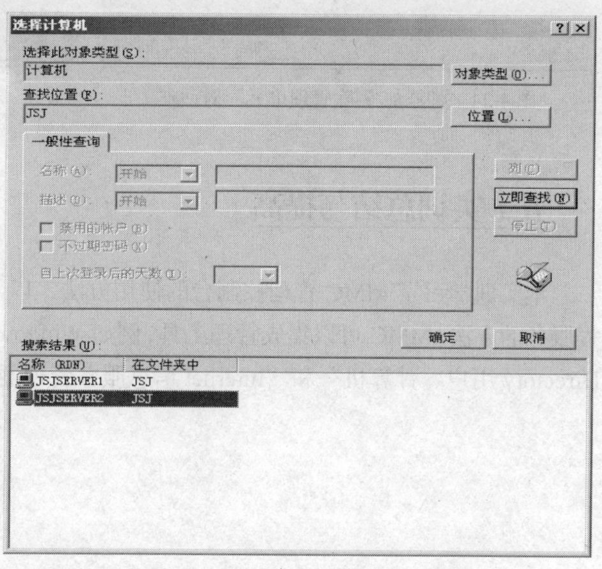

图 4-21　单击“立即查找”对话框

（9）单击“确定”按钮，“选择计算机”对话框如图 4-22 所示。

（10）单击“确定”按钮，回到“服务”对话框，如图 4-23 所示。

（11）单击“完成”按钮，回到“添加/删除管理单元”对话框，如图 4-24 所示。

（12）单击“确定”按钮，MMC 控制台如图 4-25 所示。

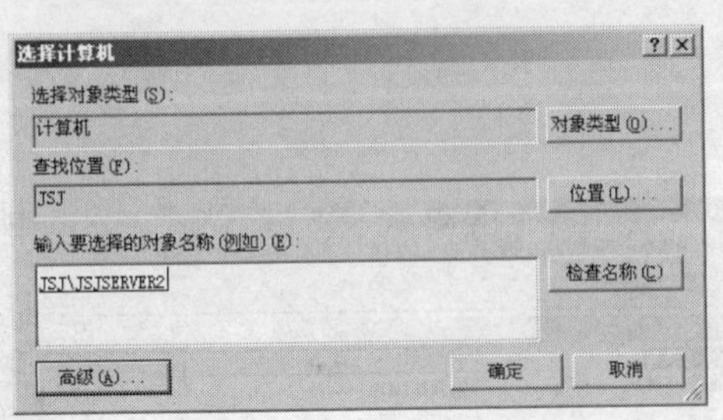

图 4-22 “选择计算机”对话框

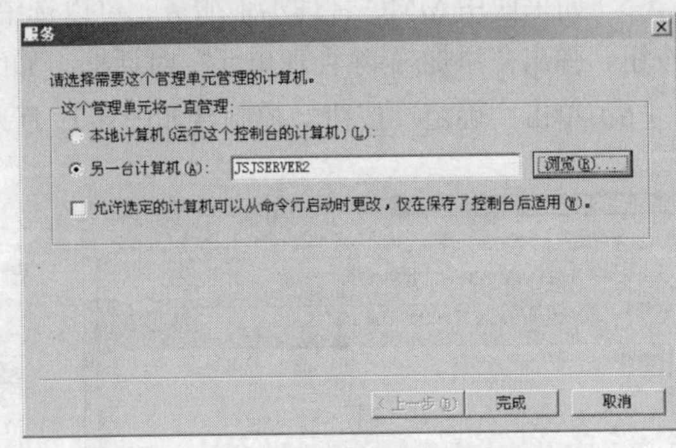

图 4-23 “服务”对话框

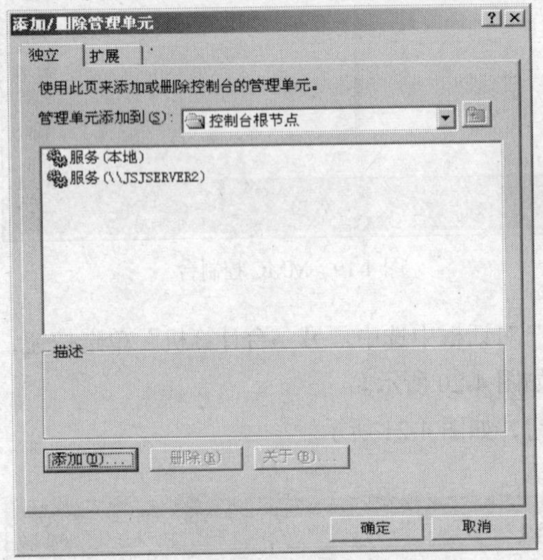

图 4-24 “添加/删除管理单元”对话框

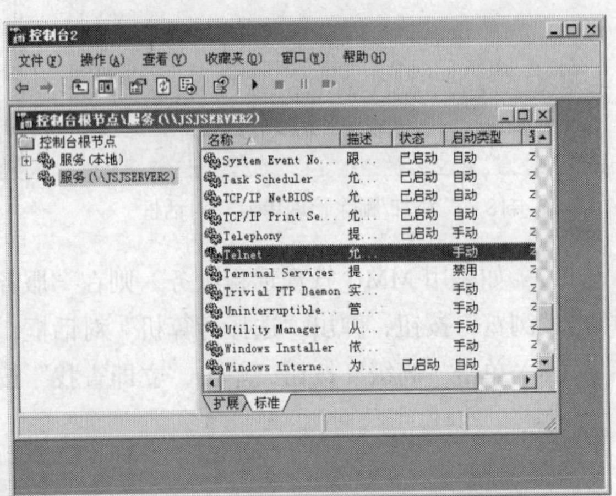

图 4-25 MMC 控制台

五、实训总结与提高

本实训学习了 MMC 管理控制台的使用方法，以及使用 MMC 管理控制台管理本地服务和远程服务的方法。MMC 可以集成管理工具，例如 Windows Server 2003 中的一些管理工具，如“Active Directory 用户、计算机”和“Internet 信息服务管理器”等都是 MMC 管理的一部分。

实训5

Active Directory服务的安装与配置

一、实训目的

1. 掌握活动目录的安装方法。
2. 掌握活动目录中各种对象的组织和管理。

二、实训设备

1. 安装 Windows Server 2003 操作系统的计算机1台。
2. 装有 Windows 的客户机1台。
3. 计算机连接成网络。

三、预备知识

1. 活动目录

一个目录就是一个用于储存用户感兴趣对象信息的信息源。例如，一个电话号码目录储存了有关电话用户的信息。在一个文件系统中，目录储存了有关文件的信息。

在一个分布式计算系统或是一个公共计算机网络（如 Internet）中，有许多用户感兴趣的对象，如打印机、传真服务器、应用程序、数据库以及其他用户。用户想找到和使用这些对象，而管理人员则想管理对这些对象的使用。

活动目录包括两个方面：目录和与目录相关的服务。

（1）目录是存储各种对象的一个物理的容器，从静态的角度来理解，该活动目录与以前所认识的“目录”和“文件夹”没有本质区别，仅仅是一个对象或实体。

（2）目录服务是使目录中所有信息和资源发挥作用的服务，该活动目录是一个分布

式的目录服务，信息可以分散在多台不同的计算机上，保证用户能够快速访问。无论用户从何处访问或信息处在何处，都可以提供统一的视图。

安装 Windows Server 2003 时，系统没有安装活动目录，用户需要将自己的服务器配置成域控制器，要发挥活动目录的作用，必须安装活动目录。系统提供的活动目录安装向导，可帮助用户配置自己的服务器。如果网络没有其他域控制器，可将服务器配置为域控制器，并新建子域，新建域目录树或目录林。如果网络中有其他域控制器，可将服务器设置为附加域控制器，加入旧域、旧目录树或目录林。

2. Windows Server 2003 域控制器管理

域（Domain）是活动目录的分区，定义了安全边界，在没经过授权的情况下，不允许其他域中的用户访问本域中的资源。活动目录可由一个或多个域组成，每一个域可以存储上百万个对象，域之间还有层次关系，可以建立域树和域林，进行无限地域扩展。

在活动目录中，目录存储只有一种形式，即域控制器（Domain Controller），包括了完整的域目录的信息。因此，每一个域中必须有一个域控制器，否则域就不存在了。

对于用户来说，域控制器管理是最重要的工作，因为域控制器的运行状态直接关系到网络的正常运行。

3. Windows Server 2003 在网络中的地位

Windows Server 2003 作为域中的服务器，有以下 3 种角色。

（1）域控制器：保存其控制域中的账户信息和其他的活动目录数据。

域控制器是运行 Active Directory 的 Windows 2003 服务器。Active Directory 存储所有域范围内的账户和策略信息，如系统和安全策略、用户身份验证数据和目录搜索等。域控制器存储目录数据并管理用户域的交互，包括用户登录过程、身份验证和目录搜索。Windows 2003 网络可以包含多个域，每个域上拥有一个或多个域控制器。

（2）成员服务器：属于某个域，但没有活动目录（Active Directory）的数据。

成员服务器属于域的成员，但不是域控制器。成员服务器不处理账户登录过程，不参与 Active Directory 复制，不存储域安全策略信息，一般用于文件服务器、应用服务器、数据库服务器、Web 服务、证书服务器、防火墙、远程访问服务器等。

（3）独立服务器：不属于某个域，而属于某个工作组。

独立服务器是运行 Windows Server 2003 的计算机，但不是 Windows 2003 域的成员。独立服务器作为工作组成员安装，可与网络上的其他计算机共享资源，但不能利用 Active Directory 提供的任何功能。

以上 3 种角色可以相互转换。

一个域中至少有一个域控制器，通常 Windows 2003 域中有多个域控制器，每个域控制器都复制其他域控制器中的账户和其他活动目录（Active Directory）数据，并为用户提供登录服务。域控制器的文件系统必须采用 NTFS 格式，因为 FAT 系统不能够提供足够的安全性。

四、实训内容与步骤

1. 安装活动目录

（1）在“开始”菜单中选择“管理工具→配置您的服务器向导”选项，弹出“配置您的服务

器向导”对话框，如图 5-1 所示。

（2）单击“下一步”按钮，开始检测网络连接，完成后，弹出“配置选项”对话框；选中“自定义配置”单选按钮，自定义安装所需要的网络服务，如图 5-2 所示。

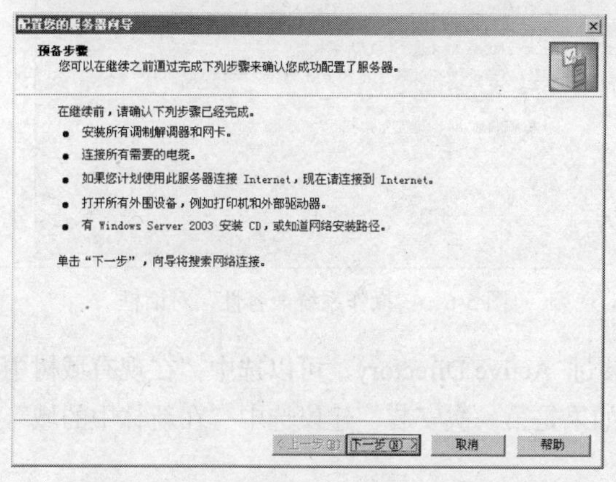

图 5-1　“配置您的服务器向导”对话框

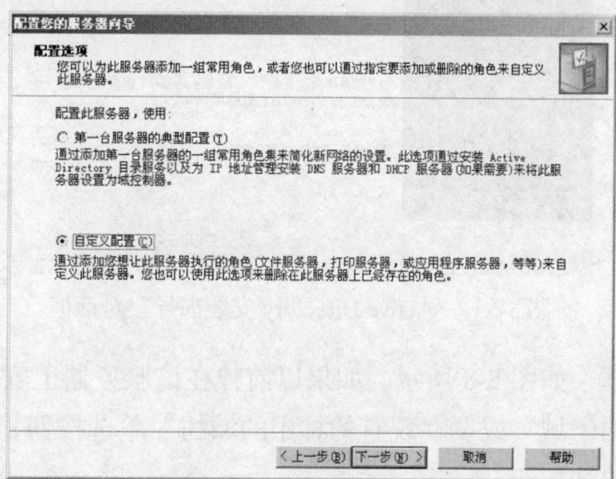

图 5-2　“配置选项”对话框

（3）单击“下一步”按钮，弹出“服务器角色”对话框，在“服务器角色”列表框中列出了所有可以安装的服务器。选择“域控制器”选项，将该计算机设置为域控制器，同时安装活动目录，如图 5-3 所示。

（4）单击“下一步”按钮，弹出“选择总结”对话框，提示将要将此服务器设置成域服务器，如图 5-4 所示。

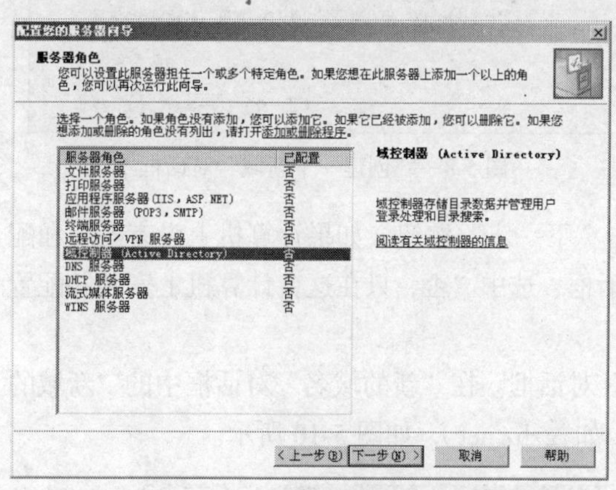

图 5-3　“服务器角色”对话框

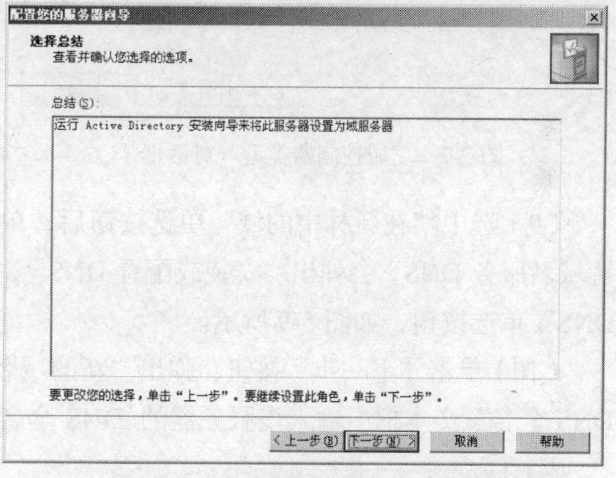

图 5-4　“选择总结”对话框

（5）单击“下一步”按钮，弹出“Active Directory 安装向导”对话框，可以利用该向导在这台服务器上安装 Active Directory 服务，如图 5-5 所示。

（6）单击“下一步”按钮，弹出“操作系统兼容性”对话框。该对话框对安装活动目录以后的情况进行了简单说明，如图 5-6 所示。

（7）单击“下一步”按钮，弹出“域控制器类型”对话框，如图 5-7 所示。选择该服务器要担任的角色。如果当前服务器未曾安装过 Active Directory，并且要保留这个服务器上的所有账户，建议选中“新域的域控制器”单选按钮。

（8）选中“新域的域控制器”单选按钮，单击“下一步”按钮，弹出“创建一个新域”对话

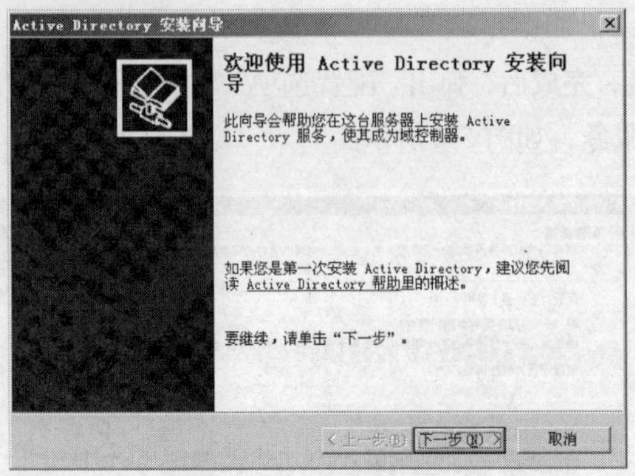

图 5-5 “Active Directory 安装向导”对话框

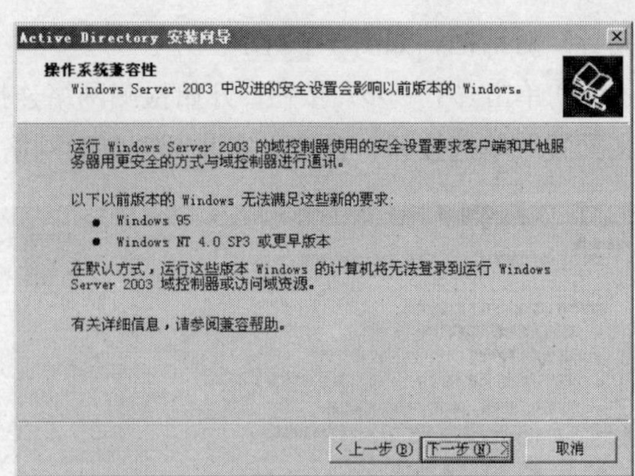

图 5-6 “操作系统兼容性”对话框

框，如图 5-8 所示。如果以前曾在该服务器上安装过 Active Directory，可以选中“在现有域树中的子域”或“在现有的林中的域树”单选按钮；如果是第一次安装，建议选中“在新林中的域”单选按钮。

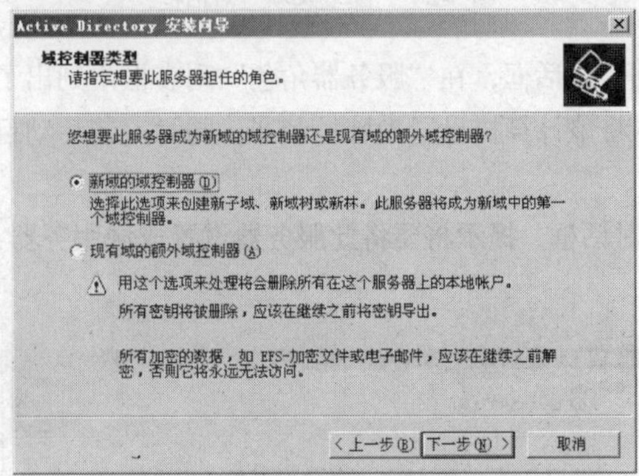

图 5-7 “域控制器类型”对话框

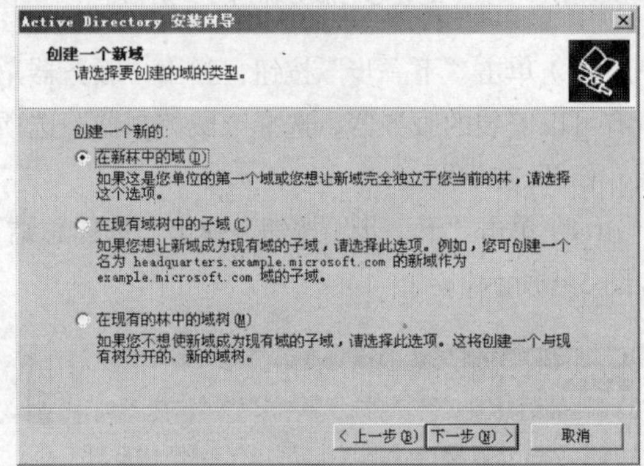

图 5-8 “创建一个新域”对话框

（9）选中“在新林中的域”单选按钮后，单击“下一步”按钮。如果计算机上没有安装和配置域名服务 DNS，会弹出“安装或配置 DNS”对话框，选中“否，只在这台计算机上安装并配置 DNS”单选按钮，如图 5-9 所示。

（10）单击“下一步”按钮，弹出“新的域名”对话框。在“新的域名”对话框中的“新域的 DNS 全名”文本框中输入该服务器的 DNS 全名（如 gzhz.net），如图 5-10 所示。

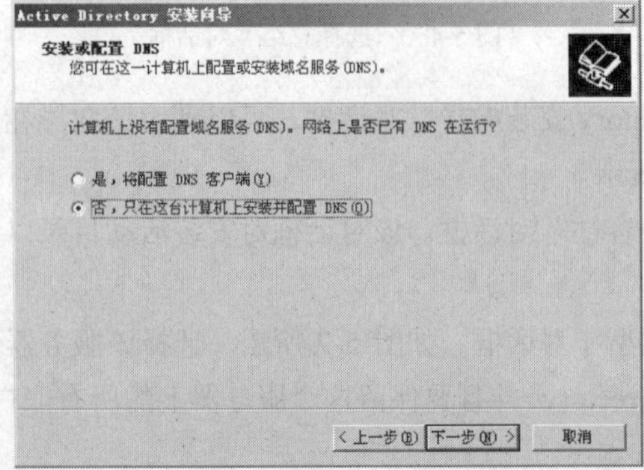

图 5-9 “安装或配置 DNS”对话框

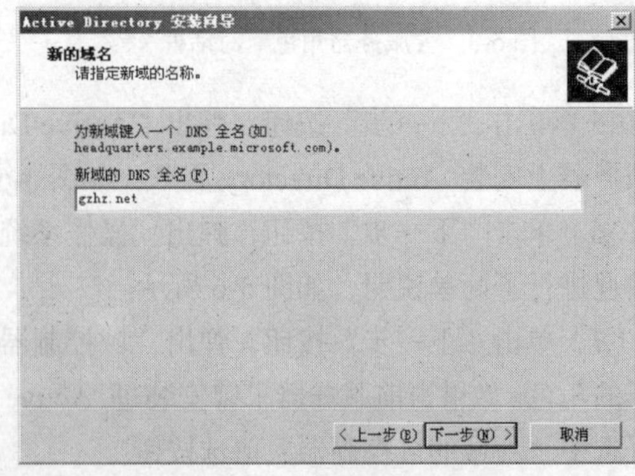

图 5-10 “新的域名”对话框

（11）单击“下一步”按钮，弹出“NetBIOS 域名”对话框，如图 5-11 所示。在“域 NetBIOS 名”文本框中设置该服务器的新域的 NetBIOS 名称。NetBIOS 名称的意义是让其他早期 Windows 版本的用户可以识别新域。NetBIOS 名称可以采用默认名称或更改为其他名称。

（12）单击“下一步”按钮，弹出“数据库和日志文件文件夹”对话框，如图 5-12 所示。该对话框用来设置 Active Directory 数据库的位置，默认位于 C:\Windows 文件夹下，也可以单击“浏览”按钮更改为其他路径，建议不作更改。其中，数据库文件夹用来存储互动目录数据库，日志文件夹用来存储活动目录的变化日志，以便日常管理和维护。

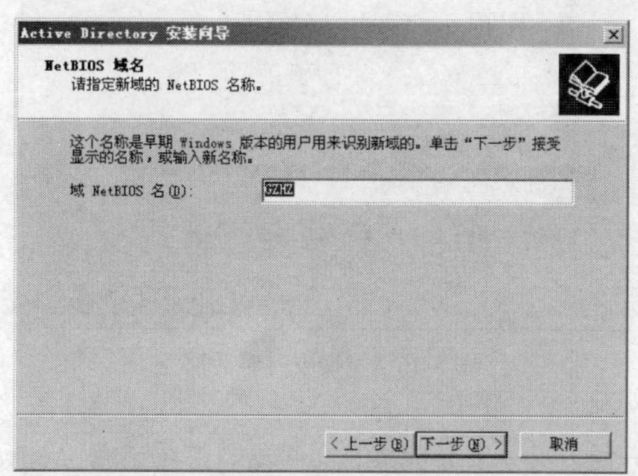

图 5-11 “NetBIOS 域名”对话框

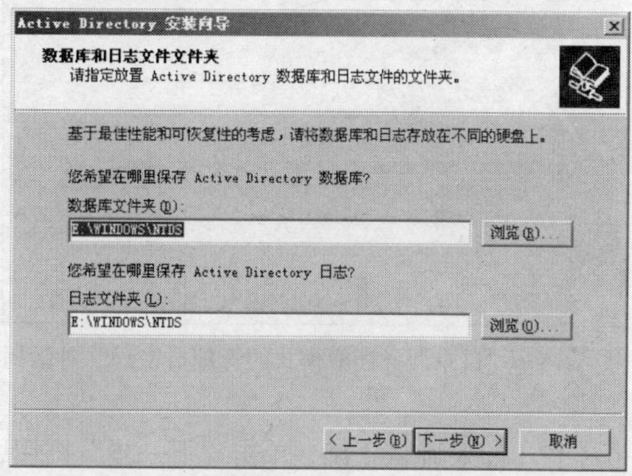

图 5-12 “数据库和日志文件文件夹”对话框

（13）单击“下一步”按钮，弹出“共享的系统卷”对话框，指定作为系统卷共享的 SYSVOL 文件夹的位置。该文件夹必须在 NTFS 格式的分区中，默认位于 C:\Windows\NTOS 文件夹下，建议不作修改，如图 5-13 所示。

（14）单击“下一步”按钮，弹出“权限”对话框，如图 5-14 所示。为了使只有经过验证的用户才能读取这个域的信息，不允许匿名用户读取该域的信息，并且仅在 Windows 2000 或 Windows Server 2003 操作系统上运行服务器服务，且该服务器又是 Active Directory 域的成员。因此，选中“只与 Windows 2000 或 Windows Server 2003 操作系统兼容的权限”单选按钮。

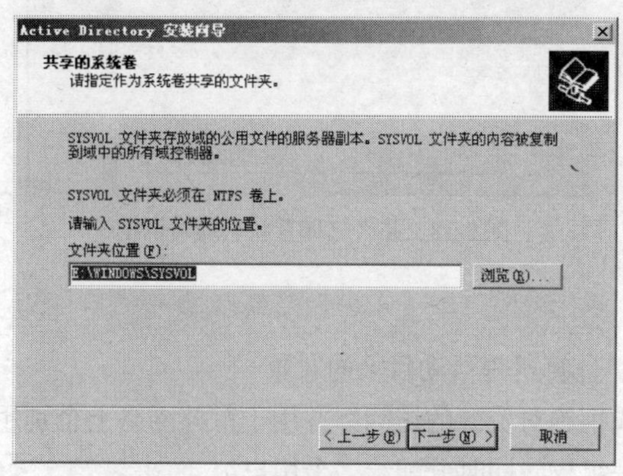

图 5-13 “共享的系统卷”对话框

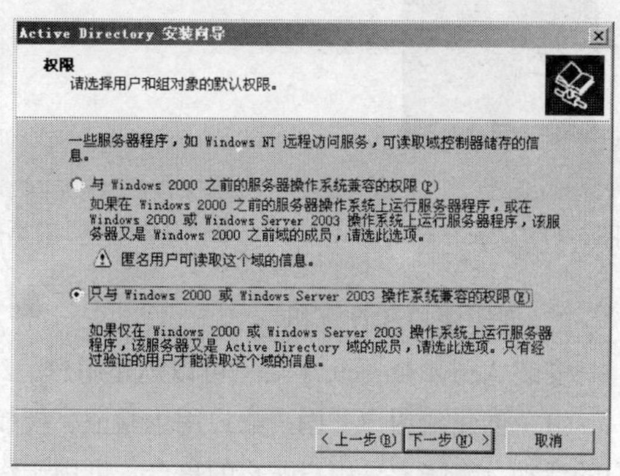

图 5-14 “权限”对话框

（15）单击“下一步”按钮，弹出“目录服务还原模式的管理员密码”对话框，如图 5-15 所示。由于有时需要备份和还原活动目录，且还原时不能在 Windows 状态下，需要进入“目录服务还原模式”状态下。因此，该对话框要求输入服务器进入“目录服务还原模式”时的密码，由于

该密码和管理员密码可能不同，管理员必须牢记。在“还原模式密码”和“确认密码”文本框中分别输入相同的密码，也可以使密码为空。

（16）单击“下一步”按钮，弹出“摘要”对话框，列表框中列出了所有的配置信息。如果觉得哪些配置有错误，可以单击“上一步”按钮返回检查并修改，如图 5-16 所示。

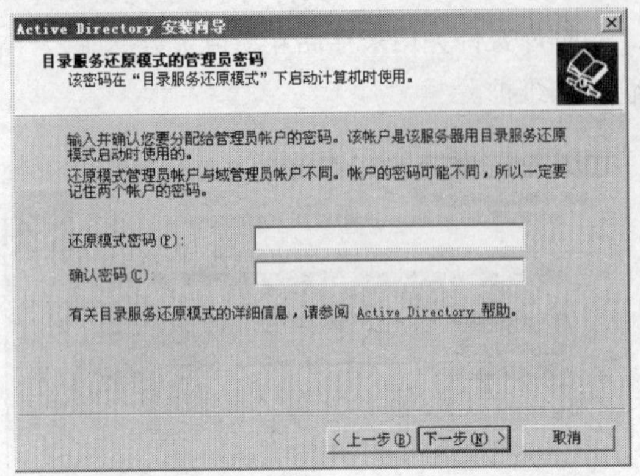

图 5-15 “目录服务还原模式的管理员密码”对话框

图 5-16 “摘要”对话框

（17）如果确认正确，单击“下一步”按钮，开始安装。安装完成，会弹出“正在完成 Active Directory 安装向导”对话框，表示 Active Directory 安装成功，如图 5-17 所示。

（18）单击“完成”按钮，弹出是否立即重新启动对话框，如图 5-18 所示。完成安装 Active Directory 后，必须重新启动服务器。单击“立即重新启动”按钮，重新启动计算机。

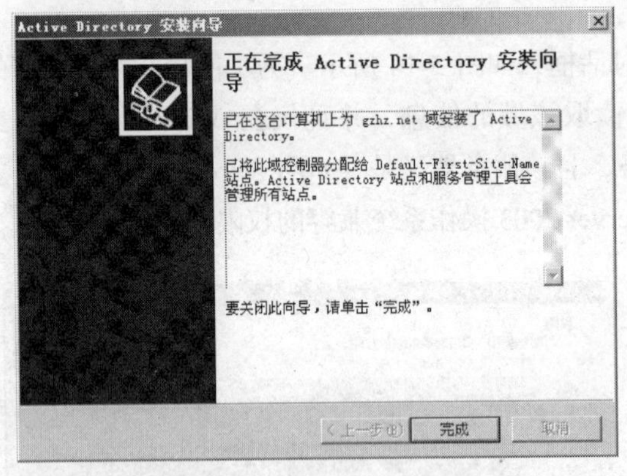

图 5-17 “正在完成 Active Directory 安装向导”对话框

图 5-18 是否立即重新启动对话框

2. 创建用户和计算机

安装 Active Directory 后，可以创建用户、组、计算机等活动目录的对象。

（1）创建新用户。用户账户用于验证、授权或拒绝对资源的访问，并用于审核网络上个别用户的活动。组账户是用户账户的集合，可用于将一组权限同时分配给多个用户。

创建新用户的操作步骤如下。

① 在菜单栏上选择“开始→管理工具→Active Directory 用户和计算机”选项，打开 “Active Directory 用户和计算机”窗口，如图 5-19 所示。该窗口中显示了 Active Directory 默认创建的容器，可以将用户账户创建在任何一个容器中。为便于管理，建议在 Users 容器中添加新用户。

② 右击 Users 容器，在弹出的快捷菜单中选择“新建→用户”选项，弹出“新建对象-用户”对话框，如图 5-20 所示。该对话框用来填写新创建的用户信息。在“姓”文本框中输入新用户的姓氏，在“名”文本框中输入新用户的名称。在“用户登录名”文本框中输入用户登录域的账号名，并在后面的下拉列表框中选择将这个新用户添加到哪个域。“用户登录名（Windows 2000 以前版本）”可以让用户使用 Windows 2000 以前的 Windows 系统登录域的用户登录名。

③ 单击“下一步”按钮，弹出新用户密码设置对话框，如图 5-20 所示。该对话框可以为新添加的用户指定登录时使用的密码，并指定密码的控制权限。

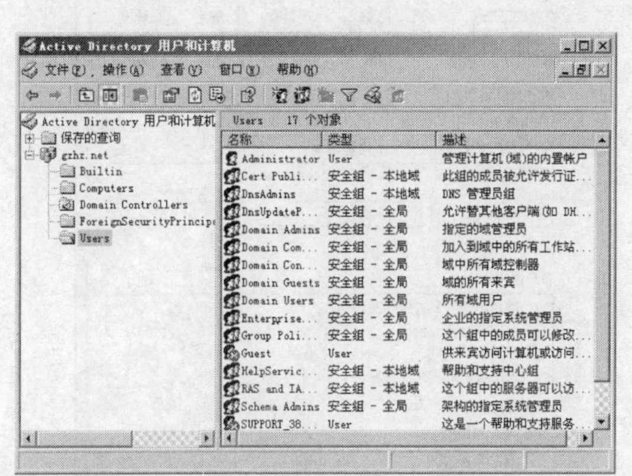

图 5-19　“Active Directory 用户和计算机”窗口

图 5-20　“新建对象-用户”对话框

- 用户下次登录时须更改密码：用户每一次登录域之前都要更改自己的密码。
- 用户不能更改密码：用户没有权利更改自己的登录密码。
- 密码永不过期：密码永远不会过期。
- 账户已禁用：用户不能使用这个账户来登录到域。

④ 单击“下一步”按钮，弹出新用户信息摘要对话框，如图 5-21 所示。单击“完成”按钮，完成创建新用户。单击“上一步”按钮，可返回修改用户信息，如图 5-22 所示。

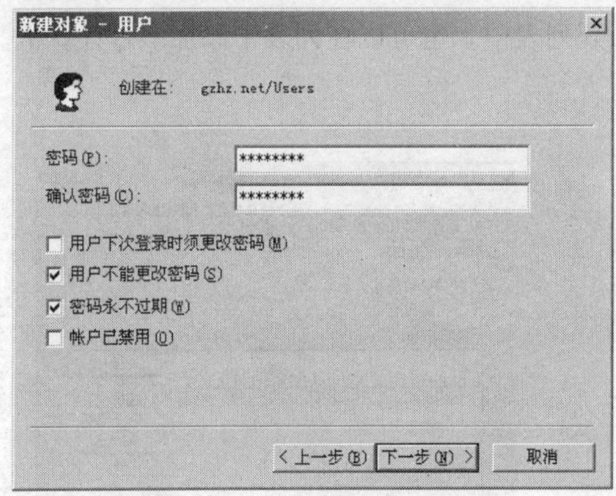

图 5-21　新用户密码设置对话框

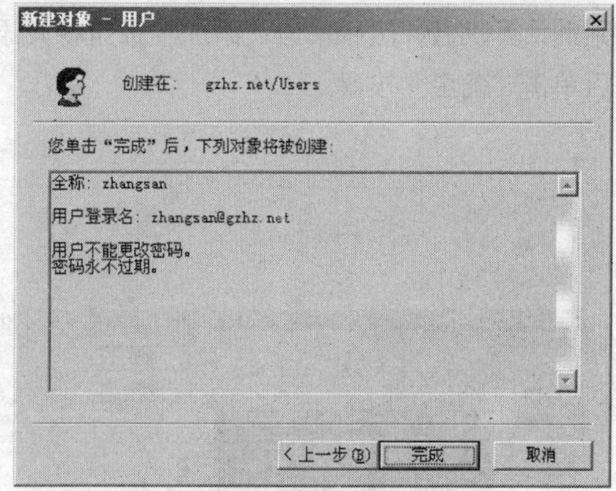

图 5-22　新用户信息摘要对话框

（2）设置用户属性。在“Active Directory 用户和计算机”窗口（见图 5-19）的 Users 容器中右击“zhangsan”，弹出“zhangsan 属性”对话框，如图 5-23 所示。在该对话框中可以对该用户不同类型的信息进行设置。

① 设置“常规”选项卡。“zhangsan 属性”对话框默认显示“常规”选项卡（见图 5-23）。由于创建用户时只输入了“姓”和“名”，因而其他信息为空。该选项卡还可以记录用户的其他常用信息，如用户描述、办公室位置、电话号码、电子邮件地址、网页等。必要时可以设置“地址”选项卡中的国家、省（自治区）、县（市）、街道、邮政编码等信息。

② 设置“账户”选项卡。在“zhangsan 属性”对话框中选择“账户”选项卡，如图 5-24 所示。在该选项卡中可以对用户的登录用户名、登录时间和登录到的域重新进行设定。

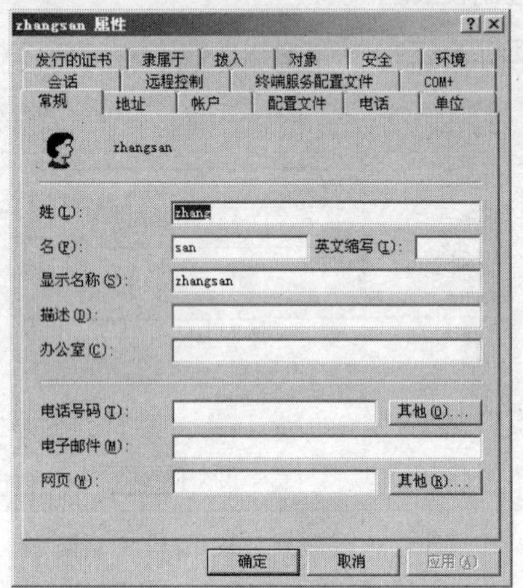

图 5-23 “zhangsan 属性”对话框

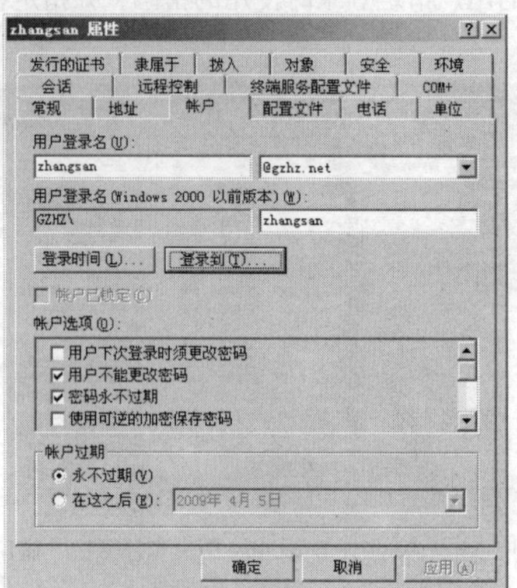

图 5-24 “账户”选项卡

单击“登录时间”按钮，打开“zhangsan 的登录时间”对话框，如图 5-25 所示。默认的登录时间为全部允许，可以设置的登录时间是按星期日到星期六、每天 24 小时，每小时一个设置区来划分的。用鼠标选中区域，选中“允许登录”或“拒绝登录”单选按钮进行设置。

单击“登录到”按钮，打开“登录工作站”对话框，如图 5-26 所示。系统默认登录到“所有计算机”，可以先选中“下列计算机”单选按钮，然后在“计算机名”文本框中输入控制该用户登录到的计算机名，然后单击“添加”按钮将其添加到列表中。也可以在列表中添加多台计算机。最后单击“确定”按钮。

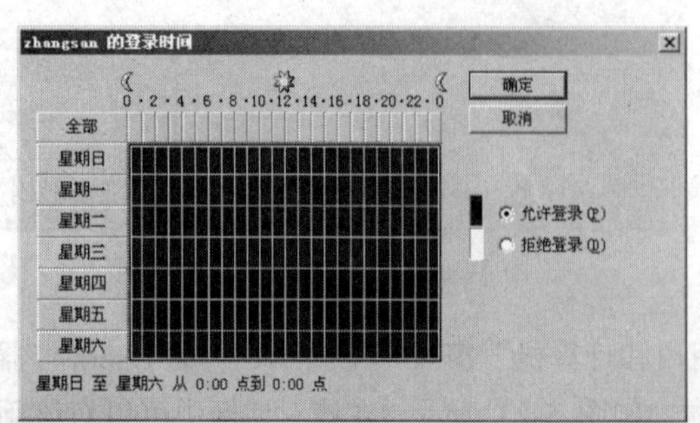

图 5-25 “zhangsan 的登录时间”对话框

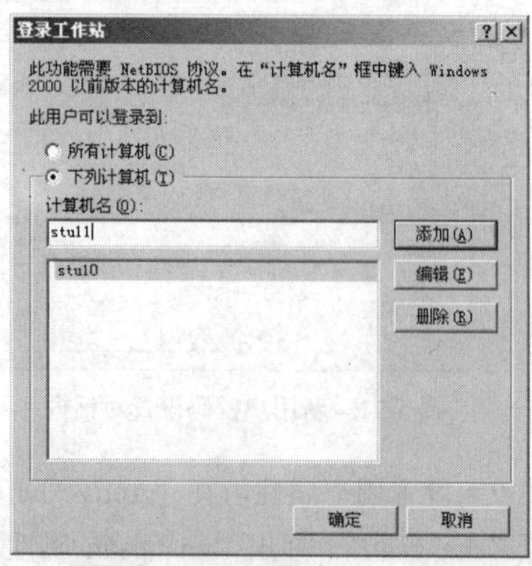

图 5-26 “登录工作站”对话框

③ 设置“安全”选项卡。在“zhangsan 属性”对话框中选择“安全”选项卡，如图 5-27 所示。用“Active Directory 用户和计算机”创建向导创建的用户，其权限由系统默认分配。为了维护网络安全，必须对部分用户的权限进行限定。

在“组或用户名称”列表框中单击要设置访问权限的用户名称“zhangsan”，在“zhangsan 的权限”列表框中选择要分配的权限（见图 5-27）。通常情况下，新用户只需赋予基本的读取等控制权限。

④ 修改用户登录密码。当用户忘记了自己的密码或者密码被别人窃取时，为了维护网络安全，必须重新设置新的密码。在“Users”容器中右击用户名称，在弹出的快捷菜单中选择“重设密码”选项，弹出“重设密码”对话框，如图 5-28 所示。在“新密码”和“确认密码”文本框中重复输入新的密码，如果选中“用户下次登录时须更改密码”复选框，客户端使用该用户登录到域时会提示修改密码。

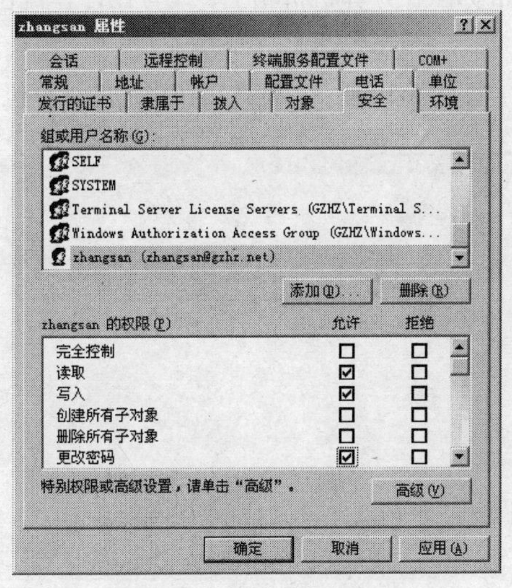

图 5-27　“安全”选项卡

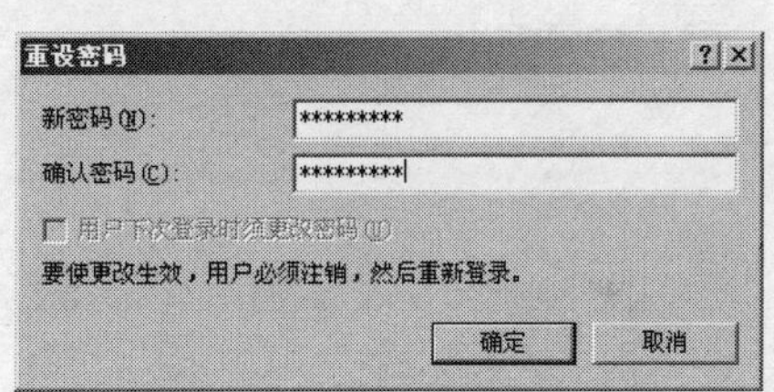

图 5-28　“重设密码”对话框

（3）创建计算机账户。计算机账户主要用于标识当前域中的所有计算机，通常存储在 Computers 容器中。

创建计算机账户的操作步骤如下。

① 在“开始”菜单中选择“管理工具→Active Directory 用户和计算机”选项，弹出“Active Directory 用户和计算机”对话框。用鼠标右击 Computers 容器，在弹出的快捷菜单中选择“新建→计算机”选项，弹出“新建对象-计算机”对话框，如图 5-29 所示。

在“计算机名”文本框中输入完整的计算机名，系统默认该计算机登录到域的用户组为 Domain Admins 组。为确保网络访问安全，往往要设置不同部门的计算机只能使用相应权限组中的用户账户登录到域。单击“更改”按钮，弹出“选择用户或组”对话框，根据计算机所属部门选择相应的用户组，如图 5-30 所示。

② 选择用户或组后，单击“确定”按钮，返回“新建对象-计算机”对话框。单击“下一步”按钮，弹出“管理”对话框，如图 5-31 所示。该对话框提示是否将该计算机作为被管理的计算机。如果选中“这是一台被管理的计算机”复选框，则提示输入计算机本身的全球唯一标识符（GUID）或通用唯一标识符（UUID）。所谓“被管理”，主要是指远程安装操作系统等。GUID 或 UUID 是

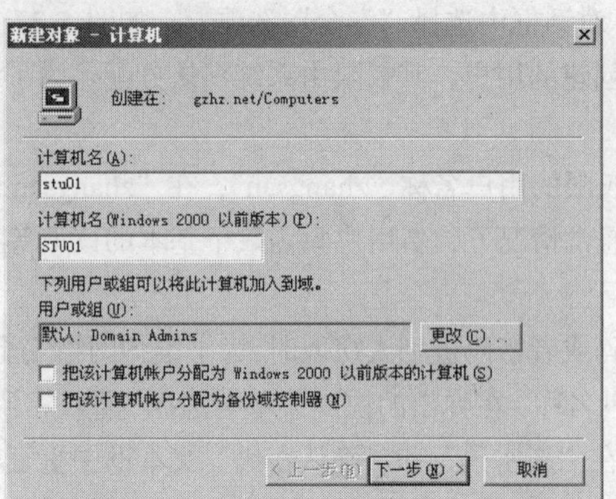

图 5-29 “新建对象-计算机”对话框

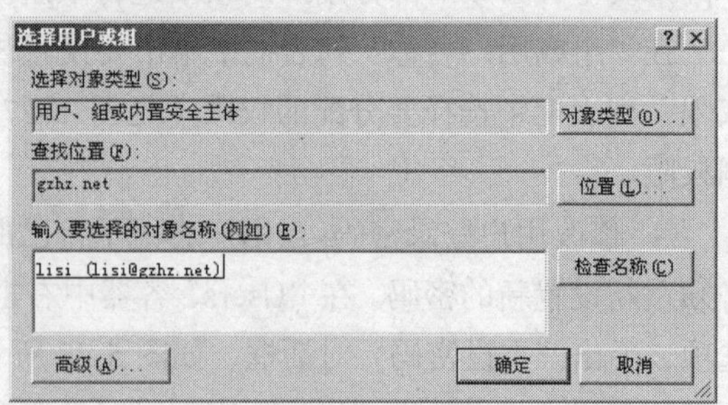

图 5-30 “选择用户或组”对话框

计算机厂商提供、由 32 个字符组成的唯一号码，通常标注在计算机机箱上，或写在计算机包装箱的外面。

③ 单击“下一步”按钮，弹出计算机信息对话框，如图 5-32 所示，确认正在添加的计算机信息。

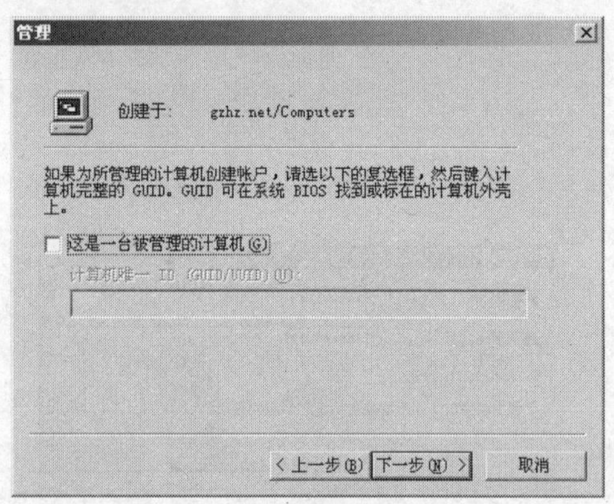

图 5-31 “管理”对话框

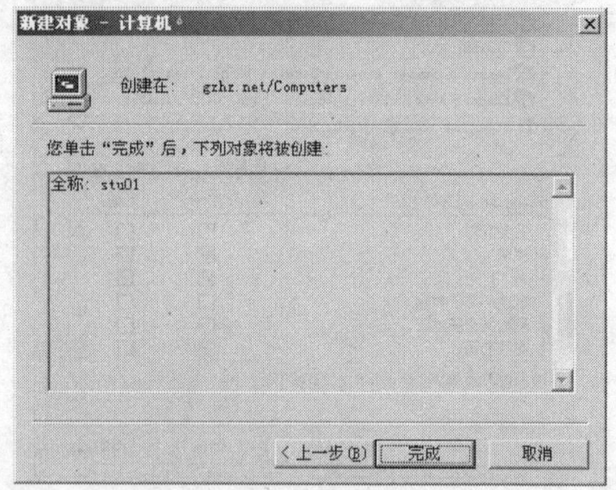

图 5-32 计算机信息对话框

④ 单击“完成”按钮，完成添加计算机操作，返回“Active Directory 用户和计算机”窗口，如图 5-33 所示。

（4）创建新的组。Active Directory 安装完成后，会自动创建一些系统默认组，存储在 Builtin 容器和 Users 器中。创建的组如下。

- Administrators 管理员组
- Domain Admins 域管理员组
- Enterprise Admins 企业管理员组
- Domain Users 域用户账户组
- Everyone 组
- Authenticated Users 组

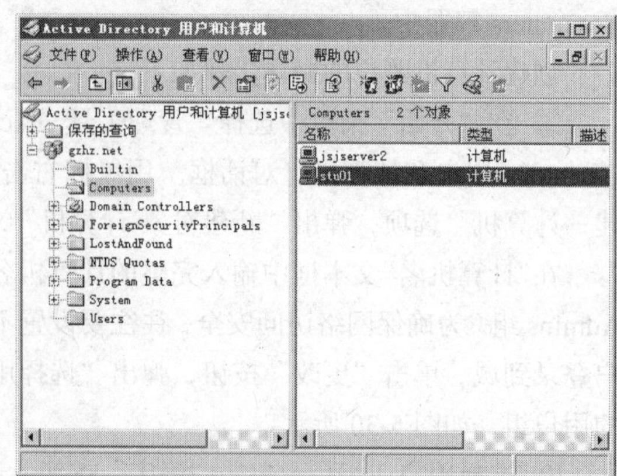

图 5-33 “Active Directory 用户和计算机”窗口

创建新组的操作步骤如下。

① 在“开始”菜单中选择“管理工具→Active Directory 用户和计算机”选项，打开“Active Directory 用户和计算机”窗口，右击 Users 容器，在弹出的快捷菜单中选择“新建→组”选项，

弹出“新建对象-组”对话框，如图 5-34 所示。

② 在“组名”文本框中输入新用户组的名称，此时在“组名（Windows 2000 以前版本）”文本框中会自动出现相同的组名，供 Windows 2000 以前版本的用户登录时使用，保持系统默认设置不变。

③ 单击“确定”按钮，即可创建一个新的用户组，接着为新组添加用户。右击新建的用户组（假设为 jsjx），在弹出的快捷菜单中选择“属性”选项，弹出“jsjx 属性”对话框，选择“成员”选项卡，如图 5-35 所示。由于未添加任何成员，该组的成员列表空白。

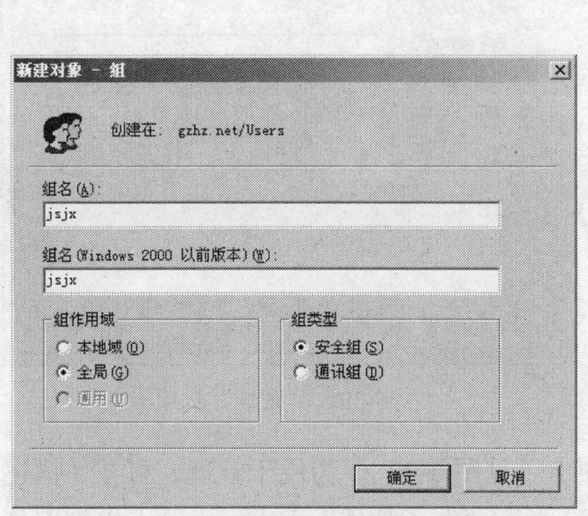

图 5-34　“新建对象-组”对话框

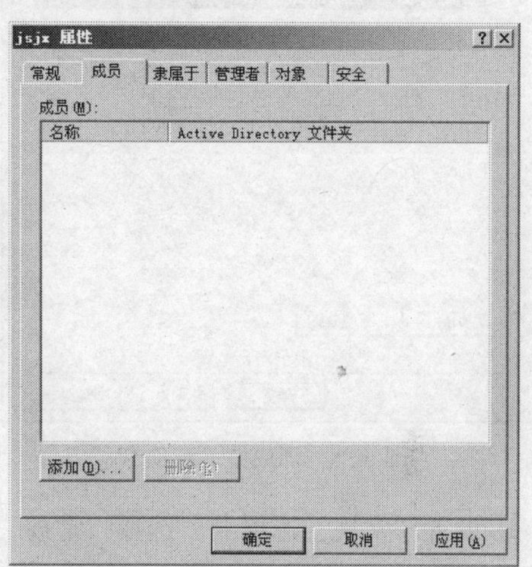

图 5-35　“jsjx 属性”对话框

④ 单击“添加”按钮，弹出“选择用户、联系人或计算机”对话框，如图 5-36 所示。系统默认的“选择对象类型”为“用户或其他对象”，默认的“查找位置”是当前整个域。在“输入对象名称来选择”文本框中输入想要添加的用户名称。为保证输入的用户名无误，可以单击“检查名称”按钮查询指定范围内是否存在该用户。只要正确输入完整用户名的一部分并单击“检查名称”按钮，系统会自动补充完整；如果当前域中存在多个包含该部分的用户账户，则给出列表供用户选择。

⑤ 若要更改对象类型，可单击“对象类型”按钮，弹出“对象类型”对话框，如图 5-37 所示。选择要添加的对象类型，包括其他对象、联系人、计算机和用户。

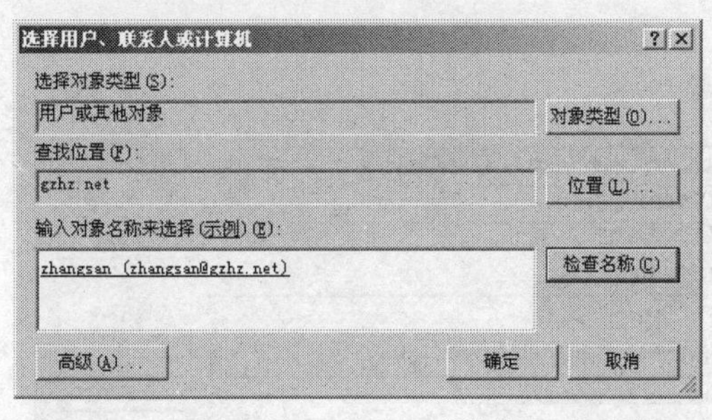

图 5-36　“选择用户、联系人或计算机”对话框

图 5-37　“对象类型”对话框

⑥ 单击“确定”按钮，成功添加到当前组，如图 5-38 所示。重复操作可以添加多个用户到指定组。

（5）设置组属性。组属性相对用户属性简单一些，对用户组设置的属性应用于组内的所有用户。一个新组创建后，系统没有设置该组的常规属性和权限，也没有为其指定组成员和管理人，该组几乎不起任何作用。如果要充分发挥组对用户和计算机账户的管理作用，必须设置组的属性。在“Active Directory 用户和计算机”窗口中选择要添加成员的组，右击并选择弹出的快捷菜单中的“属性”选项，弹出该组的属性对话框，如图 5-39 所示。

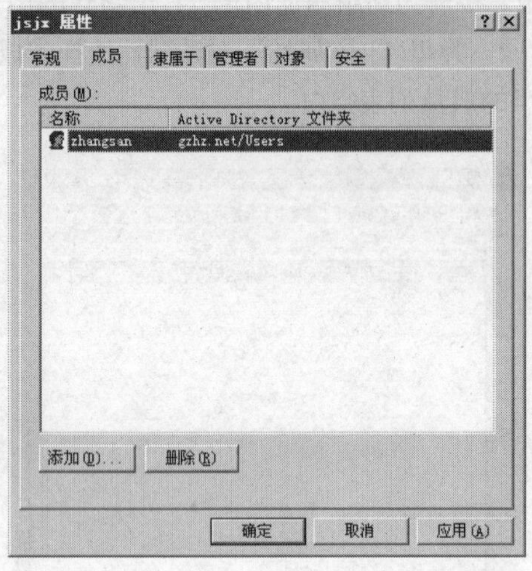

图 5-38 “成员”选项卡

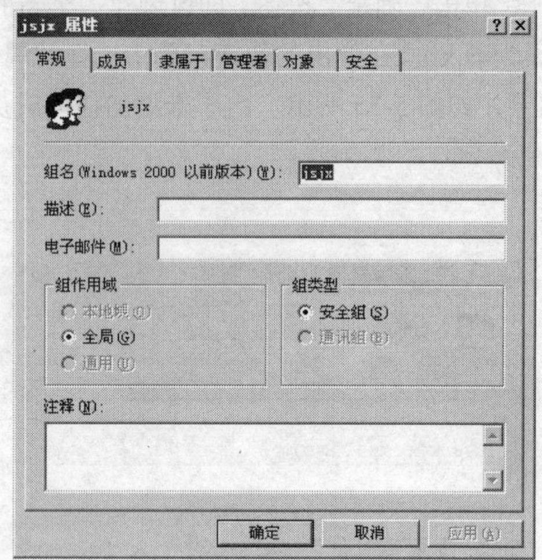

图 5-39 “常规”选项卡

① 设置“常规”选项卡。选择“常规”选项卡（见图 5-39）。为便于管理，可在“描述”和“注释”文本框中分别输入有关该组的描述和注释，并在“电子邮件”文本框中输入组管理员的电子邮件地址。如果要修改 Windows 2000 以前版本客户端的组名称，可在“组名”文本框中输入新的组名称。

② 设置“成员”选项卡。选择“成员”选项卡，如图 5-40 所示。新创建的用户组默认为空，需要将指定用户添到组中进行统一管理。

单击“添加”按钮，弹出“选择用户、联系人或计算机”对话框，添加组成员，如图 5-41 所示。单击“确定”按钮，返回“成员”选项卡，如图 5-42 所示。

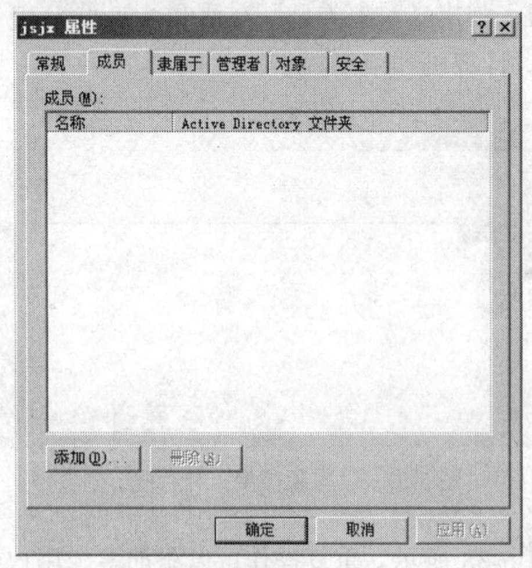

图 5-40 “成员”选项卡

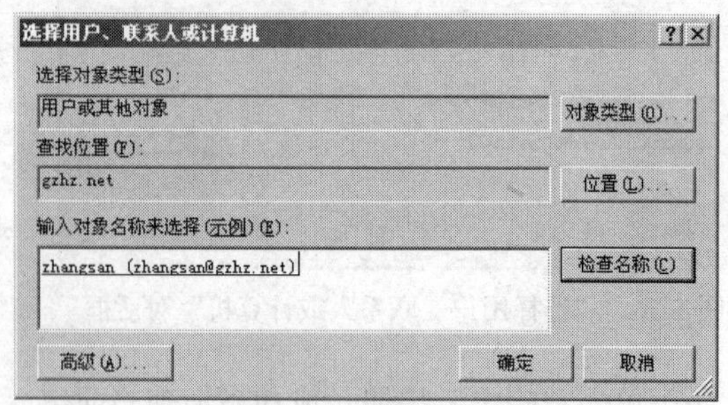

图 5-41 “选择用户、联系人或计算机”对话框

③ 设置“隶属于”选项卡。组成员添加后，必须为组设置权限，一般通过向新组中添加内置组实现。

- 选择“隶属于”选项卡，如图 5-43 所示。

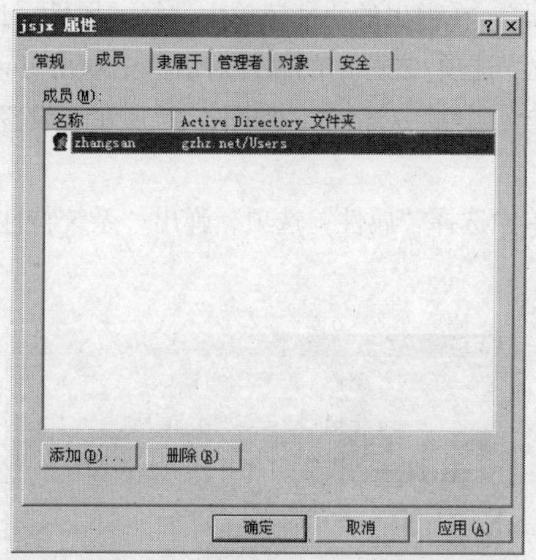

图 5-42　添加组成员后的“成员”选项卡

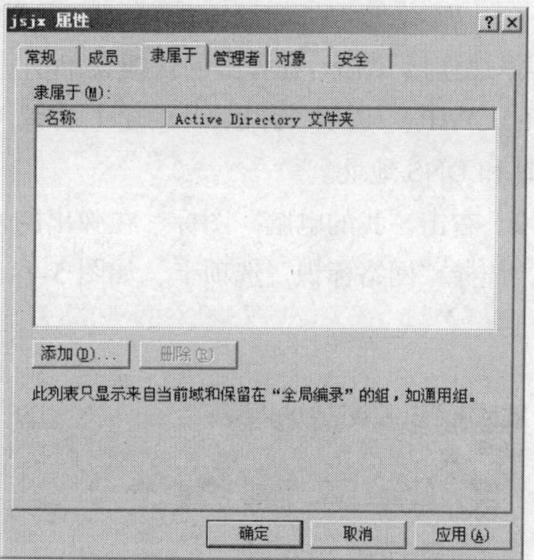

图 5-43　“隶属于”选项卡

- 单击“添加”按钮，弹出“选择组”对话框，如图 5-44 所示。
- 为当前组选择内置组，单击“确定”按钮，返回“隶属于”选项卡。

④ 设置“管理者”选项卡。系统默认组中所有成员的权限都是平等的，即无管理者。为便于管理，需要为用户组指定相应的管理者。

- 在组的属性对话框中选择“管理者”选项卡，如图 5-45 所示。

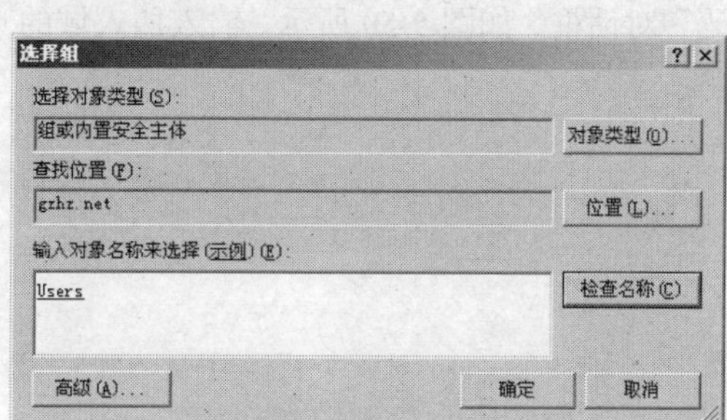

图 5-44　“选择组”对话框

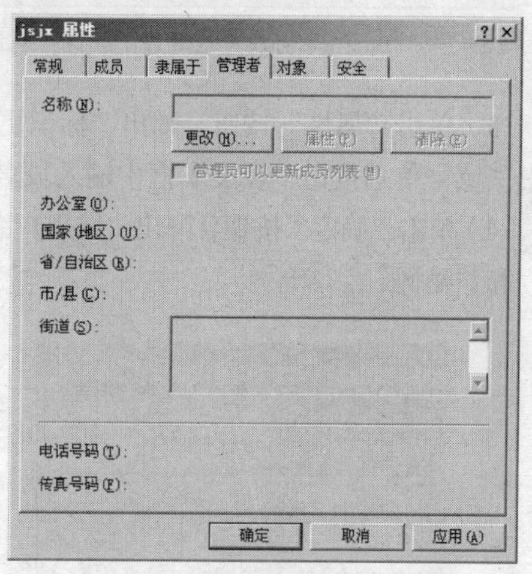

图 5-45　“管理者”选项卡

- 单击“更改”按钮，弹出“选择用户或联系人”对话框，如图 5-46 所示。
- 输入用户名称或者选择指定用户，单击“确定”按钮，返回“管理者”选项卡。

3. 将客户机加入到域中

目前使用的 Windows 系列操作系统中，除 Home 版外，都可以添加到域，如 Windows 2000 Professional、Windows XP Professional 等。

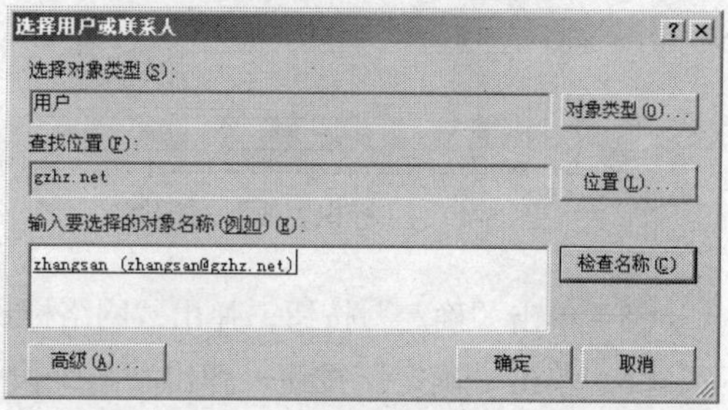

选择用户或联系人
选择对象类型 (S):
用户　对象类型 (O)...
查找位置 (F):
gzhz.net　位置 (L)...
输入要选择的对象名称 (例如) (E):
zhangsan (zhangsan@gzhz.net)　检查名称 (C)
高级 (A)...　确定　取消

图 5-46　“选择用户或联系人”对话框

下面以 Windows 2000 Professional 为例，将客户机加入到域中，操作步骤如下。

（1）以本地管理员的身份登录，右击“网上邻居”，在弹出的快捷菜单中选择“属性”选项；右击“本地连接”图标，在弹出的快捷菜单中选择“属性”选项；在弹出的属性对话框中双击“Internet 协议（TCP/IP）”选项，弹出“Internet 协议（TCP/IP）属性”对话框，如图 5-47 所示。设置网卡 IP 地址和 DNS 地址。

（2）右击“我的电脑”图标，在弹出的快捷菜单中选择“属性”选项，弹出“系统特性”对话框，选择“网络标识”选项卡，如图 5-48 所示。

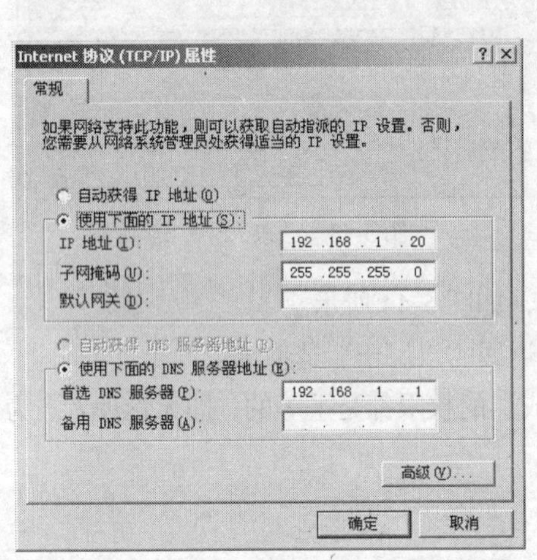

图 5-47　“Internet 协议（TCP/IP）属性”对话框

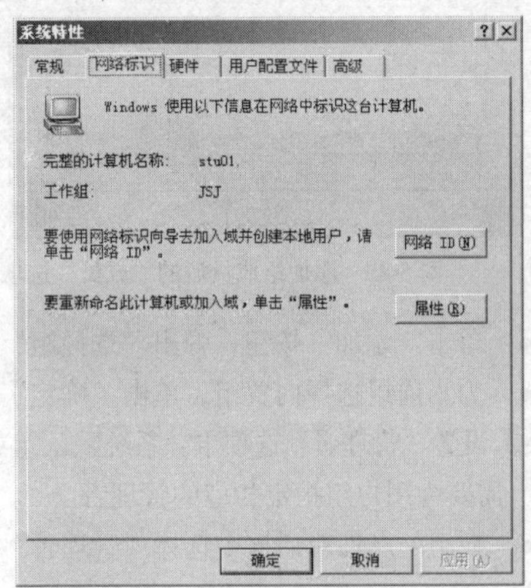

图 5-48　“系统特性”对话框

（3）单击“属性”按钮，弹出“标识更改”对话框，如图 5-49 所示。在“隶属于”选项组中选中“域”单选按钮，在文本框中输入域名。

（4）单击“确定”按钮，弹出“域用户名和密码”对话框，如图 5-50 所示。输入加入域的“名称”和“密码”。

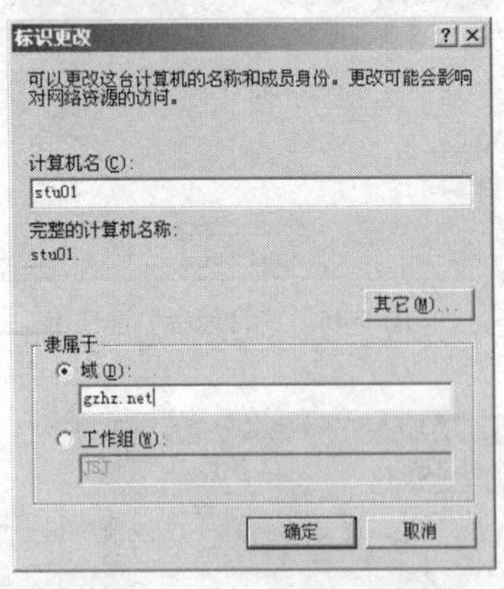

图 5-49　“标识更改”对话框

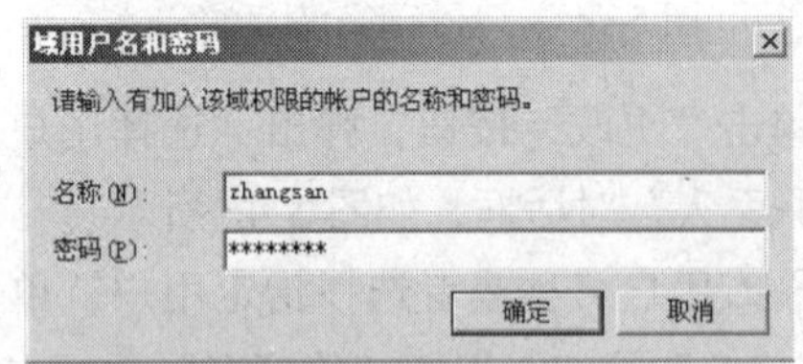

图 5-50　“域用户名和密码”对话框

（5）单击“确定”按钮，弹出“网络标识”对话框，提示成功加入域，如图 5-51 所示。

（6）单击“确定”按钮，弹出“系统设置改变”对话框，提示重新启动计算机，如图 5-52 所示。

图 5-51　“网络协议”对话框

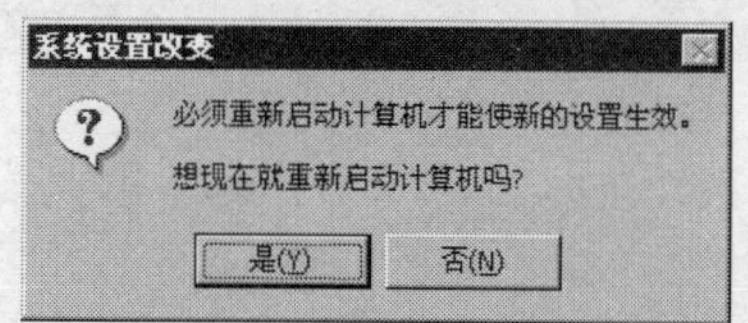

图 5-52　“系统设置改变”对话框

（7）单击“确定”按钮，重新启动计算机。根据系统提示，按下 Ctrl+Alt+Del 组合键，弹出“登录到 Windows”对话框。单击“选项”按钮，在“登录到”下拉列表中选择当前计算机加入的域，在“用户名”和“密码”文本框中分别输入参数后，单击“确定”按钮登录域。

五、实训总结与提高

本实训在没有安装和配置 DNS 服务器的环境下安装活动目录。如果系统中已经安装和配置了 DNS 服务器，或者活动目录和 DNS 服务器集成安装，安装活动目录的过程会有一些差别。

除创建和配置新用户、用户组、计算机对象外，在活动目录中还可以创建和配置 OU 组织单元等内容。

实训 6 DHCP 服务的安装与配置

一、实训目的

1. 理解 DHCP 的基本概念和工作过程。
2. 掌握 DHCP 服务器的安装与配置。

二、实训设备

1. 安装 Windows Server 2003 操作系统的计算机 1 台。
2. 安装 Windows 操作系统的客户机（如 Windows 2000 Professional）1 台。
3. 计算机已用交换机组成网络。

三、预备知识

1. DHCP 的基本概念

采用 TCP/IP 的网络，每台计算机都必须拥有唯一的 IP 地址。用户将计算机从一个子网移动到另一个子网时，必须重新设置该计算机的 IP 地址。如果用静态 IP 地址分配方法，将增加网络管理员的负担。DHCP 可以将 DHCP 服务器 IP 地址数据库中的 IP 地址动态地分配给局域网中的客户机，从而减轻了网络管理员的负担。

利用 Windows Server 2003 的 DHCP 服务创建 DHCP 服务器，可以实现在网络上自动分配 IP 地址及相关环境。DHCP 采用客户机/服务器模式。通过这种模式，DHCP 服务器集中维持网络上 IP 地址的管理。支持 DHCP 的客户端可以向 DHCP 服务器请求和租用 IP 地址，作为它们网络启动过程的一部分。

2. DHCP 的基本术语

① DHCP 服务器：集中管理 IP 地址和相关信息，并自动提供给客户端。

② DHCP 客户端：TCP/IP 客户机上的软件组件，通常作为协议栈软件部分实现。该软件将地址请求、租用续借和其他 DHCP 消息传送给 DHCP 服务器，并获取 DHCP 服务器指派的 IP 地址、子网掩码、默认网关、DNS 服务器等参数。

③ 作用域：一个网络中所有可分配 IP 地址的连续范围，通常定义为接受 DHCP 服务的单个物理子网，还可提供服务器对 IP 地址及相关配置参数的分发和指派进行管理的主要方法。

④ 超级作用域：一组作用域的集合，可用于支持同一个物理子网的多个逻辑 IP 子网。超级作用域仅包含可同时激活的“成员作用域”或“子作用域”列表，不用于配置有关作用域使用的其他详细信息。

⑤ 排除范围：不用于分配的 IP 地址范围，保证这个序列中的 IP 地址不会被 DHCP 服务器分配给客户机。通常，该范围内的 IP 地址分配给网段内要求拥有静态 IP 地址的计算机，如 WWW 服务器、FTP 服务器、邮件服务器、打印服务器或其他有特殊要求的客户机等。

⑥ 地址池：定义 DHCP 作用域及排除范围后，剩余的地址在作用域内构成一个地址池，其中的地址可以动态分配给网络中的 DHCP 客户机。即 DHCP 客户机租到的 IP 地址均包含在地址池的 IP 地址范围内。

⑦ 租约：由 DHCP 服务器指定的一段时间，在这段时间范围内，客户端可以使用由 DHCP 服务器指派的 IP 地址。

⑧ 保留：可用“保留”创建 DHCP 服务器指派的永久地址租约。“保留”可确保子网上指定的硬件设备始终可使用相同的 IP 地址，实质是将 IP 地址与硬件的 MAC 地址绑定。

⑨ 选项类型：DHCP 服务器向客户端提供租约时，可指派的其他客户端配置参数，如默认网关（路由器）、WINS 服务器和 DNS 服务器的 IP 地址。这些默认选项类型均可为 DHCP 配置的所有作用域使用。

3. DHCP 的工作过程

DHCP 工作时，客户机和服务器进行交互。当客户机（TCP/IP 属性设置为“自动获取 IP 地址和 DNS 服务器地址”）登录网络时，通过广播向服务器发出申请 IP 地址的请求；服务器分配一个 IP 地址以及其他 TCP/IP 的配置信息。整个过程可以分为以下几个步骤。

① 请求 IP 租约。

② 提供 IP 租约。

③ 选择 IP 租约。

④ 确认 IP 租约。

⑤ 重新登录，请求 IP 地址租约，重新请求\更新\释放租约。

⑥ 更新租约。

⑦ 释放 IP 地址租约。

四、实训内容与步骤

1. 安装 DHCP 服务器

在 Windows Server 2003 操作系统中，可以通过“配置您的服务器向导”完成安装和配置 DHCP

服务器，操作步骤如下。

（1）在“开始”菜单中选择“管理工具→配置您的服务器向导”选项，弹出“配置您的服务器向导”对话框，如图 6-1 所示。选择“DHCP 服务器”选项，将计算机安装为 DHCP 服务器。

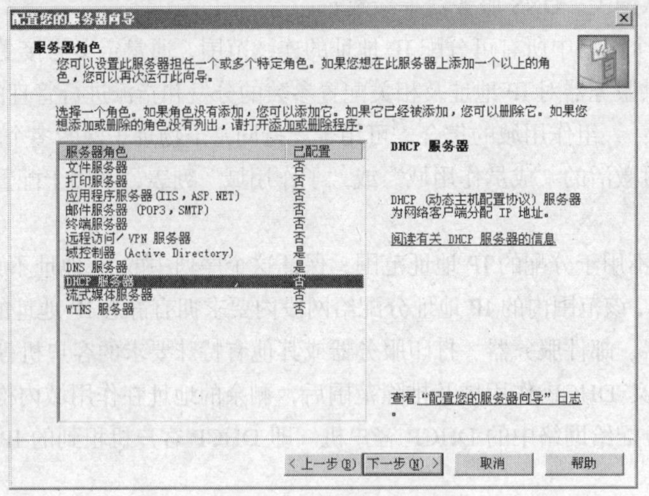

图 6-1 “服务器角色”对话框

（2）单击“下一步”按钮，弹出“作用域名”对话框，如图 6-2 所示。指定 DHCP 服务器作用域的名称，以避免未授权用户在网络中设置非法的 DHCP 服务器。每个 DHCP 服务器都必须指定自己的作用域，只有拥有域管理权限的用户才能够执行该操作。

（3）单击“下一步”按钮，弹出“IP 地址范围”对话框，如图 6-3 所示。设置该 DHCP 服务器分配的 IP 地址范围，设置“子网掩码”或子网掩码的“长度”。如果 IP 地址由 ISP 提供，ISP 会将起止 IP 地址和子网掩码一起告知用户。如果 ISP 没有提供足够的公有 IP 地址，在网络内部应当采用保留 IP 地址段，借助代理服务器或其他 IP 地址转换方式，实现 Internet 连接共享。

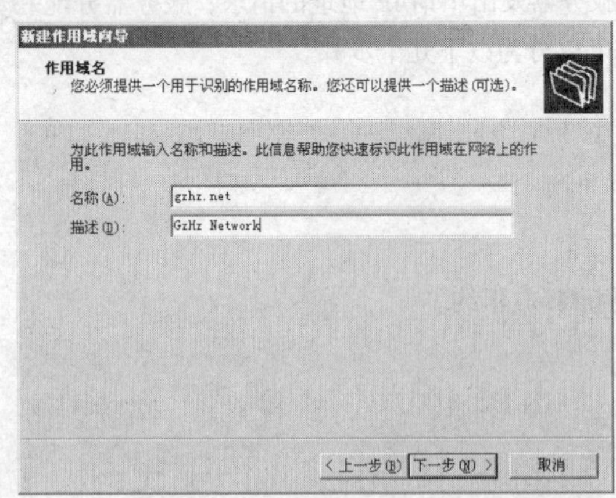

图 6-2 “作用域名”对话框

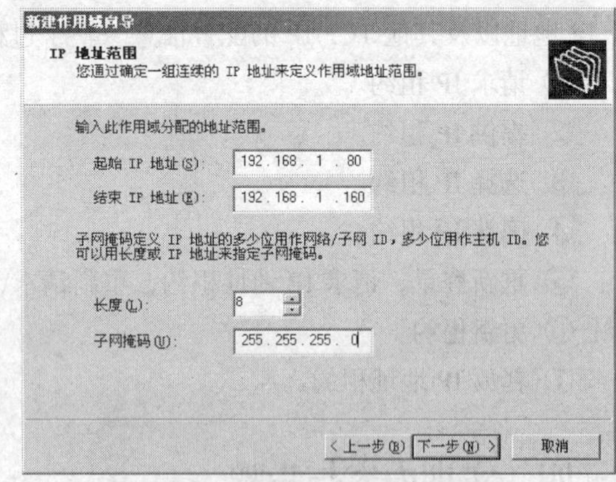

图 6-3 “IP 地址范围”对话框

（4）单击“下一步”按钮，弹出“添加排除”对话框，如图 6-4 所示。设置保留的、不再动态分配的 IP 地址的起止范围。所有的服务器都需要采用静态 IP 地址，某些特殊用户往往也需要

采用静态 IP 地址。因此，应当将这些 IP 地址添加至“排除的 IP 地址范围”列表，不再由 DHCP 动态分配。

（5）单击“下一步”按钮，弹出“租约期限”对话框，如图 6-5 所示。设置租约时间，租约期限默认为 8 天。对于台式机较多的网络，租约期限应当相对长一些，这将有利于减少网络广播流量、提高网络传输效率。对于笔记本较多的网络，租约期限应当短一些，以利于在新的位置及时获取新的 IP 地址。DHCP 服务会产生大量的广播包，租约越短，广播越频繁，从而会降低网络传输效率。

图 6-4　“添加排除”对话框

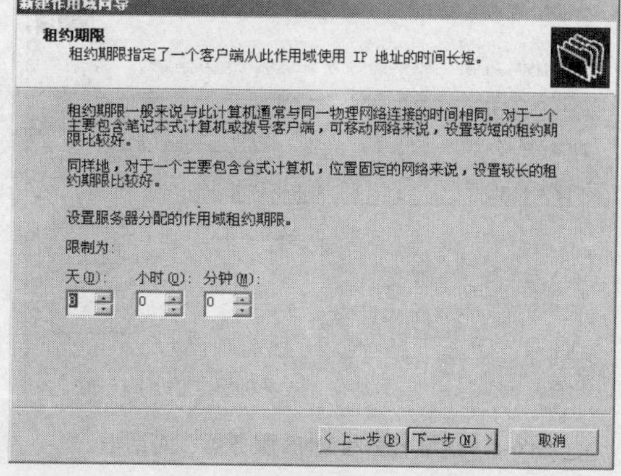

图 6-5　“租约期限”对话框

（6）单击“下一步”按钮，弹出“配置 DHCP 选项”对话框，如图 6-6 所示。选中“是，我想现在配置这些选项”单选按钮，准备配置默认网关、DNS 服务器等重要的 IP 地址信息，使 DHCP 客户端只需设置为“自动获取 IP 地址信息”即可，无须再指定任何 IP 地址信息。

（7）单击“下一步”按钮，弹出“路由器（默认网关）”对话框，如图 6-7 所示。如果使用代理共享 Internet 接入，则代理服务器的内部 IP 地址即默认网关；如果采用路由器接入 Internet，则路由器内部以太网口的 IP 地址即默认网关；如果局域网已划分 VLAN，则 VLAN 指定的 IP 地址即默认网关。

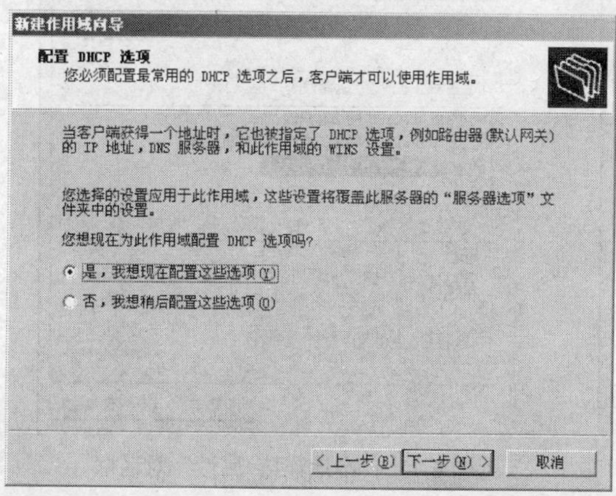

图 6-6　“配置 DHCP 选项”对话框

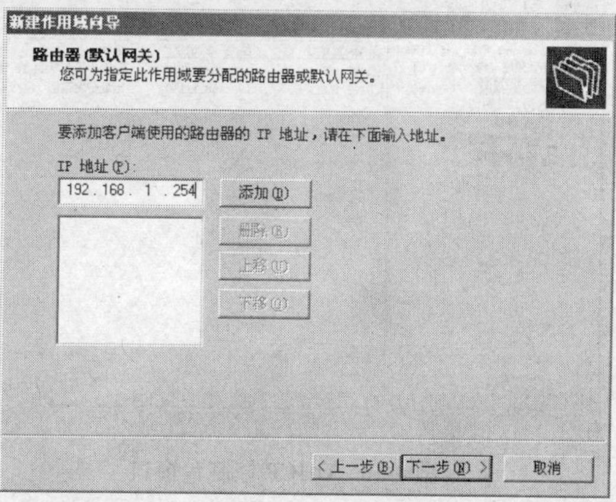

图 6-7　“路由器（默认网关）”对话框

（8）单击“下一步”按钮，弹出“域名称和 DNS 服务器”对话框，如图 6-8 所示。这里的域

名称应当是网络申请的合法域名。如果网络内部安装有DNS服务器，这里的DNS应当指定为内部DNS服务器的IP地址。如果网络没有提供DNS服务，应当输入ISP提供的DNS服务器的IP地址。

（9）单击“下一步”按钮，弹出“激活作用域”对话框，如图6-9所示。选中“是，我想现在激活作用域”单选按钮，激活该DHCP服务器，为网络提供DHCP服务。DHCP服务器必须在激活作用域后才能提供DHCP服务。

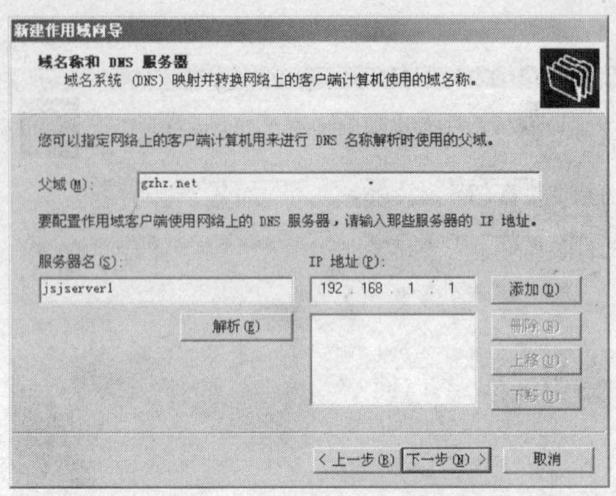

图6-8 “域名称和DNS服务器”对话框　　图6-9 “激活作用域”对话框

（10）DHCP服务器安装完成后，在“开始”菜单中选择“管理工具→DHCP”选项，打开DHCP控制台窗口，可对DHCP服务进行配置管理，如图6-10所示。

2. DHCP客户端设置

（1）在“控制面板”中打开“网络连接”窗口，右击“本地连接”图标，在弹出的快捷菜单中选择“属性”选项，弹出“本地连接 属性”对话框，如图6-11所示。

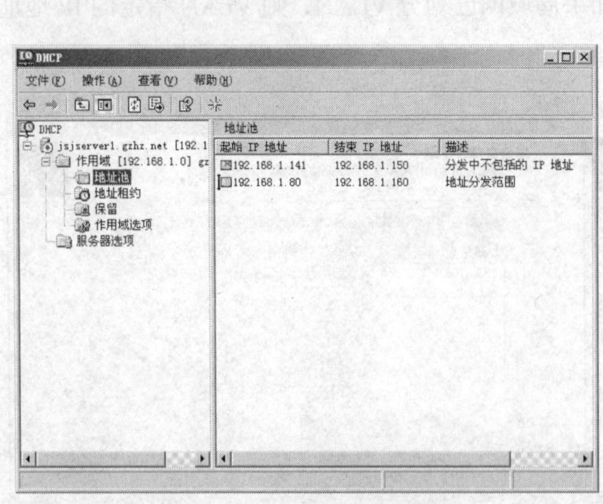

图6-10 DHCP控制台窗口

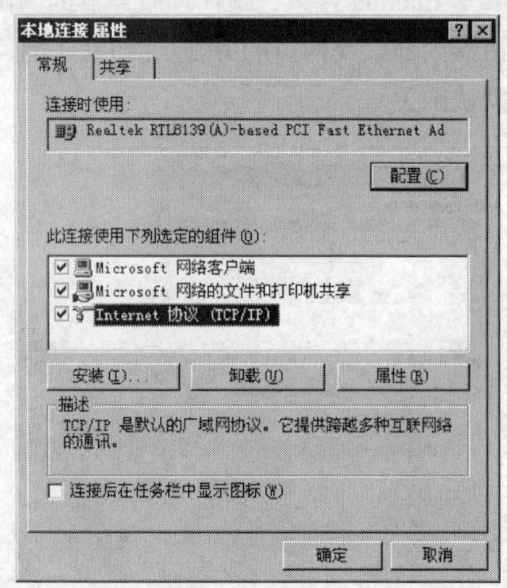

图6-11 “本地连接 属性”对话框

（2）双击“Internet协议（TCP/IP）”选项，弹出“Internet协议（TCP/IP）属性”对话框。分别选中“自动获得IP地址”和“自动获得DNS服务器地址”单选按钮，如图6-12所示，单击“确

定”按钮。

（3）在 DHCP 客户端打开命令提示符窗口，输入“ipconfig/renew”命令，可从 DHCP 服务器上申请 IP 地址；输入“ipconfig/all”命令可查看客户端从 DHCP 服务器获取的 IP 地址信息，如图 6-13 所示。

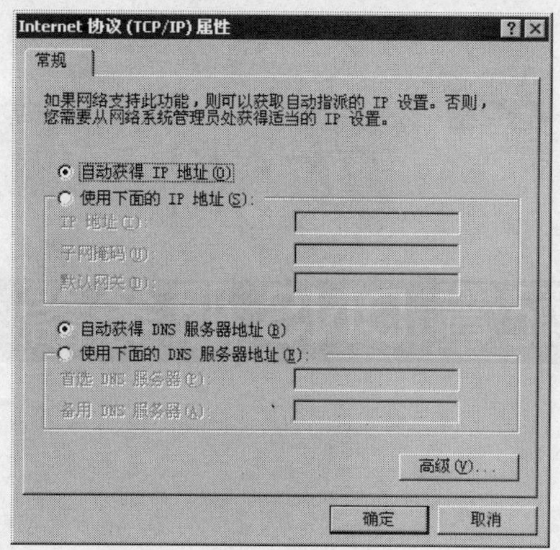
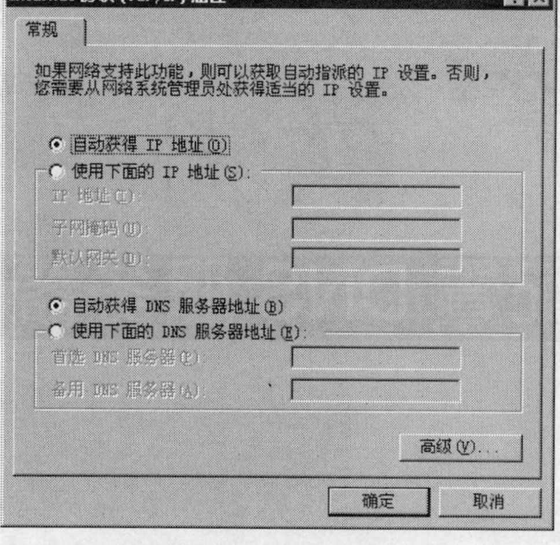

图 6-12　“Internet 协议（TCP/IP）属性”对话框

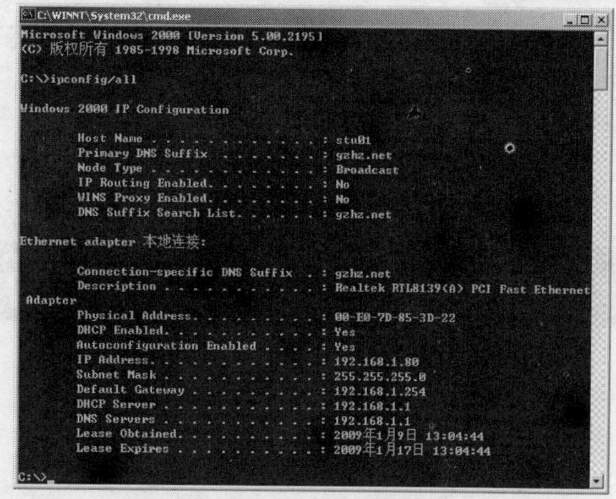

图 6-13　命令提示符窗口

以域管理员账户登录到 DHCP 客户端，打开命令提示符窗口，输入“ipconfig/release” 命令，可释放租约到的 IP 地址。

五、实训总结与提高

在 Windows Server 2003 操作系统中，除了可以用 “配置您的服务器向导”安装 DHCP 服务器外，还可通过“Windows 组件向导”完成 DHCP 服务器的安装。

DHCP 控制台可以管理多个 DHCP 服务器，每个 DHCP 服务器又可管理多个作用域，具体的配置都是以作用域为单位来管理的，每个作用域拥有特定的 IP 地址范围。

实训7

安装与配置 DNS 服务器

一、实训目的

1. 掌握 DNS 服务器的配置方法。
2. 掌握 DNS 客户机的配置方法。
3. 掌握 DNS 服务器的测试方法。

二、实训设备

1. 安装 Windows Server 2003 操作系统的 DNS 服务器主机 1 台。
2. 安装 Windows 操作系统的客户机（如 Windows 2000 Professional）1 台。
3. DNS 服务器主机与客户机连接成网络。

三、预备知识

1. 域名

在 Internet 上识别一台主机的方式是利用 IP 地址，但是一组 IP 数字很不容易记忆（即使将 32 位的二进制数转换成 4 组十进制数），也没有什么联想的意义。因此，可以在 Internet 上的服务器取一个有意义又容易记忆的名字，这个名字称为域名（Domain Name）。

为主机注册域名需要考虑以下 3 个因素。

① 一个主机的域名在 Internet 上是唯一、通用的，在 Internet 上通过主机的域名可以准确地登录主机。

② 域名要便于分配、确认和回收管理。

③ 由于网络本身只能识别 IP 地址，域名与主机的 IP 地址需要高效地映射。

2. 域名系统

域名系统（Domain Name System，DNS）是一种分布式网络目录服务，主要用来把主机名转换为 IP 地址，并控制 Internet 上电子邮件的发送。运行主机域名到 IP 地址映射的计算机称为域名服务器（Domain Name Server，DNS）。

域名服务器概述

计算机在 Internet 上进行通信时，只能识别诸如“211.66.64.88”之类的 IP 地址，不能识别域名。但是，在浏览器的地址栏中输入域名后却能看到所访问的页面，因为域名服务器自动把字符型的域名“翻译”成相应的 IP 地址，然后调出 IP 地址对应的网页。

域名服务器的工作任务，是把字符类型的域名解析为主机的 IP 地址，当一台域名服务器不能完成某个域名的解析时，必须能够连接到其他域名服务器获取相关的信息。

在 Internet 上，域名服务器按照域名的层次来安排，每个域名服务器只对域名系统中的一部分进行管辖。域名服务器能够对域名解析，实质是运行了域名解析程序，并且保存一张域名与对应 IP 地址的对照表，可以完成域名到 IP 地址的映射。

域名解析采用客户端/服务器（C/S）模式，域名服务器上运行的服务进程进行域名对 IP 地址的解析。域名服务器中存储一个或多个管辖区中主机域名到 IP 地址映射的信息。通常在一个管辖区内设置多台域名服务器，以提高域名解析系统的可靠性，当其中某台域名服务器出现故障时，所有的域名请求能够转发给其他域名服务器；此外，可以将 DNS 查询信息平均地分担到多台域名服务器上，提高整个系统域名解析的能力和效率；可以根据需要将多台域名服务器放置到不同的地方，为用户提供地理位置的就近域名解析。

在一个管辖区内具有多台域名服务器时，可以将这些域名服务器配置成主域名服务器或辅域名服务器。主域名服务器直接从本地管辖区的数据文件（Zonefile）中加载本管辖区的信息，管辖区数据文件中包含服务器所在管辖区内的主机域名和相应的 IP 地址；辅域名服务器启动时与负责本区的主域名服务器联系，经过一个“管辖区内传输”的过程，复制主服务器的数据库。此后，将周期性地查询主域名服务器的数据是否被修改，以保持自己数据库中的数据是最新版本。

3. 域名服务器类型

根据域名服务器的不同配置，以及域名服务器在域名解析过程中所起的不同作用，可以将域名服务器分为本地域名服务器、根域名服务器和授权域名服务器 3 种类型。

（1）本地域名服务器（Local Name Server）。

每一个 Internet 服务提供者（ISP）都可以拥有一个本地域名服务器，又称默认域名服务器。当一个主机发出 DNS 查询报文时，这个查询报文首先送往该主机的本地域名服务器。本地域名服务器离用户较近，一般不超过几个路由器的距离。当要查询的主机也属于同一个本地 ISP 时，本地域名服务器立即能将查询的主机名转换为对应的 IP 地址，不需要再去询问其他的域名服务器。

（2）根域名服务器（Root Name Server）。

根域名服务器中储存了管辖每个域（如 com、net、org 等）解析的域名服务器的地址信息。因此，一个本地域名服务器不能立即解析某个主机的 DNS 查询时（没有保存被查询主机的信息），该本地域名服务器可以 DNS 客户的身份向某个根域名服务器查询。若根域名服务器有被查询主机的信息，就发送 DNS 回答报文给本地域名服务器，本地域名服务器再回答发起查询的主机。当根域名服务器没有被查询主机的信息时，它一定知道某个保存有被查询主机名字映射的授权域名

服务器的 IP 地址。根域名服务器不直接对顶级域下属的所有域名进行转换，但一定能够找到下面的所有二级域名的域名服务器。

（3）授权域名服务器（Authoritative Name Srever）。

Internet 允许各个单位根据具体情况将本单位的域名划分为若干个域名服务器管辖区（Zone），一般就在各管辖区中设置相应的授权域名服务器。因此，授权域名服务器本身是一台主机的本地 ISP 的域名服务器，Internet 上的每一台主机都必须在授权域名服务器处注册登记。为更加可靠地工作，一台主机经常存在两个以上的授权域名服务器。许多域名服务器同时充当本地域名服务器和授权域名服务器。授权域名服务器的主要作用是将其管辖区域的主机名转换为对应的 IP 地址。

4. 域名解析流程

域名解析由用户通过浏览器发起，当用户在浏览器的地址栏输入某个网站的域名后，系统开始呼叫域名解析程序（Resolve）。解析程序是客户端负责 DNS 查询的 TCP/IP 软件，域名解析程序开始进入域名解析流程。

（1）用户提出域名解析请求，并将该请求发送给本地域名服务器。

（2）本地的域名服务器收到请求后，解析程序先查询本地缓存，如果有该记录项，本地域名服务器直接把查询的结果返回。

（3）如果本地缓存中没有该记录，本地域名服务器直接把请求发给根域名服务器；根域名服务器向本地域名服务器返回一个查询域（根的子域，如 cn 等）的主域名服务器地址。

（4）本地服务器向上一步骤中返回的域名服务器发送请求，收到该请求的服务器查询其缓存，返回与该请求对应的记录或相关的下级域名服务器地址。本地域名服务器将返回的结果保存到缓存。

（5）重复第（4）步，直到找到正确的记录。

（6）本地域名服务器把返回结果保存到缓存，以备下一次使用，同时将结果返回客户机。

5. 域名解析原理

（1）域名解析分为地址的正向解析和反向解析 2 类。

- 正向解析：通常的域名解析指的是正向解析，是将主机域名解析成 IP 地址的过程，如将 http://www.sina.com.cn/ 解析成 58.63.236.32。
- 反向解析：将 IP 地址解析成主机域名的过程，如将 58.63.236.32 解析成 http://www.sina.com.cn/。

反向解析是依据 DNS 客户端提供的 IP 地址查询对应的主机名。由于 DNS 域名与 IP 地址之间无法建立直接对应关系，必须在域名服务器内创建一个反向解析区域，该区域名称最后部分为 in-addr.arpa。一旦创建的反向解析区域进入到 DNS 数据库中，就会增加一个指针记录，将 IP 地址与相应的主机名相关联。也就是说，当查询 IP 地址为 58.63.236.32 的主机名时，解析程序将向 DNS 服务器查询 32.236.63.58.in-addr.arpa 的指针记录。如果该 IP 地址在本地域之外，DNS 服务器将从根开始顺序解析域节点，直到找到 32.236.63.58.in-addr.arpa。

（2）在域名解析过程中，客户端和域名服务器或不同域名服务器之间的地址查询模式可分为递归查询和迭代查询两种。

- 递归查询：客户端送出查询请求后，本地域名服务器必须告诉客户端域名映射的 IP 地址，或通知客户端找不到所需信息。如果 DNS 服务器内没有客户端需要的信息，本地域名服务器代替客户端向其他域名服务器查询。如果其他域名服务器也无法解析该项查询，则

告知客户端找不到所需数据。域名服务器递归查询期间，客户端完全处于等待状态。客户端只需接触一次 DNS 服务器系统，即可得到所需的 IP 地址，或获知所查询的域名没有有效的 IP 地址与其对应。

- 迭代查询：客户端发出查询请求后，若该 DNS 服务器中不包含所需信息，将告诉客户端另外一台 DNS 服务器的 IP 地址，使客户端自动转向另外一台 DNS 服务器查询，依次类推，直到查到信息，否则，由最后一台 DNS 服务器通知客户端查询失败。

若一个网络中既有迭代查询也有递归查询，则迭代查询的优先级高于递归查询，即域名解析通常先启用迭代查询，只有在迭代查询无效的情况下才会使用递归查询。

四、实训内容与步骤

1. 安装 DNS 服务器

以域管理员账户登录到需要安装 DNS 服务的计算机上，这里通过“Windows 组件向导”来安装 DNS 服务器。操作步骤如下。

（1）在“添加或删除程序”对话框中单击“添加删除 Windows 组件”按钮，弹出“Windows 组件向导”对话框，如图 7-1 所示。

（2）双击“网络服务”选项，弹出“网络服务”对话框，选中“域名系统（DNS）”复选框，如图 7-2 所示。单击“确定”按钮，返回“Windows 组件向导”对话框。单击“下一步”按钮，开始安装 DNS 服务，直到 DNS 服务安装结束。安装过程中要用到 Windows Server 2003 安装光盘。

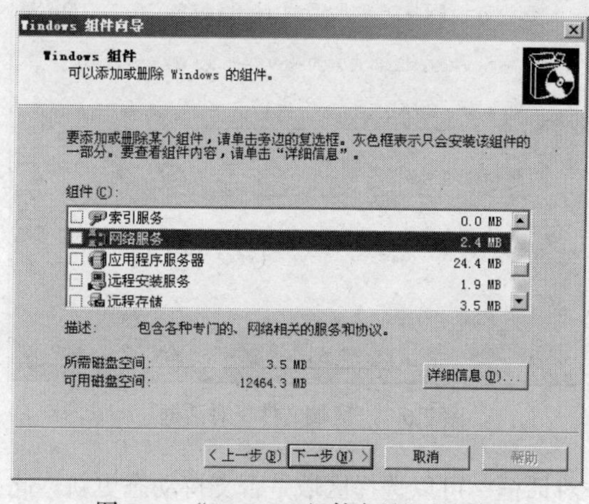

图 7-1　“Windows 组件向导”对话框

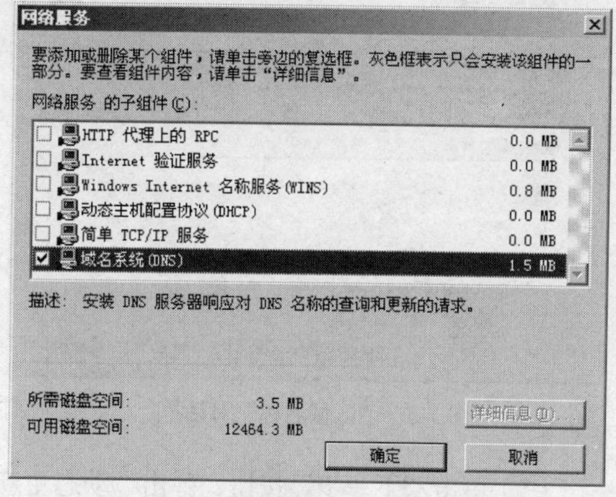

图 7-2　“网络服务”对话框

2. 创建“正向查找区域”

通过“Windows 组件向导”安装 DNS 服务后，需要创建 DNS 区域。另外，可以在一台 DNS 服务器上提供多个域名的 DNS 解析，因此可以创建多个 DNS 区域。

（1）在“开始”菜单中选择“管理工具→DNS”选项，打开 DNS 控制台窗口，如图 7-3 所示。

（2）展开 DNS 服务器目录树，右击“正向查找区域”选项，在弹出的快捷菜单中选择“新建区域”选项，弹出“新建区域向导”对话框。单击“下一步”按钮，弹出“区域类型”对话框，选择要创建区域的类型，包括“主要区域”、“辅助区域”和“存根区域”3 种类型，如图 7-4 所示。若要创建新的区域，应当选中“主要区域”单选按钮。

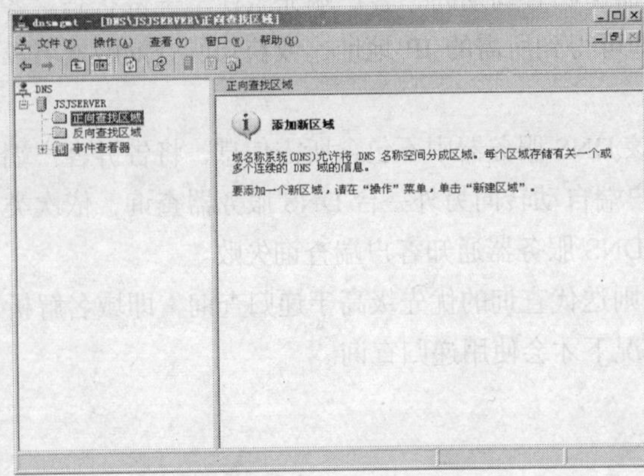

图 7-3 DNS 控制台窗口

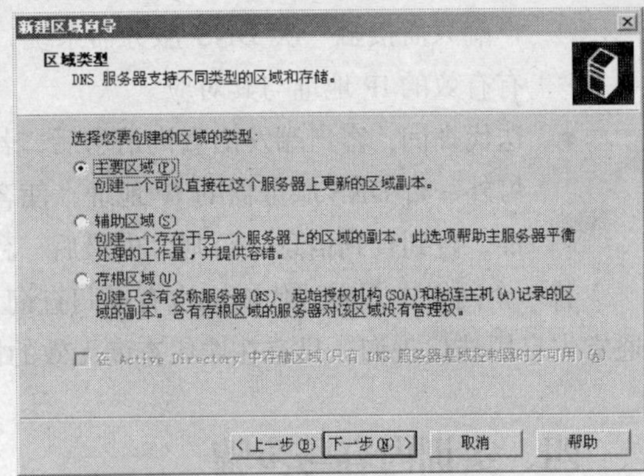

图 7-4 "区域类型"对话框

（3）单击"下一步"按钮，弹出"区域名称"对话框，在"区域名称"文本框中设置要创建的区域名称，如 gzhz.net。"区域名称"指定 DNS 名称空间的部分，由 DNS 服务器管理，如图 7-5 所示。

（4）单击"下一步"按钮，弹出"区域文件"对话框，可以选择创建新的区域文件或使用已存在的区域文件，此处默认选择"创建新文件，文件名为 gzhz.net.dns"，如图 7-6 所示。区域文件又称为 DNS 区域数据库，它的主要作用是保存区域资源记录。

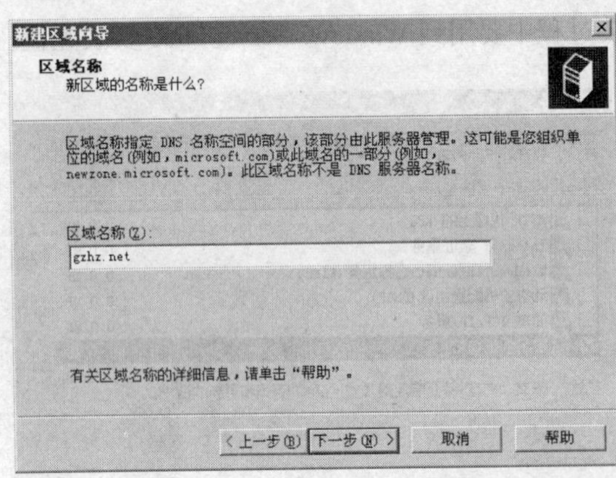

图 7-5 "区域名称"对话框

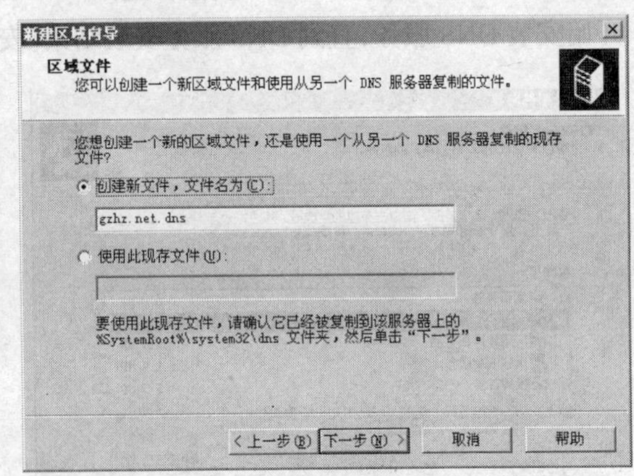

图 7-6 "区域文件"对话框

（5）单击"下一步"按钮，弹出"动态更新"对话框，可以选择区域是否支持动态更新。此处默认选中"不允许动态更新"单选按钮，如图 7-7 所示。

（6）单击"下一步"按钮，弹出"完成"对话框。单击"完成"按钮，区域创建完成，返回 DNS 控制台窗口。当一个新的主要区域创建成功后，即显示在 DNS 控制台窗口中，如图 7-8 所示。

3. 创建"反向查找区域"

（1）以域管理员账户登录到 DNS 服务器，打开 DNS 控制台窗口并展开服务器，用鼠标右击"反向查找区域"，在弹出的快捷菜单中选择"新建区域"选项，弹出"新建区域向导"对话框。单击"下一步"按钮，弹出"区域类型"对话框，选择要创建的区域的类型，包括"主要区域"、"辅助区域"和"存根区域"3 种类型。若要创建新的区域，应当选中"主要区域"单选按钮，如图 7-9 所示。

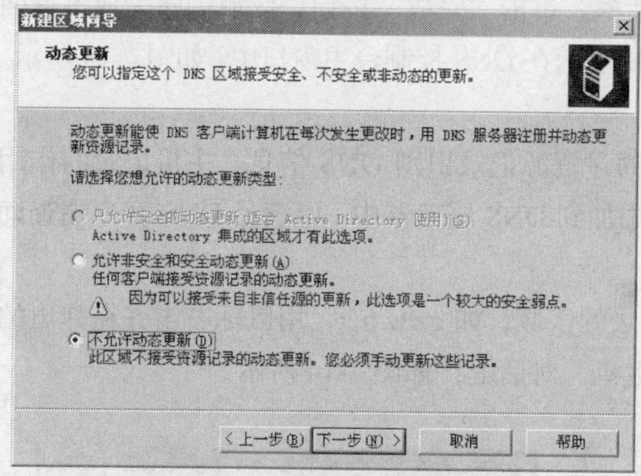

图 7-7　“动态更新”对话框

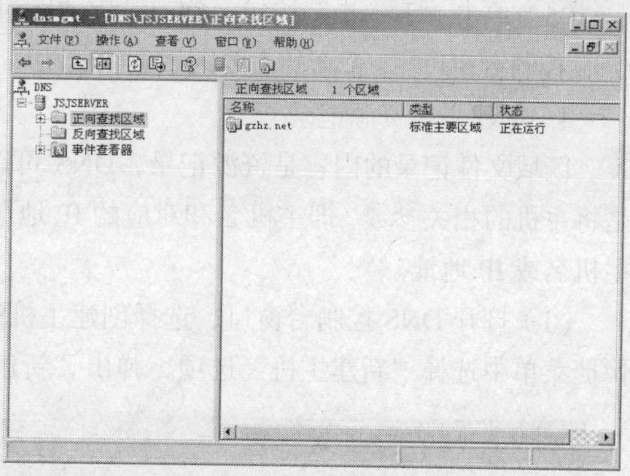

图 7-8　DNS 控制台窗口

（2）单击“下一步”按钮，弹出“反向查找区域名称”对话框，输入反向查找区域的网络 ID，在“网络 ID”文本框中输入“192.168.1”，如图 7-10 所示。

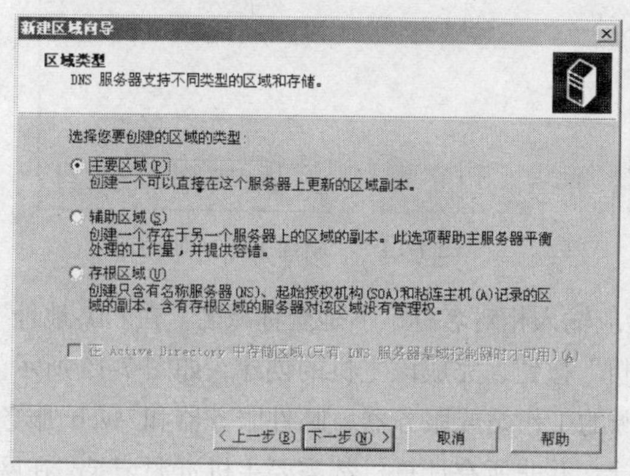

图 7-9　“区域类型”对话框

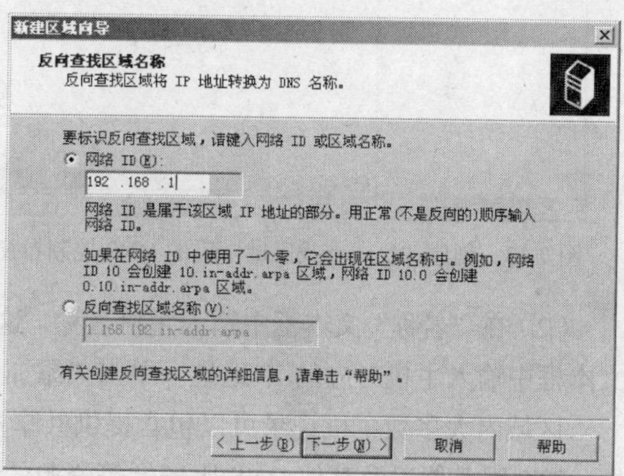

图 7-10　“反向查找区域名称”对话框

（3）单击“下一步”按钮，弹出“区域文件”对话框，可以选择创建新的区域文件或使用已存在的区域文件，此处默认选择“创建新文件，文件名为 1.168.192.in-addr.arpa.dns”，如图 7-11 所示。

（4）单击“下一步”按钮，弹出“动态更新”对话框，可以选择区域是否支持动态更新。此处默认选中“不允许动态更新”单选按钮，如图 7-12 所示。

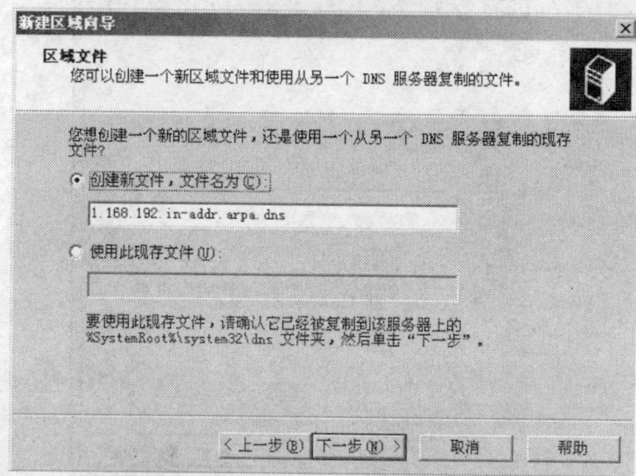

图 7-11　“区域文件”对话框

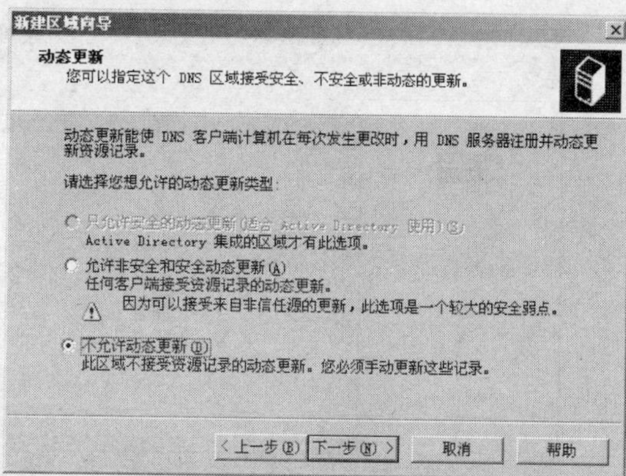

图 7-12　“动态更新”对话框

（5）单击“下一步”按钮，弹出“完成”对话框。单击“完成”按钮，区域创建完成，返回DNS控制台窗口。一个新的主要区域创建成功后，即显示在DNS控制台主窗口中，如图7-13所示。

4. 创建主机资源记录

区域文件记录的内容是资源记录，DNS可以通过资源记录识别DNS信息。主机记录的作用是将主机的相关参数，即主机名和对应的IP地址添加到DNS服务器中，以满足DNS客户端查询主机名或IP地址。

（1）打开DNS控制台窗口，选择创建主机记录的区域，如gzhz.net。用鼠标右击并在弹出的快捷菜单中选择“新建主机”选项，弹出“新建主机”对话框，如图7-14所示。

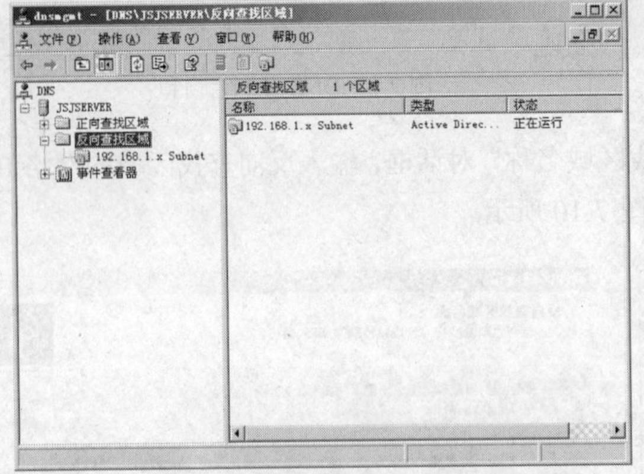

图7-13　创建“反向查找区域”后的DNS控制台窗口

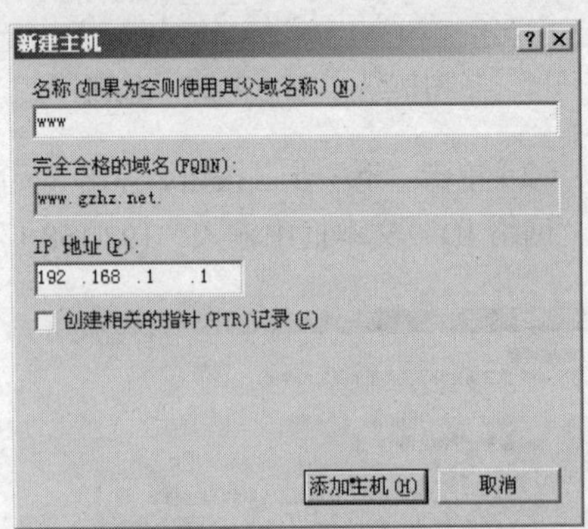

图7-14　“新建主机”对话框

（2）在“名称”文本框中输入主机名称。这里应输入相对名称，不是全称域名。在“IP地址”文本框中输入主机对应的IP地址。单击“添加主机”按钮，完成该主机的创建，如图7-15所示。

区域内大多数主机记录可以包含提供共享资源的工作站或服务器、邮件服务器和Web服务器、FTP服务器以及其他DNS服务器等资源的记录。并非所有计算机都需要主机资源记录，在网络上以域名提供共享资源的计算机才需要该记录。一般为具有静态IP地址的服务器创建主机记录，也可为分配静态IP地址的客户机创建主机记录。

5. 创建反向记录

（1）打开DNS控制台窗口，在左边的目录树中右击区域“192.168.1.X”，在弹出的快捷菜单中选择“新建指针（PTR）”选项，弹出“新建资源记录”对话框，如图7-16所示。

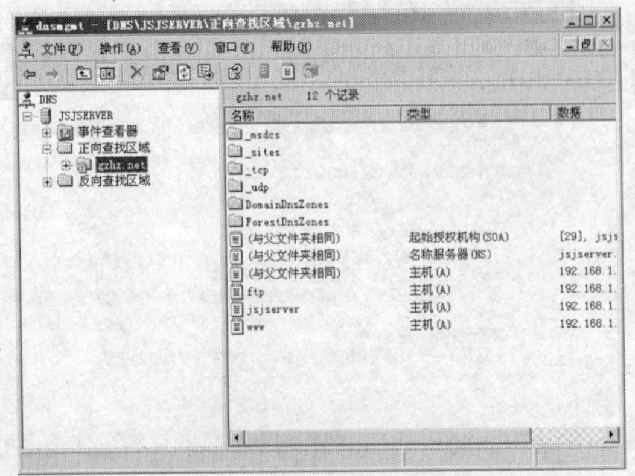

图7-15　DNS控制台窗口

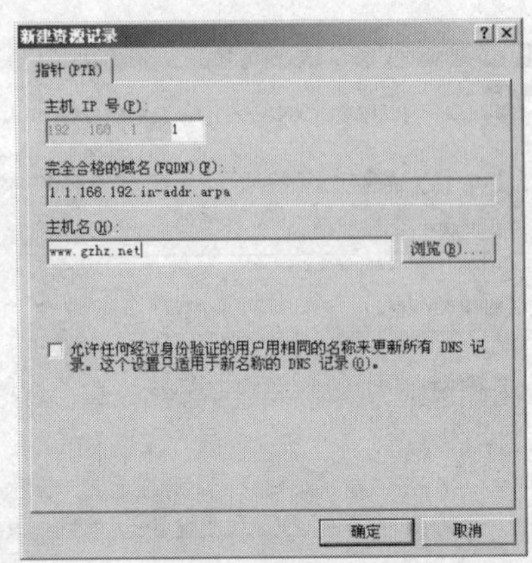

图7-16　“新建资源记录”对话框

（2）在“指针（PTR）”选项卡的“主机 IP 号”文本框中输入 1，在“主机名”文本框中输入“www.gzhz.net”，单击“确定”按钮，完成指针记录的创建，如图 7-17 所示。

6. DNS 客户机的配置与测试

（1）配置 DNS 客户机。

① 以域管理员账户登录到 DNS 客户机，用鼠标右击桌面上的“网上邻居”图标，在弹出的快捷菜单中选择“属性”选项；用鼠标右击“本地连接”图标，在弹出的快捷菜单中选择“属性”选项，弹出“本地连接属性”对话框，如图 7-18 所示。

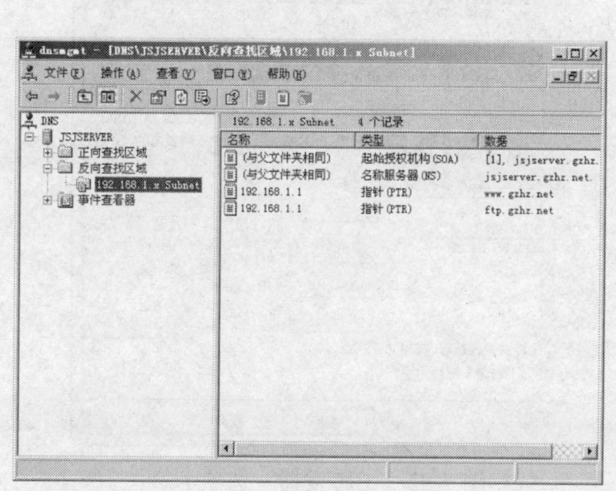

图 7-17　DNS 控制台窗口

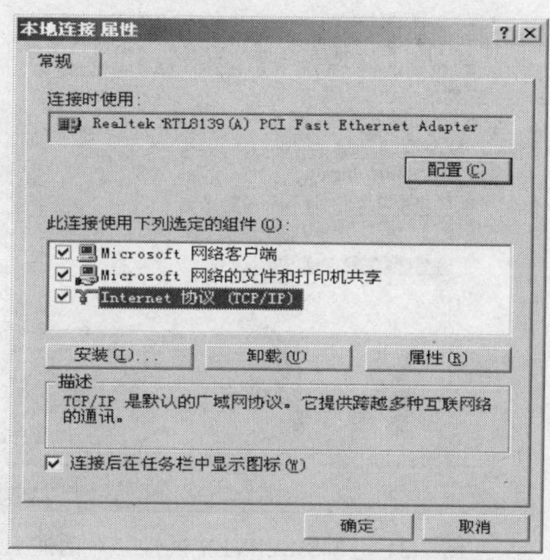

图 7-18　“本地连接 属性”对话框

② 在“本地连接 属性”对话框中双击“Internet 协议（TCP/IP）”选项，弹出“Internet 协议（TCP/IP）属性”对话框，在“首选 DNS 服务器”文本框中输入 DNS 服务器 IP 地址“192.168.1.1”，如图 7-19 所示。

（2）DNS 服务器配置的测试。

在 DNS 客户端上用 ping、nslookup 命令对 DNS 服务器配置情况进行测试。ping 命令不能对反向主要区域上的指针记录进行测试，具有一定的局限。这里用 nslookup 命令进行测试，如图 7-20 所示。

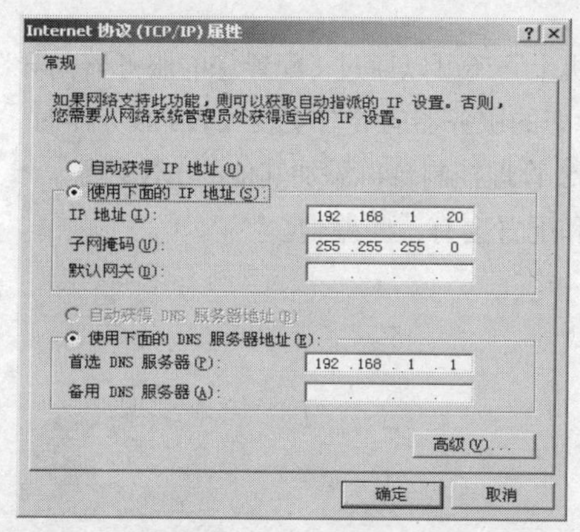

图 7-19　“Internet 协议（TCP/IP）属性”对话框

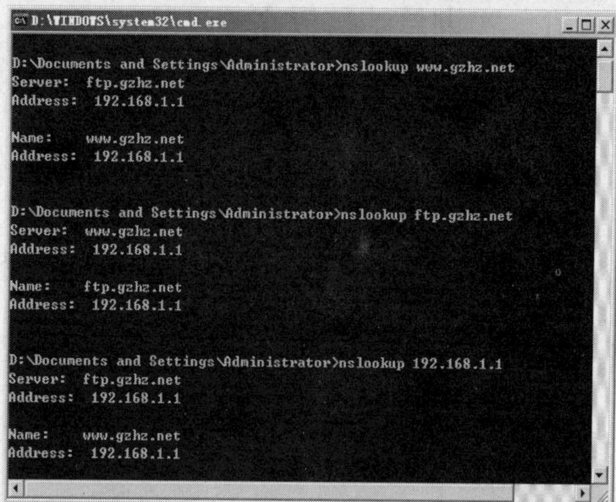

图 7-20　用 nslookup 命令测试 DNS 服务器配置

7. 设置DNS转发器

当DNS服务器无法提供客户机需要查询的数据时，可以通过一台有转发器功能的DNS服务器将该查询转发到其他DNS服务器进行递归查询。前提是设置本服务器可以使用该转发器。

（1）打开DNS控制台窗口，在左侧的目录树中右击DNS服务器名称，在弹出的快捷菜单中选择“属性”选项，弹出“JSJSERVER 属性”对话框，如图7-21所示。

（2）选择“转发器”选项卡，如图7-22所示，在该选项卡中可添加或修改转发器的IP地址。

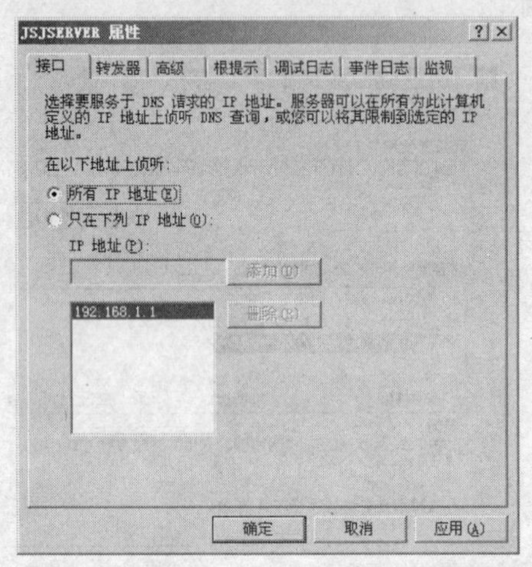

图7-21 “JSJSERVER属性”对话框

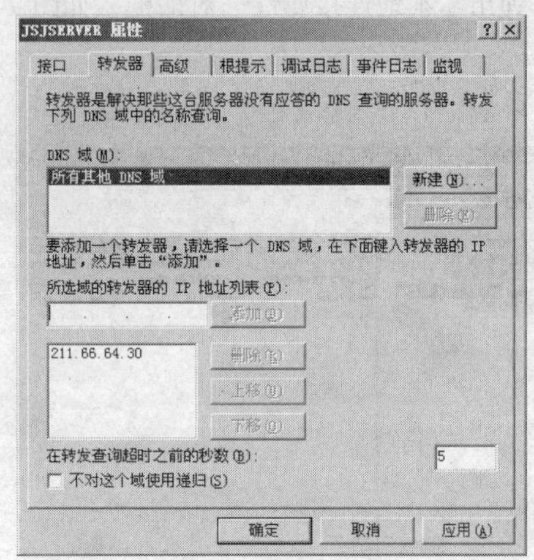

图7-22 “转发器”选项卡

（3）在“DNS域”列表框中选择“所有其他DNS域”选项，在“所选域的转发器的IP地址列表”文本框中输入ISP提供的DNS服务器IP地址，单击“添加”按钮即可。重复上述操作，可添加多个DNS服务器的IP地址。

（4）在转发器的IP地址列表中选择要调整顺序或要删除的IP地址，单击“上移”、“下移”或“删除”按钮，即可执行相关操作。应当将反应最快的DNS服务器的IP地址调整至最顶端，以提高DNS查询速度。

（5）单击“确定”按钮，保存对DNS转发器的设置。

五、实训总结与提高

以域管理员账户登录到需要安装 DNS服务的计算机上，还可以通过“配置您的服务器向导”安装DNS服务器。使用 Windows Server 2003 的“配置您的服务器向导”安装 DNS服务器时，如果已经创建了一个全新的DNS区域，还可以通过DNS管理控制台再添加其他的DNS域。

若DNS服务器不是域控制器，DNS服务器的安装和配置会有一些差别。

实训8

Web服务的安装与配置

一、实训目的

1. 掌握 Web 服务的安装和配置方法。
2. 掌握 Web 虚拟主机和虚拟目录的安装和配置方法。

二、实训设备

1. 安装 Windows Server 2003 操作系统的 Web 服务器主机 1 台。
2. 安装 Windows 操作系统的客户机（如 Windows 2000 Professional）1 台。
3. Web 服务器主机与客户机连接成网络。

三、预备知识

1. WWW

WWW 是 World Wide Web（环球信息网）的缩写，可简称为 Web，中文名字为“万维网”。WWW 以超文本标记语言（HTML）与超文本传输协议（HTTP）为基础，为用户提供界面一致的信息浏览系统。在 WWW 服务系统中，信息以页面（Page）（又称网页或 Web 页面）形式存储在服务器中。这些页面采用超文本方式对信息进行组织，通过“超链接”形式将一页信息链接到另一页，这些相互链接的页面信息可以放在同一台主机上，也可以放在不同的主机上。WWW 的基本结构采用开放式的客户端/服务器模式，分成服务器端、客户端和传输协议 3 部分。用户用浏览器浏览某个网站，是从访问某个 WWW 服务器的主页（Home Page）开始的。

2. 网页（Web Pages 或 Web Documents）

网页又称“Web 页”，是浏览 WWW 资源的基本单位。每个网页对应磁盘上一个单一的文件，其中可以包括文字、表格、图像、声音、视频等。

3. 主页（Home Page）

主页（又称首页）是包含一个网站的最基本信息的页面，用于对网站进行综合性介绍，是访问网站详细信息的入口。通过主页上的提示性标题（链接指针），可以转到主页之下各个层次的其他页面，如果用户从主页开始浏览，可以完整地获取这个服务器提供的全部信息。

4. 超文本（Hypertext）

WWW 上的每个网页都对应一个文件。浏览一个页面时，先把页面对应的文件从提供这个文件的计算机通过 Internet 传送到用户计算机中，再由 WWW 浏览器翻译成为有文字、有图形甚至有声音的页面。这些页面对应的文件不再是普通的“文本文件”，文件中除包含文字信息外，还包括一些具体的链接。这些包含链接的文件称为超文本文件。

5. 超媒体（Hypermedia）

随着多媒体技术应用的日益广泛，超文本文件发展成“超媒体”，即链接的内容从原来文本中的一个词或词组，发展到一幅图像或图像的一部分；通过链接得到的内容也更加广泛，可以是地球另一端某台计算机上的图片、声音、音乐或电影等。

6. 超链接（Hyperlink）

超链接是指从一个网页指向一个目标的连接关系，这个目标可以是另一个网页，也可以是相同网页上的不同位置，还可以是一个图片、一个电子邮件地址、一个文件，甚至是一个应用程序。在一个网页中用来超链接的对象，可以是一段文本或者是一个图片。当浏览者单击已经链接的文字或图片后，链接目标将显示在浏览器上，并且根据目标的类型来打开或运行。

7. 超文本传输协议（Hyper Text Transfer Protocol，HTTP）

用于 WWW 客户机与 WWW 服务器之间请求和应答的传输协议。

HTTP 协议的工作过程包括 4 个步骤，即建立连接、发送请求信息、发送响应信息、关闭连接。

（1）建立连接。

每个 WWW 服务器站点都有一个服务器监听 TCP 的 80 端口，侦听是否有客户端（通常是浏览器）过来的连接。当在客户端浏览器的地址栏中输入一个 URL，或单击 Web 页上的一个超链接时，Web 浏览器会检查相应的协议，以决定是否需要重新打开一个应用程序，同时对域名进行解析，以获得相应的 IP 地址。然后，以该 IP 地址并根据相应的应用层协议（HTTP 协议）对应的 TCP 端口与服务器建立一个 TCP 连接。

（2）发送请求信息。

连接建立后，客户端浏览器用 HTTP 协议中的 GET 功能向 WWW 服务器发出指定的 WWW 页面请求。

（3）发送响应信息。

服务器收到请求后，根据客户端要求的路径和文件名，使用 HTTP 协议中的 PUT 功能将相应 HTML 文档回送到客户端。如果客户端没有指明相应的文件名，由服务器返回一个默认的 HTML 页面在客户端浏览器中显示。

（4）关闭连接。

页面传送完毕，中止相应的会话连接，TCP 连接被释放。

在浏览器和服务器之间的请求和响应交互，必须按照规定的格式传输和遵循一定的规则，这些格式和规则就是超文本传输协议 HTTP。

四、实训内容与步骤

Internet 信息服务管理器（IIS）用于配置应用程序池或网站、FTP 站点、SMTP 或 NNTP 站点，采用基于 MMC 控制台的图形界面。利用 IIS 管理器可以配置 IIS 安全、性能和可靠性功能，可添加或删除站点，启动、停止和暂停站点，备份和还原服务器配置，创建虚拟目录等。

1. Web 服务器的安装

在 Windows Server 2003 服务器中安装 IIS 之前，应先为 IIS 服务器指定 IP 地址，安装、配置 DNS 并提供 DNS 服务。操作步骤如下。

（1）在“控制面板”中打开“添加或删除程序”窗口，单击“添加/删除 Windows 组件”按钮，弹出“Windows 组件向导”对话框。在“Windows 组件”列表框中选中“应用程序服务器”复选框，单击“详细信息”按钮，弹出“应用程序服务器”对话框。选中“ASP.NET”复选框，启用 ASP.NET 功能，如图 8-1 所示。

（2）选中“Internet 信息服务（IIS）”复选框，单击“详细信息”按钮；选中“万维网服务”复选框，单击“详细信息”按钮，在“万维网服务”对话框中选中“Active Server Pages”复选框，如图 8-2 所示。

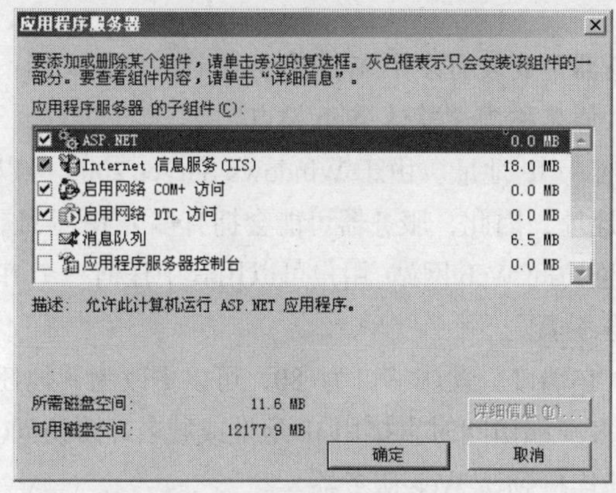

图 8-1　“应用程序服务器”对话框

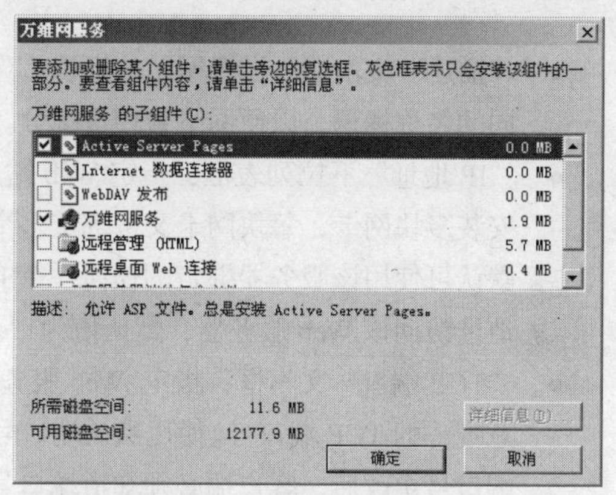

图 8-2　“万维网服务”对话框

（3）单击“确定”按钮，返回“Windows 组件”对话框。单击“下一步”按钮，按照提示插入 Windows Server 2003 安装光盘，直至完成 IIS 安装，如图 8-3 所示。

（4）安装完 IIS 以后，还必须进行测试，以检测网站是否安装正常。在客户机上可通过 IE 浏览器进行测试。假设 IIS 安装成功，在 IE 浏览器地址栏输入地址 http://www.gzhz.net 后，显示的网页如图 8-4 所示。

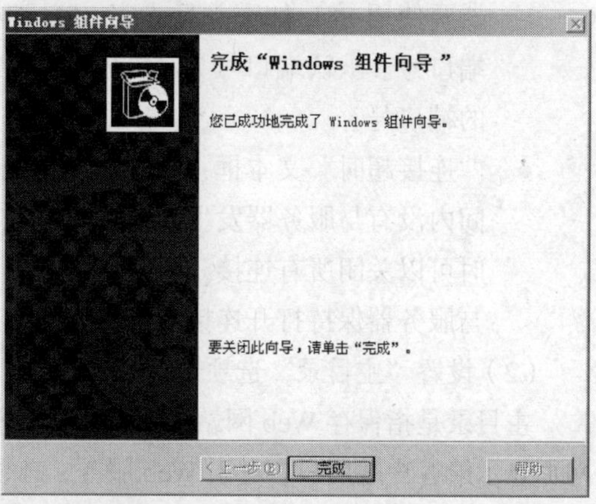

图 8-3　“完成 Windows 组件”对话框

2. Web 服务器的基本配置

当 IIS 安装完成以后，对网站的配置与管理

工作是必不可少的，如设置网站属性、IP 地址、指定主目录、默认文档等。

（1）设置“网站”选项卡。

在 IIS 管理器窗口中展开左侧的目录树，用鼠标右击“网站”下的“默认网站”，在弹出的快捷菜单中选择“属性”选项，弹出“默认网站 属性”对话框，默认选择“网站”选项卡，如图 8-5 所示。

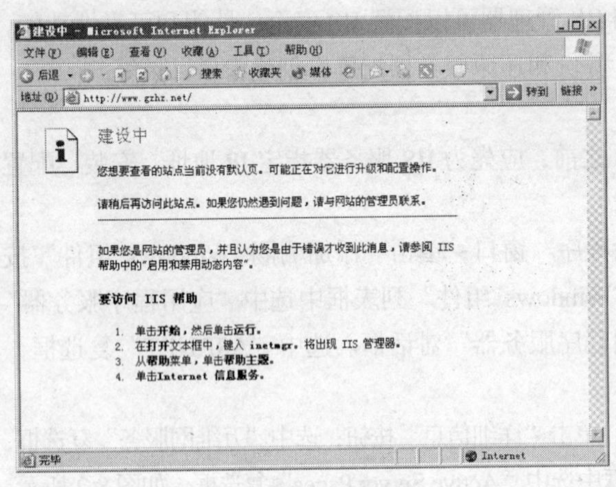
图 8-4 显示的网页

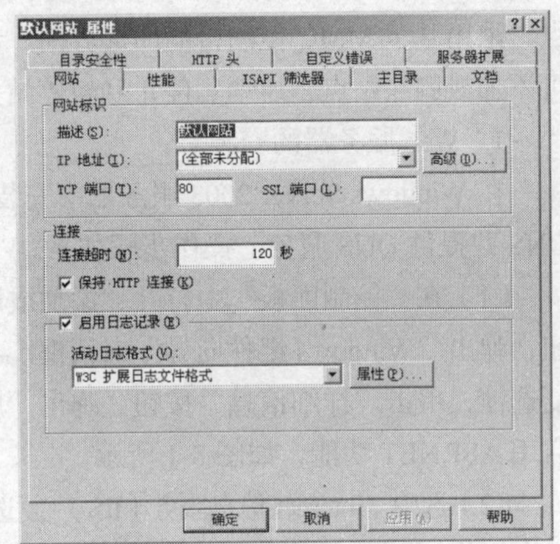
图 8-5 “网站”选项卡

- “描述”文本框：设置网站的标识。当服务器中安装有多个 Web 服务器时，该标识用不同的名称标识，以便网络管理员区分。默认值名称为“默认 Web 站点”。
- “IP 地址”下拉列表框：指定 Web 站点的唯一 IP 地址。由于 Windows Server 2003 可以安装多块网卡，每块网卡又可绑定多个 IP 地址，因此，服务器可能会拥有多个 IP 地址，默认可使用该服务器绑定的任何一个 IP 地址访问 Web 网站。用户可以用其中任何一个 IP 地址访问该 Web 服务器，默认值为“全部未分配”。
- “TCP 端口”文本框：指定 Web 服务的 TCP 端口。默认端口为 80，可以更改为其他任意唯一的 TCP 端口号。使用默认端口号时，客户端访问时直接用 IP 地址或域名即可访问。端口号更改后，客户端必须知道端口号才能连接到该 Web 服务器。
- “SSL 端口”文本框：为防止中途被人截获信息，可以采用 SSL 加密方式。Web 服务器要使用 SSL 加密并且指定 SSL 加密使用的端口，必须在“SSL 端口”文本框中输入端口号。默认端口号为 443。如果改变该端口号，客户端访问该服务器必须使用更改后的端口号。
- “连接超时”文本框：设置服务器断开未活动用户的时间。如果客户端在连续的一段时间内没有与服务器发生活动，会被服务器强行断开，以确保 HTTP 协议在关闭连接失败时可以关闭所有连接。默认值为 120 秒。选中“保持 HTTP 连接”复选框，可使客户端与服务器保持打开连接。

（2）设置“主目录”选项卡。

主目录是指保存 Web 网站的文件夹。用户访问网站时，Web 服务器自动将该文件夹中的默认网页显示给客户端用户。对于 Web 服务，必须修改主目录的默认值，将主目录定位到相应的磁盘或文件夹。

主目录也是网站的根目录，用户访问网站时，服务器先从根目录调用相应的文件。默认的网站主目录为 C：\Intepub\wwwroot。实际应用中，通常不采用该默认文件夹。因为将数据文件和操作系统放在同一磁盘分区中，不仅不能保障数据的安全，当保存大量的音频视频文件时，可能会造成磁盘或分区的空间不足。因此，最好将保存数据文件的网站主目录保存在其他硬盘或非系统分区中。

在 IIS 管理器中选择要配置主目录的网站，用鼠标右击，在弹出的快捷菜单中选择“属性”选项，弹出该网站的属性对话框，选择“主目录”选项卡，如图 8-6 所示。该选项卡包括以下选项。

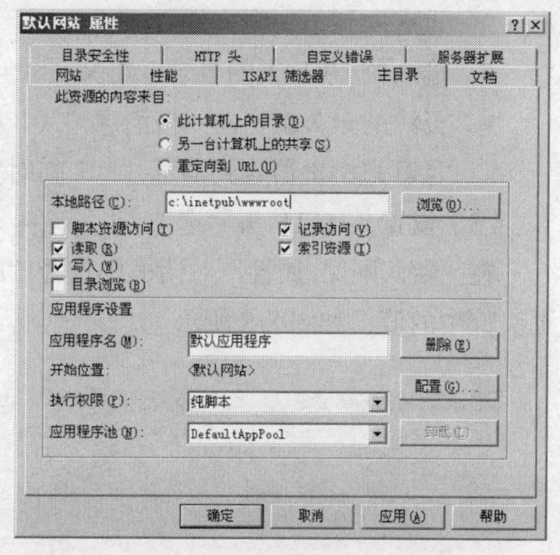

图 8-6　“主目录”选项卡

① 此计算机上的目录：主目录的内容位于本地服务器的磁盘中，默认为 c：\inetpub\wwwroot。可先在本地计算机上设置主目录的文件夹和内容，然后在“本地路径”文本框中设置主目录为该文件夹的路径。

② 另一台计算机上的共享：将主目录指定到位于另一台计算机上的共享文件夹。在“本地路径”文本框中输入共享目录的网络路径，然后单击“连接为”按钮，设置访问该网络资源的 Windows 账户和密码。当用户访问该网站时，显示的主目录中的内容即为另一台计算机中共享文件夹的内容。

如果在“此资源的内容来自”选项组中选中“此计算机上的目录”或“另一台计算机上的共享”单选按钮，可设置相应的访问权限和应用程序。这里提供了 6 个选项。

- 脚本资源访问：选中该复选框后，允许用户访问已经设置“读取”或“写入”权限的资源代码，资源代码包括 ASP 应用程序中的脚本。
- 读取：选中该复选框后，允许用户读取或下载文件、目录及其相关属性。
- 写入：选中该复选框后，允许用户将文件及其相关属性上载到服务器已启用的目录中，或者更改可写文件的内容。为安全起见，该复选框默认为不选中。
- 目录浏览：选中该复选框后，允许用户查看该虚拟目录中文件和子目录的超文本列表，但虚拟目录不会显示在目录列表中。如果用户要访问虚拟目录，必须知道虚拟目录的别名。如果不选中该复选框，用户试图访问文件或目录，但没有指定明确的文件名时，将在用户的 Web 浏览器中显示“禁止访问”的消息。
- 记录访问：选中该复选框后，在日志文件中记录对该目录的访问。
- 索引资源：选中该复选框后，允许 Microsoft Indexing Server 将该目录包含在 Web 站点的全文本索引中。

③ 重定向到 URL：将当前网站的地址指向其他地址。当用户使用原来的网址访问时，打开的将是重定向以后的网址，适用于正在建设中的站点，或已有站点已经转移、毁损或正在维护的情况，也适用于移动 Web 站点中的网页后，无法完全纠正指向网页的旧 URL 的所有链接。

如果选中“重定向到 URL”单选按钮，需要在“重定向到”文本框中输入要转接的 URL 地址，如图 8-7 所示。

客户端将定向到以下位置。

- 上面输入的准确 URL：将客户端重定向到某个网站或目录。该选项可以将整个虚拟目录

重定向到某一个文件。

- 输入的 URL 下的目录：将父目录重定向到子目录。
- 资源的永久重定向：将消息“301 永久重定向”发送到客户。重定向被认为是临时的，而且客户浏览器收到消息“302 临时重定向”。

（3）设置“HTTP 头”选项卡。

在“默认网站 属性”对话框中选择“HTTP 头”选项卡，该选项卡可设置返回浏览器 HTML 页头部中的值，如图 8-8 所示。

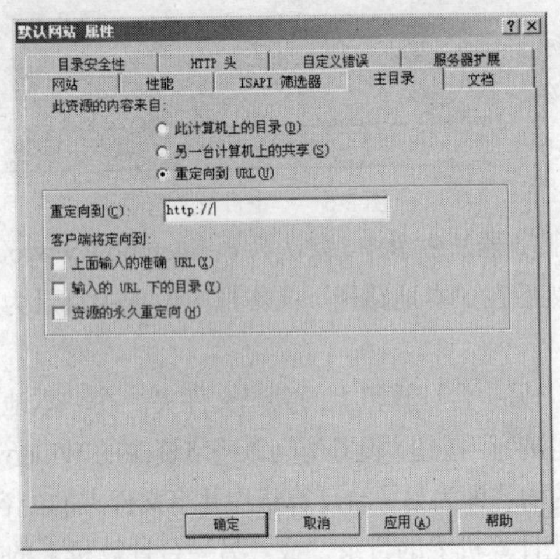

图 8-7 “重定向到 URL”对话框

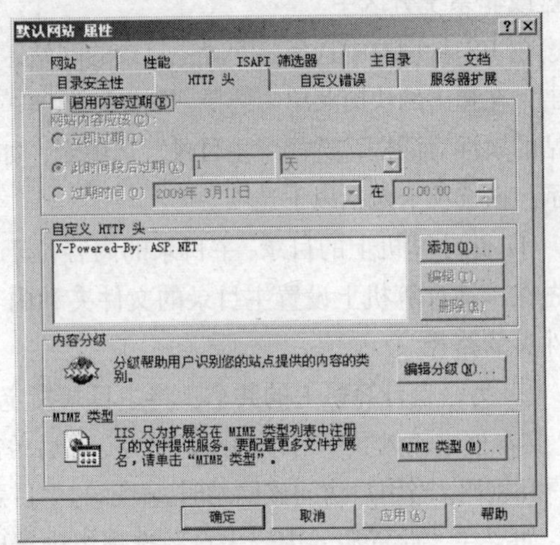

图 8-8 “HTTP 头”选项卡

选中“启用内容过期”复选框后，可设置失效时间。对时间敏感的资料中可能包括日期，如专门报价或事件公告，容易失效。浏览器将当前日期与失效日期进行比较，确定显示高速缓存页或从服务器请求一个更新过的页面。

- 立即过期：网页一经下载即过期，浏览器每次请求都重新下载网页。
- 在此时间段以后过期：设置相对当前时刻的时间。
- 过期时间：设置到期的具体时间。

单击“编辑分级”按钮，弹出“内容分级”对话框，选中“对此内容使用分级”复选框启用分级服务，如图 8-9 所示。

- “类别”列表框：选择一个分级类别，拖动“分级”滑块可调整级别。
- “内容分级人员的电子邮件地址”文本框：可输入对内容进行分级人员的电子邮件地址。
- “过期日期”下拉列表框：可以定义分级过期日期。

单击“确定”按钮，完成内容分级的设置。

（4）设置“性能”选项卡。

为了节省成本，可在一台服务器上运行多种服务，例如，一台 Web 服务器同时兼作 FTP、Mail 等服务器。为了使 Web 服务适应不同的网络环境，还可以对网站进行性能调整，例如，根据需要限制各网站使用的带宽，以确保服务器的整体性能。

选择要进行性能调整的网站，在网站的属性对话框中选择“性能”选项卡，如图 8-10 所示，可以在其中设置带宽限制和网站连接限制。

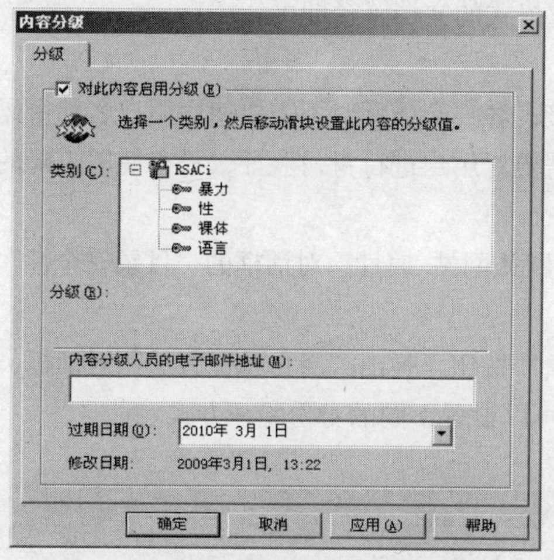

图 8-9　“内容分级”对话框

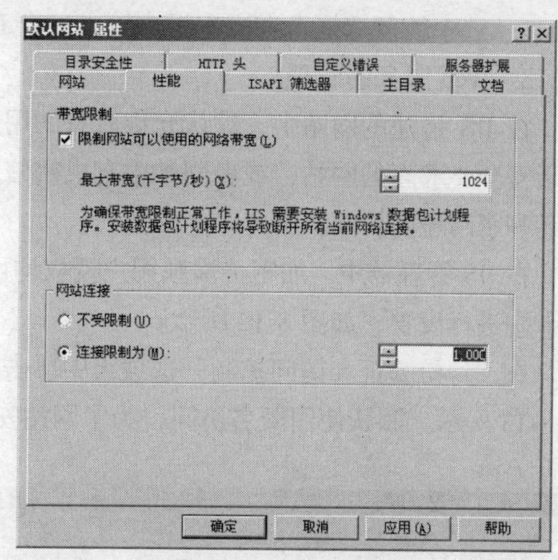

图 8-10　“性能”选项卡

- 选中“限制网站可以使用的网络带宽”复选框，输入站点要使用的最大带宽值，可以限制网站使用的带宽。
- “网站连接”选项组可限制网站的同时连接数量，以保留一定的带宽。选中“连接限制为”单选按钮，在右侧文本框中可设置允许同时连接的最大数量。

（5）设置“文档”选项卡。

每个网站都有自己的主页，用户访问时，一般只需使用域名和目录，不需要知道具体的网页文件名，即可浏览默认网页。默认文件一般是目录的主页或包含网站文档目录列表的索引。通常，Web 网站需要至少一个默认文档。在 IE 浏览器中用 IP 地址或域名访问时，Web 服务器用默认文档回应 IE 浏览器。

利用 IIS 搭建 Web 网站时，默认文档的文件名有 5 种，分别为 Default.htm、Default.asp、Index.htm、iisstar.htm 和 Default.aspx，这也是一般网站中最常用的主页名。当然，也可以由用户自定义默认网页文件。访问时，系统自动按顺序由上至下依次查找相对应的文件名，如果无法找到其中的任何一个，则提示 Directory Listing Denied（目录列表被拒绝）。

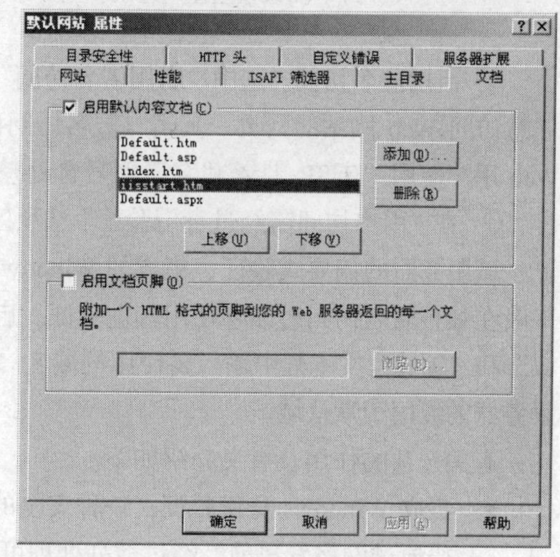

图 8-11　“文档”选项卡

- 打开要设置默认文档的网站或虚拟目录的属性对话框，选择“文档”选项卡，如图 8-11 所示。默认选中“启用默认内容文档”复选框。该列表框中可定义多个默认文档，而且服务器搜索默认文档是按顺序、从上到下依次搜索的，因此，最上面的文档被最先搜索，通过“上移”和“下移”按钮可以调整各个默认文档的顺序。
- 若要添加一个新的默认文档，可单击“添加”按钮添加。
- “启用文档页脚”可将一个 HTML 文件附加到 Web 网站发出的每个网页底部作为页脚。

选中该复选框，在文本框中输入一个 HTML 格式的文档路径即可。

3. Web 服务的管理

在 IIS 搭建的网站中，默认允许所有的用户连接，客户端访问时不需要使用用户名和密码。对于安全要求高的网站，或者网站中有机密信息，需要对用户进行身份验证，只有使用正确的用户名和密码才能访问。

在 IIS 管理器中，加密传输和用户授权均可在“默认网站 属性”对话框的“目录安全性”选项卡中进行设置，如图 8-12 所示。

在“身份验证和访问控制”选项组中单击“编辑”按钮，弹出“身份验证方法”对话框，如图 8-13 所示。默认使用匿名访问，为了网站安全，可以设置不同的身份验证方式。

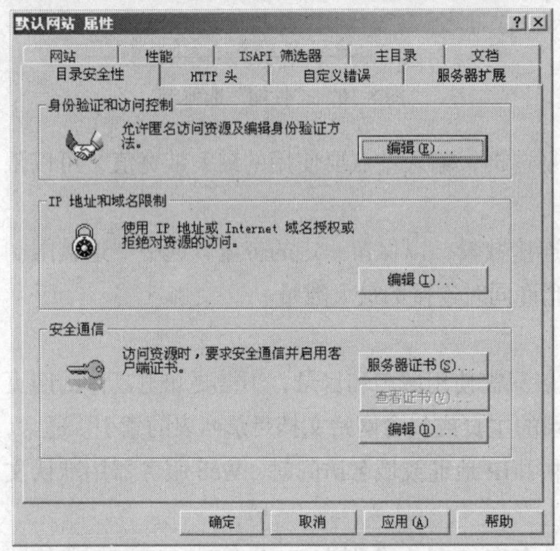

图 8-12 “目录安全性”选项卡

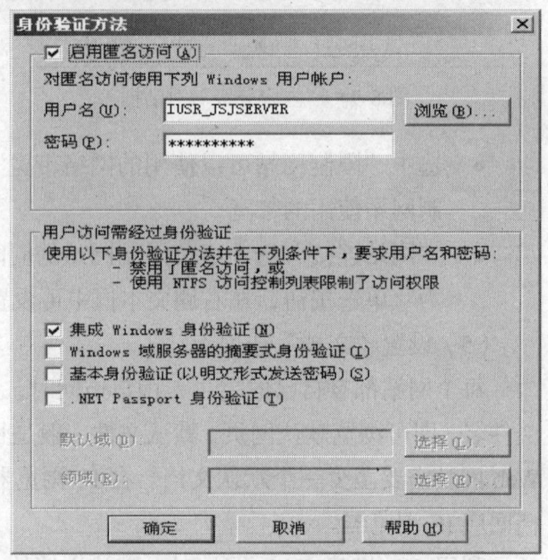

图 8-13 “身份验证方法”对话框

① 启用匿名访问。选中“启用匿名访问”复选框，网络中的用户无须输入用户名和密码即可任意访问 Web 网站的网页。其实，匿名访问也是需要身份验证的。用户访问 Web 站点时，所有 Web 用户使用“IUSR_计算机名”账号自动登录。默认情况下，Web 服务器启用匿名访问。

② 在“用户访问需经过身份验证”选项区域可以设置多种身份验证方法。IIS 6.0 提供基本验证、域服务器的摘要式验证、集成的 Windows 身份验证以及.NET Passport 等多种身份验证方法。一般在禁止匿名访问时，才使用其他验证。启用身份验证，需要选中相应的复选框，并在“默认域”和“领域”文本框中输入要使用的域名。如果“默认域”和“领域”文本框为空，将运行 IIS 服务器的域用于默认域。

有关选项的作用及意义介绍如下。

- 集成 Windows 身份验证：一种安全的验证形式，需要输入用户账户和密码。用户名和密码通过网络发送前，经过散列处理可以确保安全性。启用集成 Windows 身份验证时，用户的浏览器通过 Web 服务器进行密码交换。集成 Windows 身份验证非常安全，但是，通过 HTTP 代理连接时，集成 Windows 验证不起作用，无法在代理服务器或其他防火墙应用程序后使用。因此，集成 Windows 验证最适合企业 Intranet 环境。
- Windows 域服务器的摘要式身份验证：只能在带有 Windows 2000/2003 控制器的域中

使用。

- 基本身份验证："模仿"一个本地用户（即实际登录到服务器的用户）在访问 Web 服务器时登录。因此，若要以基本验证方式确认用户身份，用于基本验证的 Windows 用户必须具有"本地登录"用户权限。默认情况下，Windows 主域制器中的用户账户不授予"本地登录"用户的权限。使用基本身份验证方法将导致密码以未加密形式在网络上传输。蓄意破坏系统安全的人可以在身份验证过程中使用协议分析程序破译账户和密码。
- .NET Passport 身份验证：不能与其他验证方法结合使用，即选择.NET Passport 身份验证后，不能使用所有其他的验证方法。Microsoft .NET Passport 是一种用户身份验证服务，站点用户可使用该服务创建单次登录名和密码，从而方便地访问所有启用 .NET Passport 的网站和服务。

若使用用户验证的方式，每次访问该 Web 站点都需要输入用户名和密码，对于授权用户而言比较麻烦。由于 IIS 可以检查每个来访者的 IP 地址，通过 IP 地址的访问防止或允许某些特定计算机、计算机组、域甚至整个网络访问 Web 站点。通过 IP 地址的限制在 Internet 上排除未知用户可能是最有效的方法。

在"IP 地址和域名限制"选项组中单击"编辑"按钮，弹出"IP 地址和域名限制"对话框。默认选中"授权访问"单选按钮，允许网络中的所有计算机访问该 Web 服务器，如图 8-14 所示。

① 授权访问：可以添加一系列被拒绝访问的计算机，这些计算机将不能访问该 Web 服务器，而其他所有计算机或域具有访问权限。

选中"授权访问"单选按钮，单击"添加"按钮，弹出"拒绝访问"对话框，可以添加一台、一组计算机或域名，如图 8-15 所示。

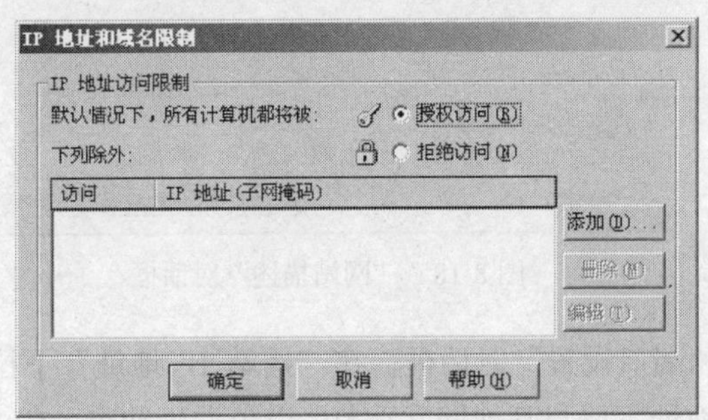

图 8-14　"IP 地址和域名限制"对话框

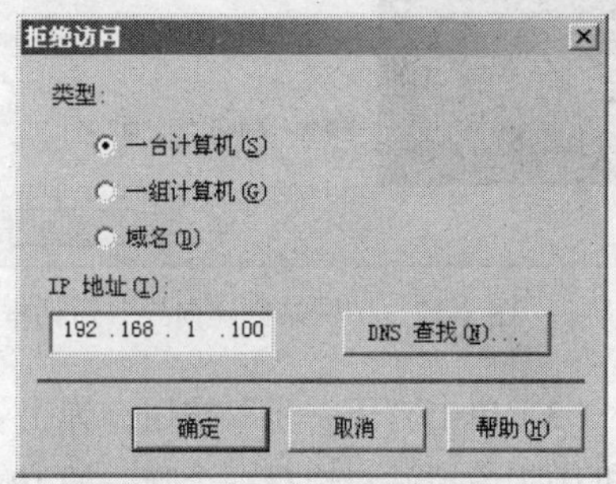

图 8-15　"拒绝访问"对话框

- 选中"一组计算机"单选按钮，可用网络标识和子网掩码选择一组计算机。网络标识是主机的 IP 地址，通常是"子网"的路由器；子网掩码用于分析 IP 地址中的子网标识和主机标识。子网中的所有计算机具有共同的子网标识和唯一的主机标识，如图 8-16 所示。
- 可以根据域名限制要访问的计算机。选中"域名"单选按钮后，输入要授权访问的域名即可。需要注意，通过域名限制访问会要求 DNS 反向查找每

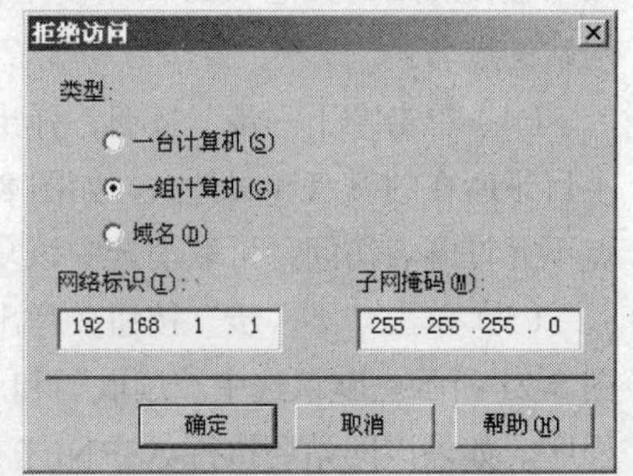

图 8-16　"拒绝访问"对话框

一个连接，这将严重影响服务器的性能，建议不要使用。所有被拒绝访问的计算机都显示在“IP 地址访问限制”列表框中。

② 拒绝访问：与“授权访问”相反。选中“拒绝访问”单选按钮将拒绝所有计算机和域对该 Web 服务器的访问，特别授予访问权限的计算机除外。选中“拒绝访问”单选按钮，单击“添加”按钮，会弹出“授权访问”对话框，可添加授权访问的计算机。具体操作步骤与“授权访问”类似，不再重复。

4. 创建虚拟网站

利用虚拟 Web 站点可以在一台服务器上实现多 IP 和多域名的 Web 服务，虽然只是一台服务器，但网络用户看来是多台 Web 服务器，每一台虚拟 Web 服务器都可拥有自己的 IP 地址和域名。具体操作步骤如下。

（1）在“Internet 信息服务（IIS）管理器”窗口中展开“Internet 信息服务”目录树，用鼠标右击“网站”，在弹出的快捷菜单中选择“新建→网站”选项，弹出“网站创建向导”对话框，通过该向导可创建一个虚拟站点，如图 8-17 所示。

（2）单击“下一步”按钮，弹出“网站描述”对话框，在“描述”文本框中输入该虚拟网站的描述，如图 8-18 所示。当创建多个虚拟站点时，该描述可用于区分其他虚拟站点。

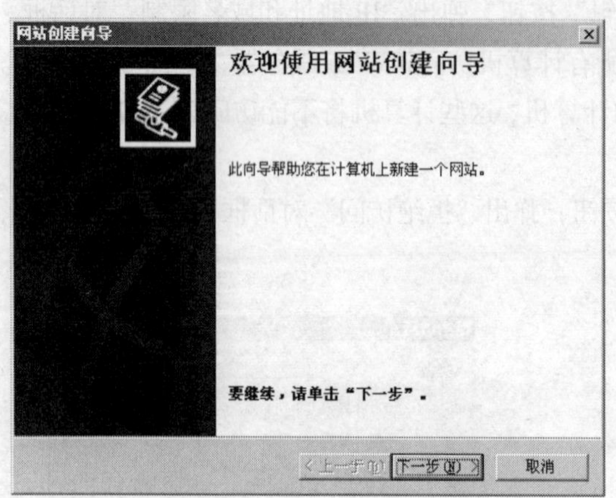

图 8-17 “网站创建向导”对话框

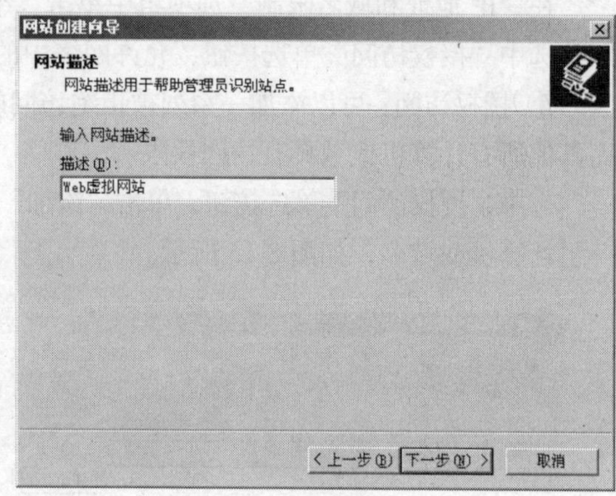

图 8-18 “网站描述”对话框

（3）单击“下一步”按钮，弹出“IP 地址和端口设置”对话框。在“网站 IP 地址”下拉列表框中为虚拟站点选择一个唯一的 IP 地址。IP 地址不要与其他网站重复，以免发生冲突。在“网站 TCP 端口（默认值：80）”文本框中设置网站的 TCP 端口，默认端口为 80，如图 8-19 所示。如果虚拟网站与其他 Web 网站使用相同的 IP 地址和端口号，应指定各自的主机头名，即每个 Web 网站的域名。

（4）单击“下一步”按钮，弹出“网站主目录”对话框。在“路径”文本框中设置虚拟网站主目录所在的磁盘和文件夹，如图 8-20 所示。默认选中“允许匿名访问网站”复选框，如果该站点不允许匿名访问，可取消选中该复选框。

（5）单击“下一步”按钮，弹出“网站访问权限”对话框，设置该虚拟网站的访问权限，如图 8-21 所示。默认选中“读取”和“运行脚本（如 ASP）”两个复选框，使该网站可以执行 ASP 程序。如果该网站要执行 ASP.NET 或 CGI 应用程序，例如要搭建一个 CGI 论坛，需要选中“执行（如 ISAPI 应用程序或 CGI）”复选框。

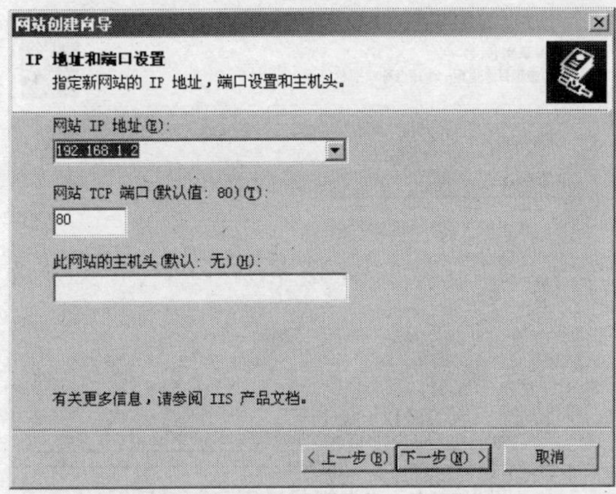

图 8-19　“IP 地址和端口设置”对话框

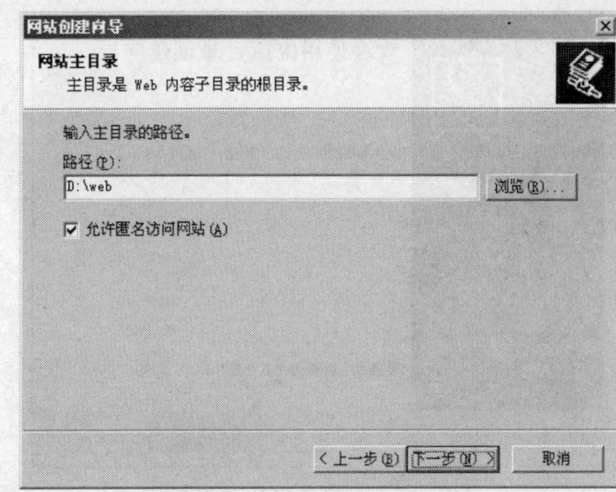

图 8-20　“网站主目录”对话框

（6）单击“下一步”按钮，弹出“网站创建完成”对话框，单击“完成”按钮。虚拟网站创建完成后，将显示在“Internet 信息服务（IIS）管理器”窗口的网站目录树中，如图 8-22 所示。重复操作可创建多个虚拟网站。

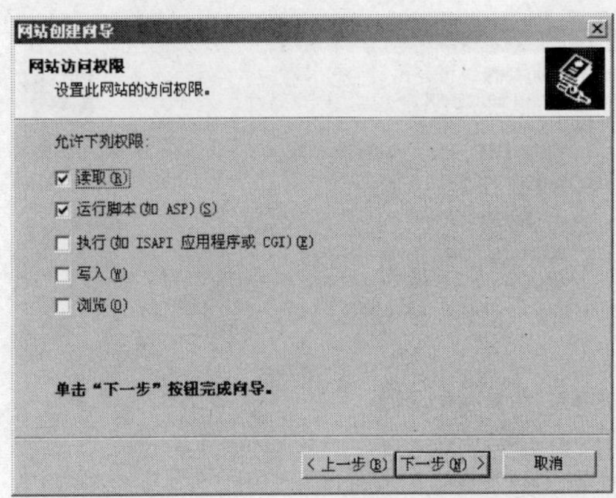

图 8-21　“网站访问权限”对话框

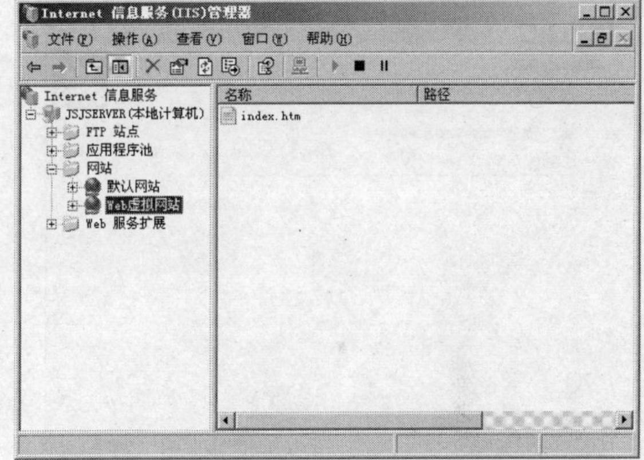

图 8-22　“Internet 信息服务（IIS）管理器”窗口

虚拟网站建立后，即可自动运行，基本属性的配置与默认网站完全相同。

5. 创建虚拟目录

在 Web 网站中，默认发布主目录中的内容。如果要发布其他目录中的内容，需要创建虚拟目录。虚拟目录即网站的子目录，每个网站都可能有多个子目录，不同子目录的内容不同，在磁盘中用不同的文件夹存放不同的文件。

（1）在“Internet 信息服务 IIS 管理器”窗口中展开左侧的“网站”目录树，选择要创建虚拟目录的网站后用鼠标右击，在弹出的快捷菜单中选择“新建→虚拟目录”选项，弹出“虚拟目录创建向导”对话框，可为虚拟网站创建不同的虚拟目录，如图 8-23 所示。

（2）单击“下一步”按钮，弹出“虚拟目录别名”对话框，在“别名”文本框中设置虚拟目录的别名，该别名用来连接虚拟目录，如图 8-24 所示。别名必须唯一，不能与其他网站或虚拟目录重名。

（3）单击“下一步”按钮，弹出“网站内容目录”对话框，在“路径”文本框中输入虚拟目录的文件夹路径，或单击“浏览”按钮进行路径选择。既可使用本地计算机上的路径，也可以使用网络中的文件夹路径，如图 8-25 所示。

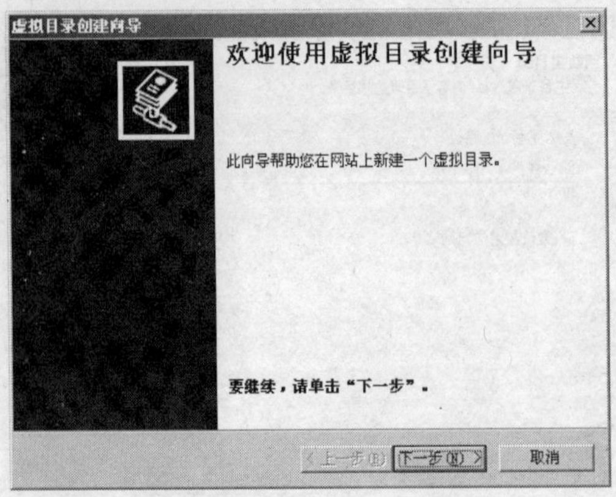

图 8-23　虚拟目录创建向导

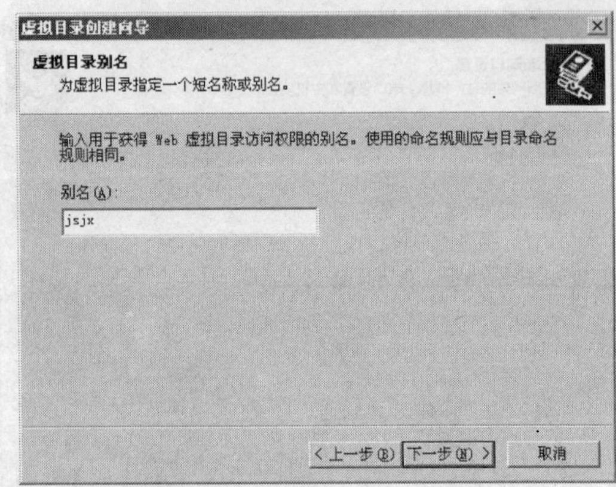

图 8-24　“虚拟目录别名”对话框

（4）单击“下一步”按钮，弹出“虚拟目录访问权限”对话框，如图 8-26 所示，选择虚拟目录的访问权限。默认选中“读取”和“运行脚本（如 ASP）”两个复选框，使网站可以执行 ASP 程序。如果网站要执行 ASP.NET 或 CGI 应用程序，例如要搭建一个 CGI 论坛，需要选中“执行（如 ISAPI 应用程序或 CGI）”复选框。

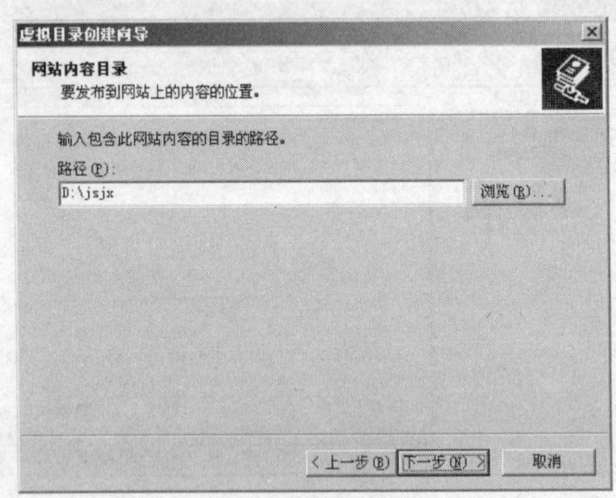

图 8-25　“网站内容目录”对话框

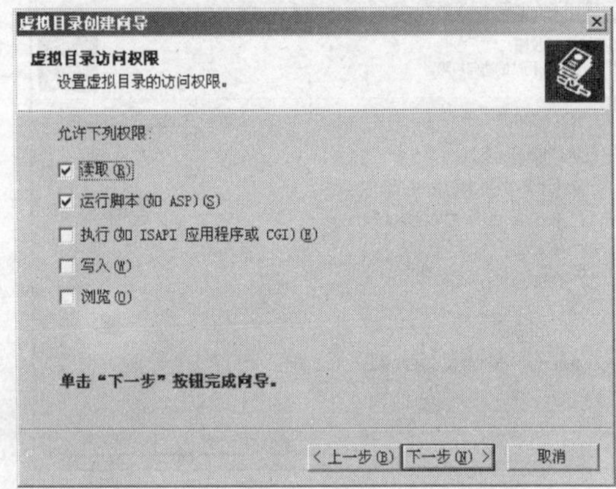

图 8-26　“虚拟目录访问权限”对话框

（5）单击“下一步”按钮，弹出“已完成虚拟目录创建向导”对话框。单击“完成”按钮，虚拟目录创建完成，返回“Internet 信息服务（IIS）管理器”窗口，如图 8-27 所示。

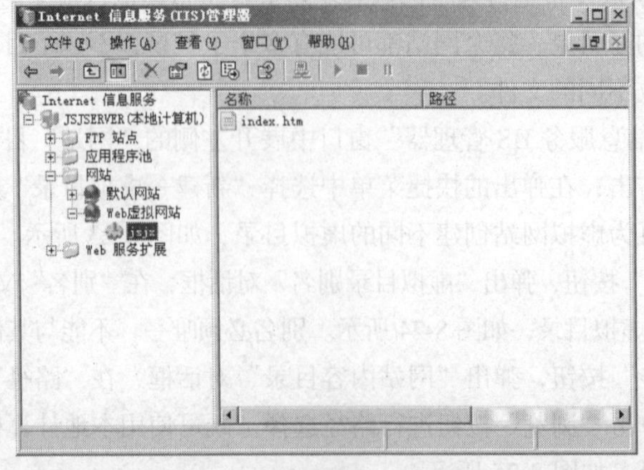

图 8-27　“Internet 信息服务（IIS）管理器”窗口

6. Web 站点的访问及应用

（1）利用 Web 浏览器访问 Web 站点。

运行 Web 浏览器，在地址栏中输入要连接的 Web 站点的 Internet 地址或域名，浏览器中会显示该 Web 站点的网页，如图 8-28 所示。

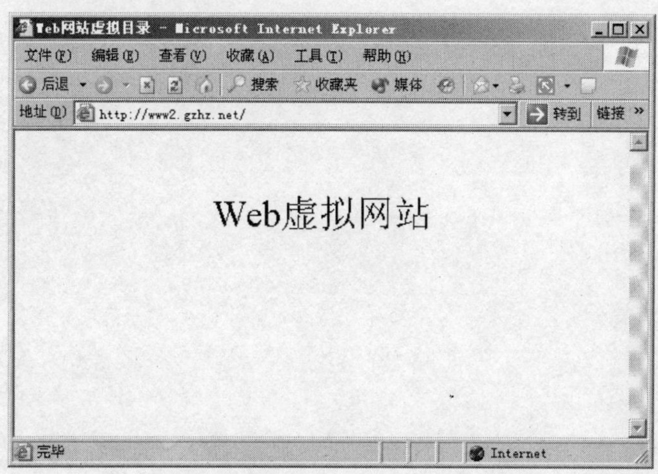

图 8-28　利用 Web 浏览器访问虚拟网站

（2）利用 Web 浏览器访问 Web 站点虚拟目录。

运行 Web 浏览器，在地址栏中输入要连接的 Web 站点的 Internet 地址或域名，浏览器中会显示该 Web 站点下虚拟目录的网页，如图 8-29 所示。

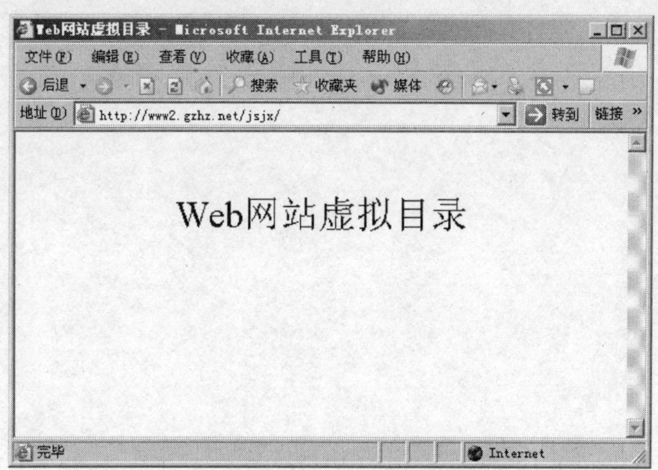

图 8-29　利用 Web 浏览器访问 Web 站点虚拟目录

五、实训总结与提高

IIS 可以从控制面板中进行安装，也可以通过“配置您的服务器向导” 进行安装。

虚拟 Web 站点与默认 Web 站点几乎没有任何区别，可以单独进行配置和管理，并且能够建立虚拟目录。虚拟目录的创建过程和虚拟网站的创建过程有些类似，但不需要指定 IP 地址和 TCP 端口，只需设置虚拟目录别名、网站内容目录和虚拟目录访问权限。

实训9

FTP 服务的安装与配置

一、实训目的

1. 掌握 FTP 服务的安装和配置方法。
2. 掌握 FTP 虚拟主机和虚拟目录的安装和配置方法。

二、实训设备

1. 安装 Windows Server 2003 操作系统的 FTP 服务器主机 1 台。
2. 安装 Windows 操作系统的客户机（如 Windows 2000 professional）1 台。
3. FTP 服务器主机与客户机连接成网络。

三、预备知识

1. FTP 的基本概念

文件传输协议（File Transfer Protocol，FTP）在 Internet 上广泛用于传送文件，通过 FTP 服务器可以进行文件的上传（Upload）或下载（Download）。FTP 提供实时联机服务，采用 C/S 模式，用户必须具有该服务的用户名和口令。工作时，客户端先登录到服务器，然后可以进行文件搜索和文件传送等操作。用 FTP 可以传送所有类型的文件，如文本文件、二进制可执行文件、图像文件、声音文件和数据压缩文件等。

FTP 服务器在 Internet 上按照 FTP 协议提供服务，让用户进行文件的存取。FTP 服务器的注册用户拥有一个用户账号和密码。Internet 上有很多 FTP 服务器被称为“匿名”（Anonymous）FTP 服务器，这类服务器向公众提供文件复制服务，不要求用户事先进行登记注册。

用 FTP 命令进行文件传输称为交互模式。FTP 允许文件沿任意方向传输，即文件可以上传与下载。Windows 2000、Windows XP 或更高版本的客户端用户，都是通过“命令提示符”窗口使用 FTP 命令的。

2. Windows Server 2003 的 FTP 命令

命令格式：ftp [-v] [-d] [-i] [-n] [-g] [-s:FileName] [-a] [-w:WindowSize] [-A] [Host]

命令中各参数的含义如下。

-v：禁止显示 FTP 服务器响应。

-d：启用调试，显示在 FTP 客户端和 FTP 服务器之间传递的所有命令。

-i：传送多个文件时禁用交互提示。

-n：在建立初始连接后禁止自动登录功能。

-g：禁用文件名组合。可以使用星号（*）和问号（?）作为本地文件和路径名的通配符。详细信息可参阅“相关主题”。

-s:filename：指定包含 FTP 命令的文本文件。这些命令在启动 FTP 功能后自动运行。该参数不允许带空格。

-a：指定绑定。在进行 FTP 数据连接时，可以使用任何本地接口。

-w:windowsize：指定传输缓冲区的大小。默认窗口大小为 4096 字节。

-A：匿名登录到 FTP 服务器。

Host：指定要连接的计算机名、IP 地址或 FTP 服务器的 IPv6 地址。如果指定了主机名或地址，必须是命令行的最后一个参数。

/?：在命令提示符下显示帮助。

3. FTP 使用的内部命令（括号表示可选项）

（1）基本命令。

Quit：关闭和远程主机的联系，终止 FTP 程序。

?：显示所有 FTP 命令表。

?command：显示一行指定的命令的概况。

Help：显示所有 FTP 命令表。

help command：显示一行指定的命令的概况。

!本地主机：停止 FTP 连接，开始 shell 连接。

! command 本地主机：执行指定的 shell 命令连接。

open [host]：与指定计算机建立连接。

（2）用于连接的命令。

Close：关闭和远程主机的连接，但保留 FTP 连接。

user [name [password]]：设置用户标识。

（3）用于目录的命令。

cd [directory] 远程主机：改变到指定的目录。

cdup 远程主机：改变到主目录。

dir [directory [local-file]] 远程主机：显示长目录清单。

lcd [directory] 本地主机：改变目录。

ls [directory [local-file]] 远程主机：显示短目录清单。

pwd 远程主机：显示当前目录名。

（4）用于传送文件的命令。

get［remote-file［local-file］]：“下传”一个文件。

mget［remote-file...］：“下传”多个文件。

put [local-file[remote-file]]：将本地文件 local-file 传送至远程主机。

Mput [local-file]：将多个文件传输至远程主机。

（5）用于设置选项的命令。

ascii（默认）：把文件设置成 ASCII 文本文件。

binary：把文件设置成二进制文件。

hash 是/不：每传送一个数据块显示一个 # 号。

prompt 是/不：传送多个文件的提示。

status：显示选项的当前状态。

四、实训内容与步骤

FTP 服务是 IIS 服务中的一个重要组成部分，主要用来在 FTP 服务器和 FTP 客户端之间传输文件。通过 FTP 服务，既可以从服务器下载文件到客户端，也可以从客户端将文件上传到服务器。

1. FTP 服务的安装

FTP 服务不是应用程序服务器的默认组件，以应用程序服务器搭建 Web 服务时，不会自动安装 FTP 服务，可以采用添加 Windows 组件的方式进行安装。

（1）在控制面板中双击“添加/删除程序”图标，打开“添加/删除程序”窗口。单击“添加删除 Windows 组件”按钮，弹出“Windows 组件向导”对话框，如图 9-1 所示。

（2）在“组件”列表框中选中“应用程序服务器”复选框，单击“详细信息”按钮，弹出“应用程序服务器”对话框。选中“Internet 信息服务（IIS）”复选框，如图 9-2 所示。

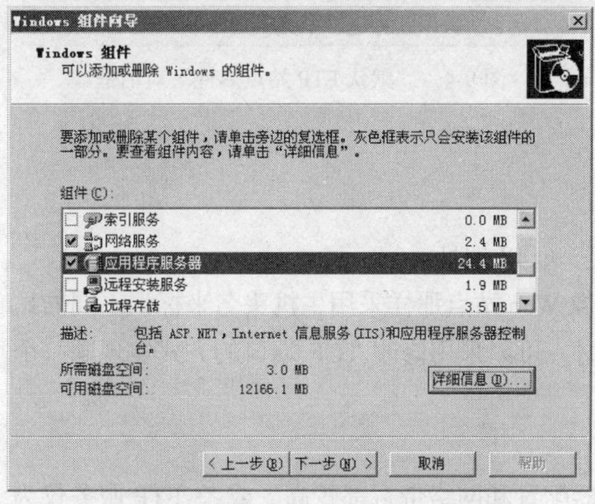

图 9-1　“Windows 组件向导”对话框

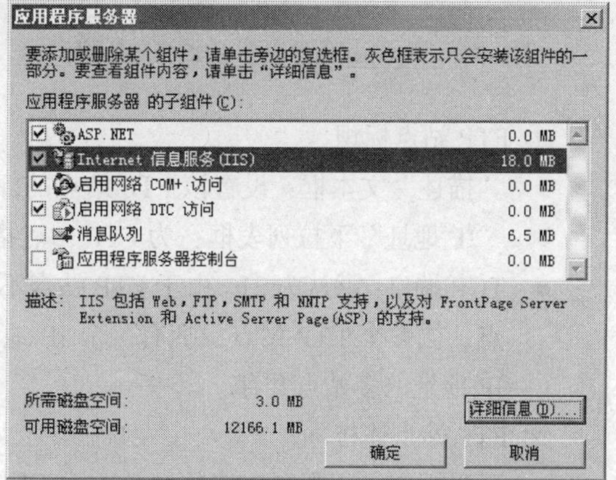

图 9-2　“应用程序服务器”对话框

（3）单击“详细信息”按钮，弹出“Internet 信息服务（IIS）”对话框，选中“文件传输协议（FTP）服务”复选框，如图 9-3 所示。

（4）单击“确定”按钮，根据系统提示插入 Windows Server 2003 安装光盘，完成 FTP 服务的安装。

2. FTP 服务的基本配置

FTP 服务安装完成后，FTP 服务器“默认 FTP 站点”的主目录所在文件夹为 C:\inetpub\ftproot，IP 地址为“全部未分配”，即与所有 IP 地址绑定在一起，允许用户以匿名方式访问。默认状态下，主目录为只读方式，客户端只能下载而不能上传。

（1）设置“FTP 站点”选项卡。

FTP 服务安装完成后，默认状态下 IP 地址为“全部未分配”方式，即 FTP 服务与计算机中所有的 IP 地址绑定在一起，默认 TCP 端口为 21。在这种状态下，FTP 客户端用户可以使用该服务器中绑定的任何 IP 地址及默认端口进行访问，而且允许来自任何 IP 地址的计算机进行匿名访问，显然这种方式是不安全的。为了安全起见，网络管理员需要设置相应的 IP 地址和端口。

在“开始”菜单中选择“管理工具→Internet 信息服务（IIS）管理器”选项，在“Internet 信息服务（IIS）管理器”窗口中展开“FTP 站点”项，右击“默认网站”，在弹出的快捷菜单中选择“属性”选项，弹出“默认 FTP 站点属性”对话框，如图 9-4 所示。

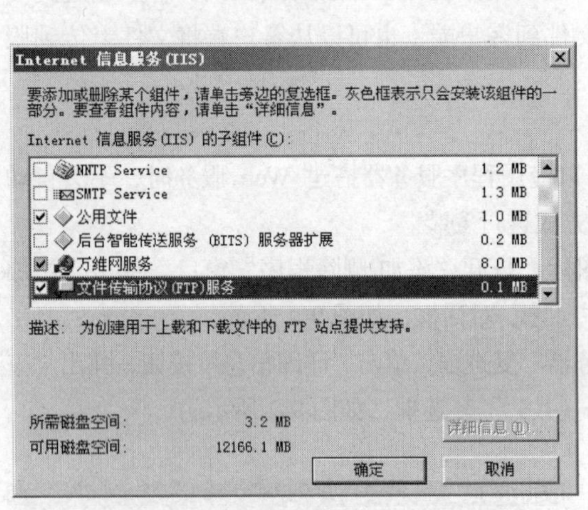

图 9-3　“Internet 信息服务（IIS）”对话框

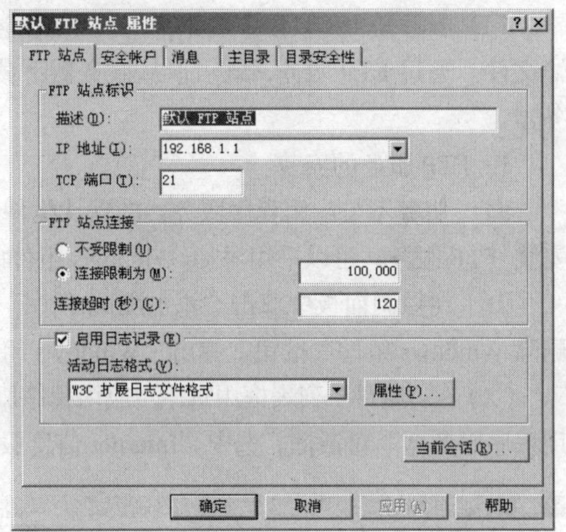

图 9-4　“默认 FTP 站点属性”对话框

① FTP 站点标识

- “描述”文本框：设置该 FTP 站点的标识。
- “IP 地址”下拉列表框：为 FTP 站点指定一个 IP 地址。
- TCP 端口：默认为 21。由于 FTP 站点不能像 Web 站点那样采用主机头名来标识不同的站点，当多个 FTP 站点只拥有一个 IP 地址时，可以采用修改 TCP 端口的方式实现同一个 IP 地址的多站点共存。

② FTP 站点连接

- 不受限制：不限制连接数量，适用于服务器配置和网络带宽都较高，或者 FTP 服务仅为企业网络内部提供访问服务。
- 连接限制为：限制同时连接到该站点的连接数量，可指定该 FTP 站点允许连接的最大数值。

- 连接超时：设置服务器断开未活动用户的时间，确保及时关闭失败的连接或长时间没有活动的连接，及时释放系统资源和网络带宽，减少系统资源和网络资源浪费。

（2）设置“主目录”选项卡。

FTP 服务的主目录指映射为 FTP 根目录的文件夹，FTP 站点中的所有文件全部保存在该文件夹中。当 FTP 客户端访问该 FTP 站点时，只有该文件夹中的内容可见，并且作为该 FTP 站点的根目录。

在 FTP 站点的“属性”对话框中选择“主目录”选项卡，可以更改 FTP 站点的主目录或修改其属性，如图 9-5 所示。

- 此计算机上的目录：FTP 站点主目录的位置可以指定到此计算机上的其他文件夹。
- 另一台计算机上的目录：指另一台计算机上的共享文件夹。网站主目录既可以是某个文件夹，也可以是某个磁盘或卷集。
- 读取：选中“读取”复选框，允许用户查看或下载存储在主目录或虚拟目录中的文件。如果只允许用户下载文件，建议只选中“读取”复选框。
- 写入：选中“写入”复选框，允许用户向服务器中已启用的目录上传文件。除非该站点允许所有登录用户上传文件，否则应取消选中该复选框，只启用“读取”权限。创建虚拟目录或虚拟网站时，只对特权用户开放“写入”权限。
- 记录访问：选中“记录访问”复选框即启动日志，可以将对目录的访问活动记录在日志文件中。默认日志被启用。若要关闭日志，只需取消选中“启用日志”复选框即可。

设置用户对该文件夹的访问权限时需要注意：仅在 FTP 站点中设置访问权限是不够的，同时必须在 Windows 资源管理器中为 FTP 根目录设置 NTFS 文件夹权限。

- 目录列表样式：用来设置显示在客户端计算机上的目录列表风格。UNIX 目录列表风格以 4 位数格式显示年份，如果文件日期与 FTP 服务器相同，则不会返回年份；系统默认值为 MS-DOS 方式，MS-DOS 目录列表风格以 2 位数格式显示年份。

（3）设置“消息”选项卡。

在 FTP 站点设置欢迎和提示消息后，用户连接或退出该 FTP 站点时，将显示相应的欢迎和告别信息。在“消息”选项卡中可以设置“标题”、“欢迎”和“退出”消息，如图 9-6 所示。

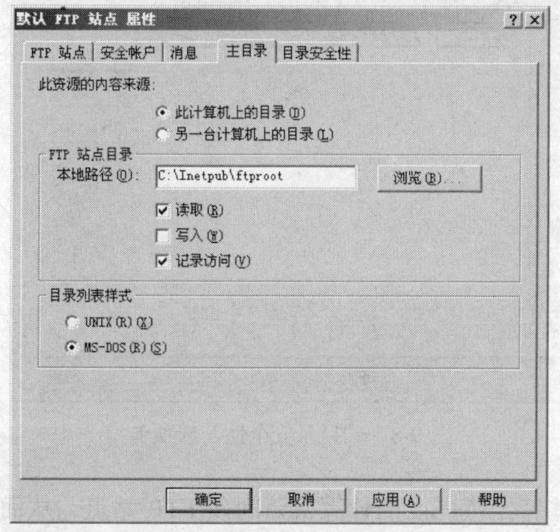

图 9-5 “主目录”选项卡

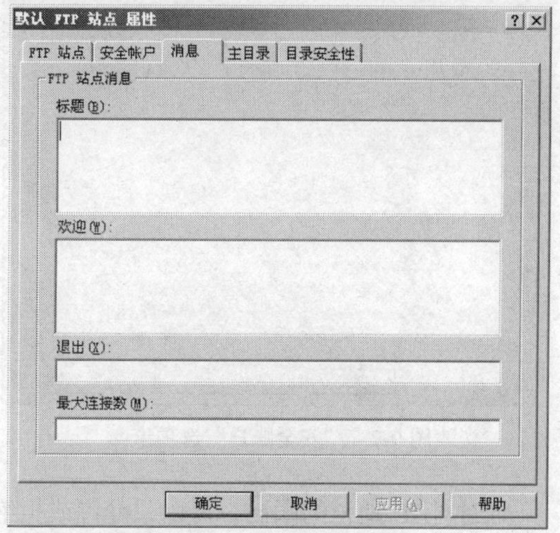

图 9-6 “消息”选项卡

- 标题：客户端连接到 FTP 服务器前显示该消息。通常用于设置 FTP 站点名称和用途。
- 欢迎：当用户连接到 FTP 服务器时，显示该消息。“欢迎”信息通常包含向用户致意、使用该 FTP 站点时应当注意的问题、站点所有者或管理者信息及联络方式、站点中各文件夹的简要描述或索引页的文件名、镜像站点名字和位置、上传或下载文件的规则说明等。
- 退出：当用户从 FTP 服务器注销时，将显示该消息。通常表示欢迎用户再次光临，向用户表示感谢等。
- 最大连接数：当客户端试图连接到 FTP 服务器，而 FTP 服务已达到允许的最大端连接数，将导致连接失败，此时会显示该消息。

3. FTP 服务器的管理

对 FTP 服务器进行基本设置后，还需要进一步进行设置和管理，以增强 FTP 服务器的功能和安全。由于 FTP 站点中存储着非常重要的文件或应用程序，因此，FTP 站点的访问安全显得尤其重要。对于一些比较特殊的 FTP 站点，必须进行用户身份验证，并限制允许访问该 FTP 服务的 IP 地址，以确保 FTP 站点的安全。

（1）设置“安全账户”选项卡。

在“默认 FTP 站点属性”对话框中选择“安全账户”选项卡，如图 9-7 所示。

默认状态下，FTP 站点允许用户匿名连接，即所有用户无须经过身份认证即可读取 FTP 站点的内容。如果 FTP 站点中存储有重要的或敏感的信息，只允许授权用户访问，应当禁用匿名访问。

只允许匿名连接：在“安全账户”选项卡中取消选中“只允许匿名连接”复选框，可禁止匿名用户连接访问 FTP 站点。禁止匿名用户连接后，只有服务器或活动目录中有效的账户才能通过身份认证对该 FTP 站点进行访问。

（2）设置“目录安全性”选项卡。

在“默认 FTP 站点属性”对话框中选择“目录安全性”选项卡，设置该 FTP 站点的 IP 地址访问限制，如图 9-8 所示。

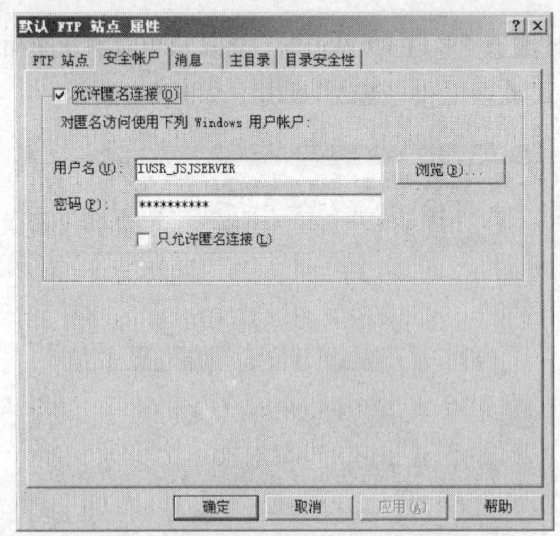

图 9-7 “安全账户”选项卡

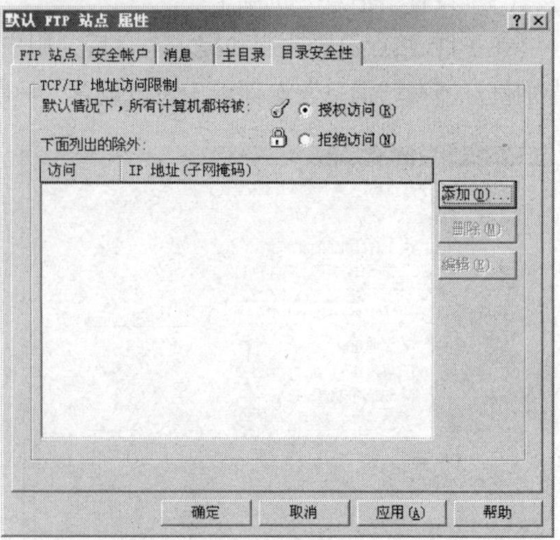

图 9-8 “目录安全性”选项卡

通过对 IP 地址的限制，可以只允许或拒绝某些特定范围内的计算机访问该 FTP 站点，从而可以在很大程度上避免来自外界的恶意攻击，并且将授权用户限制在某一个范围。将 IP 地址限制

与用户认证访问结合在一起，将进一步提高 FTP 站点访问的安全性，这些设置与 Web 网站非常相似。

4. 创建 FTP 虚拟站点

（1）打开“Internet 信息服务（IIS）管理器”窗口，展开左侧窗口中的目录树，用鼠标右击“默认 FTP 网站”，在弹出的快捷菜单中选择“新建→FTP 站点”选项，弹出“欢迎使用 FTP 站点创建向导”对话框，如图 9-9 所示。

（2）单击“下一步”按钮，弹出“FTP 站点描述”对话框。在文本框中输入站点的描述，如图 9-10 所示。

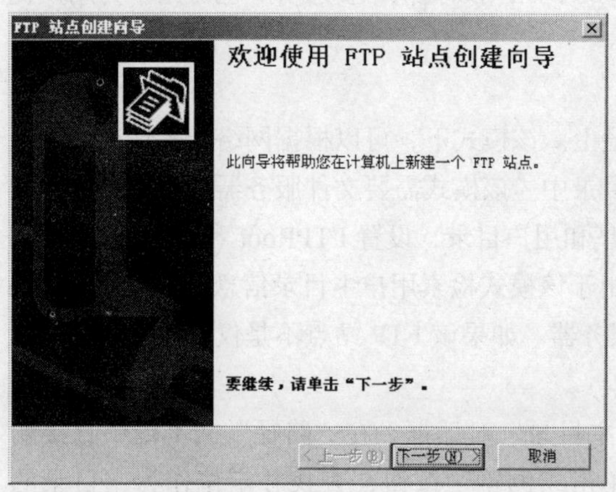

图 9-9　“欢迎使用 FTP 站点创建向导”对话框

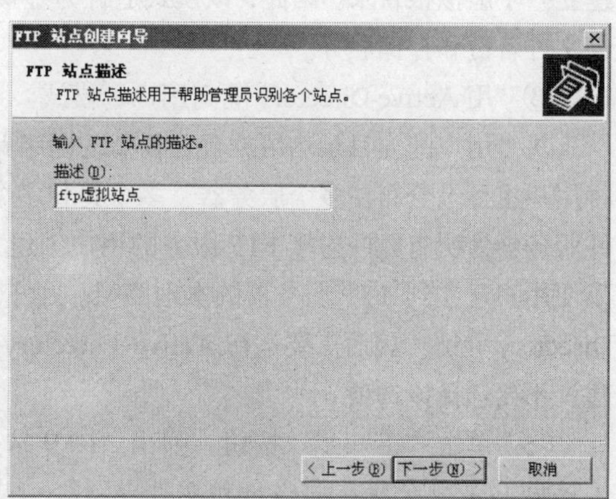

图 9-10　“FTP 站点描述”对话框

（3）单击“下一步”按钮，弹出“IP 地址和端口设置”对话框，如图 9-11 所示。在“IP 地址”下拉列表框中选择该站点的 IP 地址，TCP 端口采用默认值 21。在一台计算机上安装多个 FTP 站点时，如果为每个站点都指定一个 IP 地址，则所有 FTP 站点均使用默认端口 21。如果计算机只绑定一个 IP 地址，则不同 FTP 站点必须采用不同的端口号。

（4）单击“下一步”按钮，弹出“FTP 用户隔离”对话框，询问是否对用户进行隔离，默认为不隔离用户。用户隔离支持 3 种隔离模式，即不隔离用户、隔离用户和用 Active Directory 隔离用户，如图 9-12 所示。

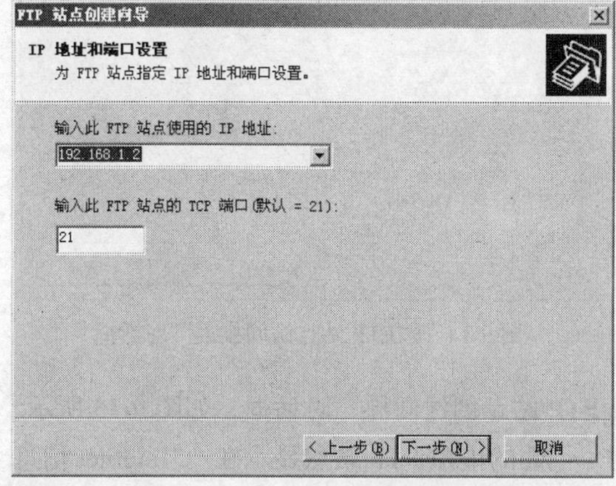

图 9-11　“IP 地址和端口设置”对话框

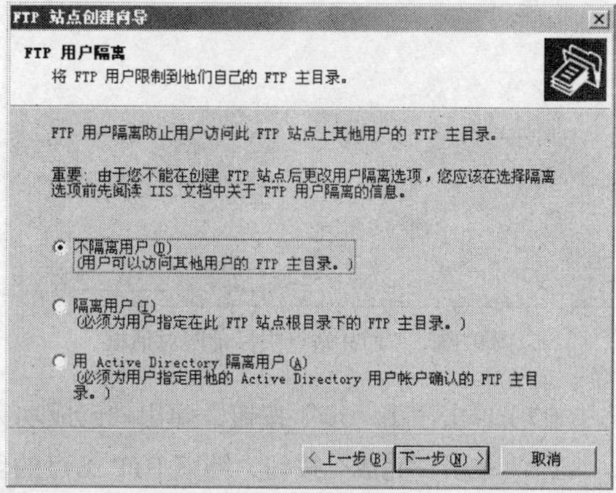

图 9-12　“FTP 用户隔离”对话框

①“不隔离用户”模式。

不启用 FTP 用户隔离，用户可以访问其他用户的主目录，即可以访问整个 FTP 站点。因此，该模式最适合只提供共享内容下载功能的 FTP 站点，或者不需要在用户间进行数据访问保护的 FTP 站点。

②“隔离用户”模式。

用户登录 FTP 时需要进行本机或域账户验证，并将用户限制在自己的目录中。虽然所有用户的主目录都在单一 FTP 主目录下，但是，每个用户均被指定和限制在自己的主目录中。在特定的站点内，用户能创建、修改或删除文件和文件夹。如果用户需要访问特定的共享文件夹，可以再建立一个虚拟根目录。因此，该模式适合为虚拟 Web 网站用户提供维护服务，也可用于为用户提供文件备份和存储服务。

③“用 Active Directory 隔离用户”模式。

每个用户的主目录均可放置在任意的网络路径上。该模式下，可以根据网络配置情况灵活地将用户主目录分布在多个服务器、多个卷和多个目录中。该模式需要文件服务器的支持，即用文件服务器为所有允许连接 FTP 服务的用户创建共享和用户目录，设置 FTPRoot 和 FTPDir 属性，以便用户建立到 FTP 服务器的本地路径。另外，由于该模式检索用户主目录信息时集成了 Active Directory 验证，因而需要运行 Active Directory 服务器。如果该 FTP 站点不是仅仅用于局域网，建议不要选择该选项。

（5）单击“下一步”按钮，弹出“FTP 站点主目录”对话框，在“路径”文本框中直接输入该网站主目录所在的磁盘和文件夹路径；或单击“浏览”按钮，查找并定位作为主目录的文件夹。作为主目录的文件夹不仅可以位于本地硬盘，也可以是远程计算机的共享文件夹，如图 9-13 所示。

（6）单击“下一步”按钮，弹出“FTP 站点访问权限”对话框。若只提供文件下载，应当选中“读取”复选框；若要将该 FTP 主目录设置为 Web 站点主目录，借助该 FTP 站点实现 Web 站点内容的更新，应当同时选中“读取”和“写入”复选框，如图 9-14 所示。

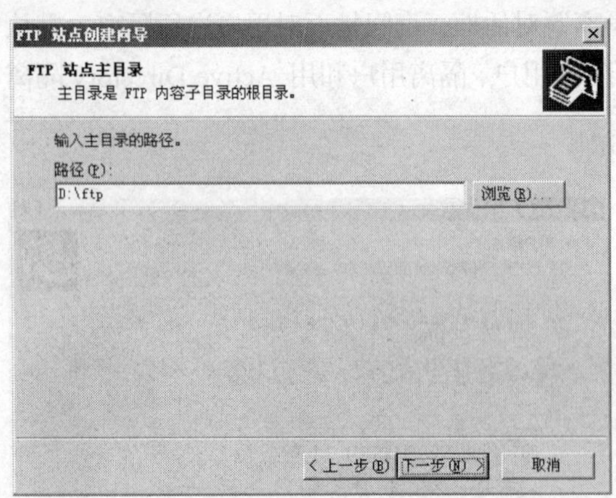

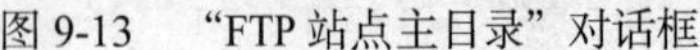
图 9-13 “FTP 站点主目录”对话框

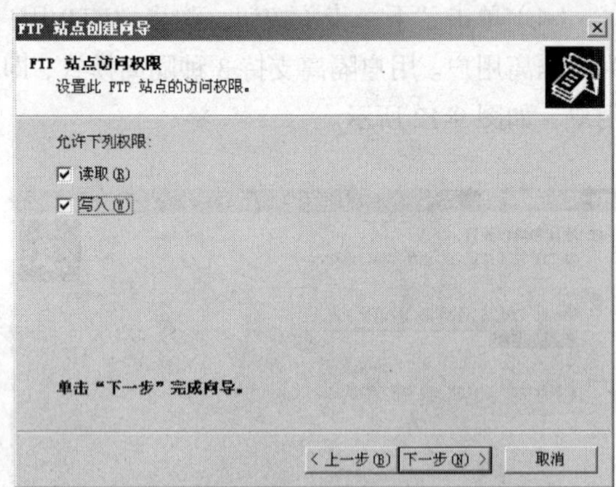

图 9-14 “FTP 站点访问权艰”对话框

（7）单击“下一步”按钮，弹出“已成功完成 FTP 站点创建向导”对话框，如图 9-15 所示。

（8）单击“完成”按钮，结束 FTP 站点的创建。创建的虚拟 FTP 站点显示在 “Internet 信息服务（IIS）管理器”窗口的树形目录中，如图 9-16 所示。重复上述操作，可在该主机上添加若

干个 FTP 站点。

虚拟 FTP 站点的配置和管理与默认 FTP 站点完全相同。只是不再右击“默认 FTP 站点”，而是右击要配置的虚拟 FTP 站点，并在弹出的快捷菜单中选择“属性”选项，然后进行相关设置。新创建虚拟 FTP 站点的属性完全继承其父 FTP 站点的属性，因此，创建虚拟 FTP 站点之前，最好在相似设置的 FTP 站点上创建。

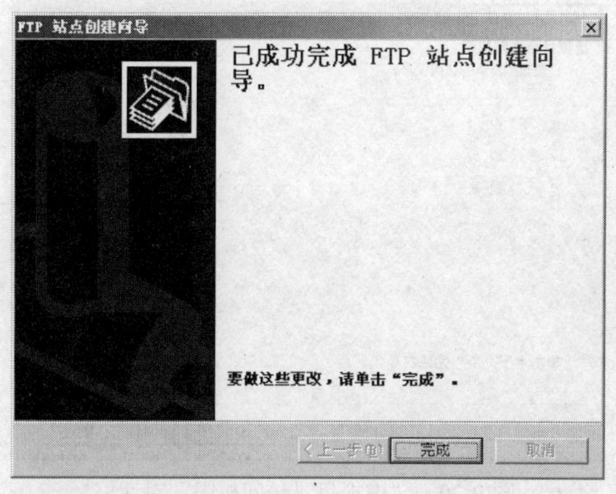

图 9-15　“已成功完成 FTP 站点创建向导”对话框

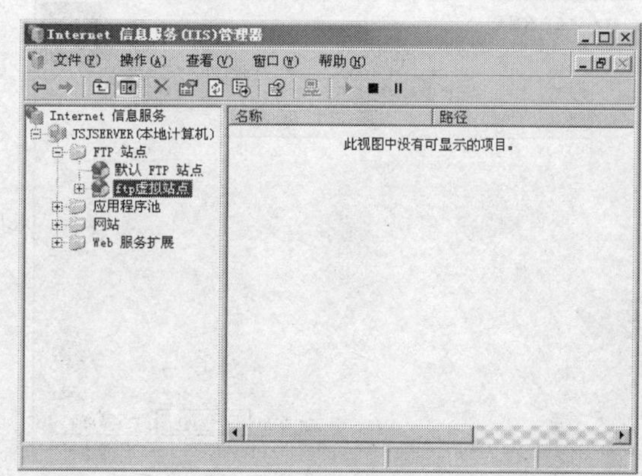

图 9-16　“Internet 信息服务（IIS）管理器”窗口

5. 创建 FTP 虚拟目录

（1）打开“Internet 信息服务（IIS）管理器”窗口，展开左侧目录树，在“FTP 站点”下用鼠标右击“FTP 虚拟站点”，在弹出的快捷菜单中选择“新建→虚拟目录”选项，弹出“欢迎使用虚拟目录创建向导”对话框，如图 9-17 所示。

（2）单击“下一步”按钮，弹出“虚拟目录别名”对话框，如图 9-18 所示。在“别名”文本框中输入该虚拟目录的名称。FTP 客户端访问该虚拟目录时需要使用该别名，因此，一般应设为英文，最好使用具有一定意义并便于记忆的名称，以便用户访问。

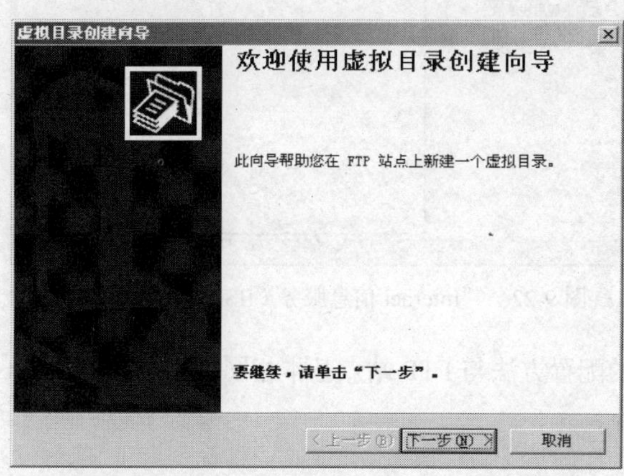

图 9-17　“欢迎使用虚拟目录创建向导”对话框

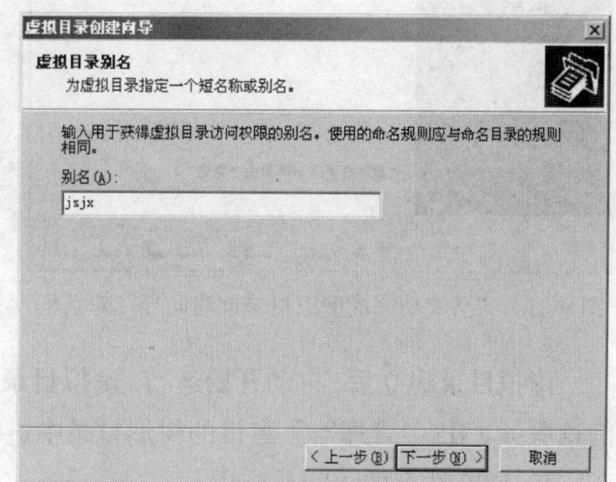

图 9-18　“虚拟目录别名”对话框

（3）单击“下一步”按钮，弹出“FTP 站点内容目录”对话框，如图 9-19 所示。在“输入包含此 FTP 站点内容的目录路径”文本框中输入该虚拟目录要引用的文件夹路径，或单击“浏览”按钮进行查找。需要注意，作为虚拟目录的文件夹可以位于本地硬盘或远程计算机的共享文件夹。

（4）单击“下一步”按钮，弹出“虚拟目录访问权限”对话框，如图 9-20 所示。选择虚拟目录要授予用户的权限，如“读取”和“写入”复选框。需要注意，若要授予该虚拟目录访问权限，只需选中“读取”复选框，以保证文件夹和文件不被添加、修改或删除。若要授予该虚拟目录读写权限，即允许用户添加、修改或删除该虚拟目录中的文件夹或文件，应同时选中“读取”和“写入”复选框。

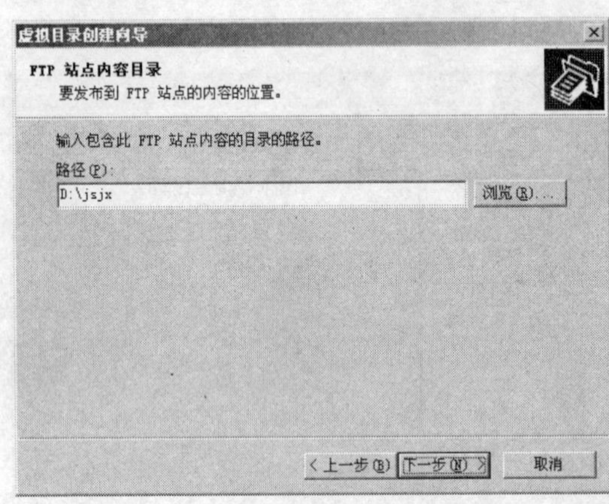

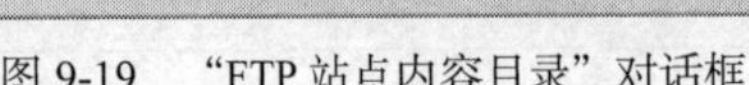

图 9-19 “FTP 站点内容目录”对话框

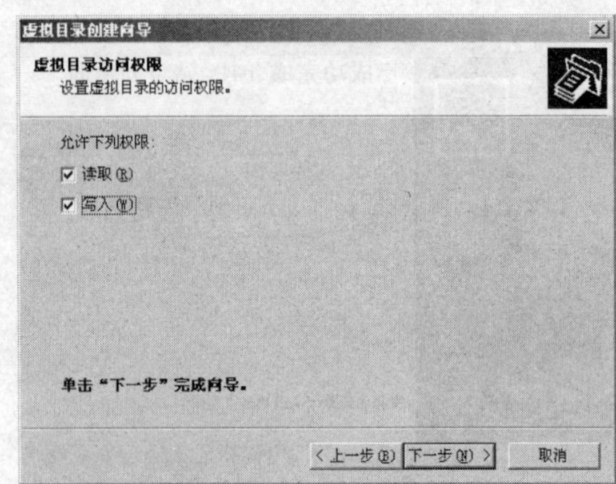

图 9-20 “虚拟目录访问权限”对话框

（5）单击“下一步”按钮，弹出“已成功完成虚拟目录创建向导”对话框，如图 9-21 所示。

（6）单击“完成”按钮，结束虚拟目录向导，在默认 Web 站点树形目录下添加了一个新的虚拟目录，如图 9-22 所示。重复上述操作，可在本地硬盘中建立若干个虚拟目录。

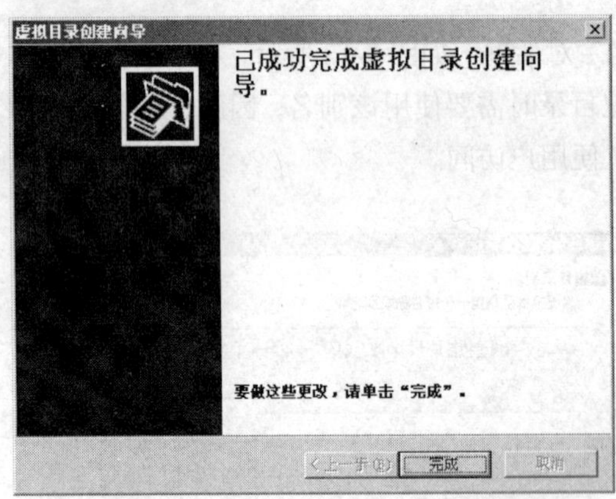

图 9-21 “已成功完成虚拟目录创建向导”对话框

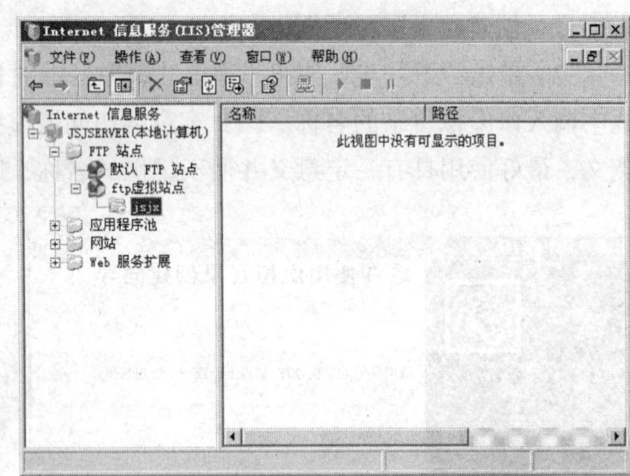

图 9-22 “Internet 信息服务（IIS）管理器”窗口

虚拟目录建立后，自动开始运行。虚拟目录的配置方法与 FTP 站点基本相同，也是在“Internet 信息服务（IIS）管理器”窗口的树形目录中进行。

6. FTP 站点的访问及应用

建立 FTP 站点并提供 FTP 服务后，可以为用户提供下载或上传服务。通常可用两种方式访问 FTP 站点：一是利用标准的 Web 浏览器，二是利用专门的 FTP 客户端软件。这两者均可实现浏览、下载和上传文件。

（1）利用 Web 浏览器访问 FTP 站点时，在浏览器的地址栏中输入要连接的 FTP 站点地址或

域名，即可在浏览器中显示该 FTP 站点的文件和文件夹，如图 9-23 所示。

图 9-23　利用 Web 浏览器访问 FTP 站点

（2）利用 Web 浏览器访问 FTP 站点虚拟目录，如图 9-24 所示。

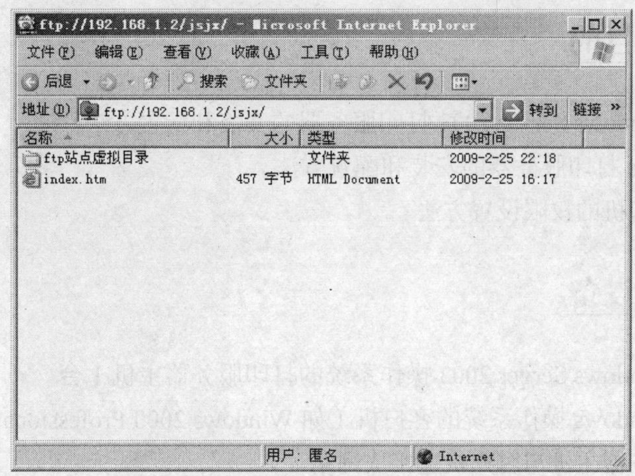

图 9-24　利用 Web 浏览器访问 FTP 站点虚拟目录

如果 FTP 站点采用 Windows 身份验证，要求用户输入用户名和密码，此时，需要在地址中包括这些信息才能访问该 FTP 站点。信息格式为：ftp://用户名：密码@IP 地址。

五、实训总结与提高

虚拟目录的创建过程和虚拟网站的创建过程有些相似，但不需要指定 IP 地址和 TCP 端口，只需设置虚拟目录别名、网站内容目录和虚拟目录访问权限。

如果要利用 FTP 实现众多 Web 站点内容的更新时，仅有一个 FTP 站点是不够的，建立虚拟 FTP 站点和虚拟目录可以解决这个问题。虚拟 FTP 站点与默认 FTP 站点几乎没有任何区别，可以单独进行配置和管理，并且能够建立虚拟目录。利用虚拟 FTP 站点，可以对敏感信息进行有效分离，从而提高数据的安全性，便于管理。

实训 10 打印服务的安装与配置

一、实训目的

1. 掌握 Windows Server 2003 打印服务器的安装和配置方法。
2. 掌握 Web 打印服务器的安装和配置方法。
3. 掌握打印机的权限设置方法。

二、实训设备

1. 安装 Windows Server 2003 操作系统的打印服务器主机 1 台。
2. 安装 Windows 操作系统的客户机（如 Windows 2000 Professional）1 台。
3. 打印服务器主机与客户机连接成网络。

三、实训内容与步骤

若要提供网络打印服务，必须先将计算机安装为打印服务器，安装并设置共享打印机，再为不同操作系统安装打印机驱动程序，使客户端在安装共享打印机时不再需要单独安装驱动程序。

1. 安装打印服务器

（1）运行“配置您的服务器向导”，在“服务器角色”对话框的“服务器角色”列表框中选择“打印服务器”选项，如图 10-1 所示。

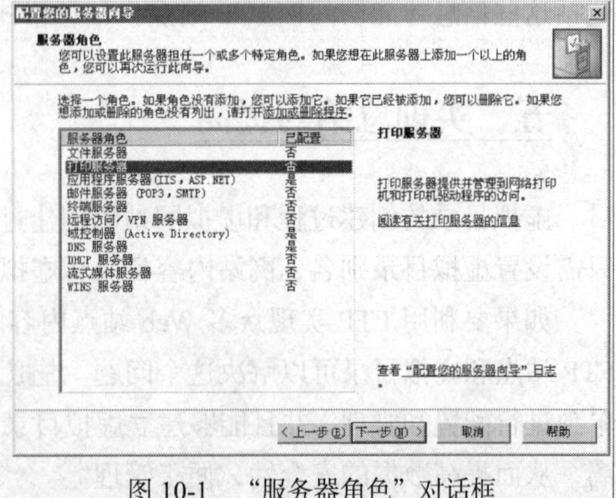

图 10-1 “服务器角色”对话框

（2）单击“下一步”按钮，弹出“打印

机和打印机驱动程序”对话框，选择客户端操作系统类型，如图 10-2 所示。

（3）单击“下一步”按钮，弹出“选择总结”对话框。该对话框中显示了所要安装的组件，如图 10-3 所示。

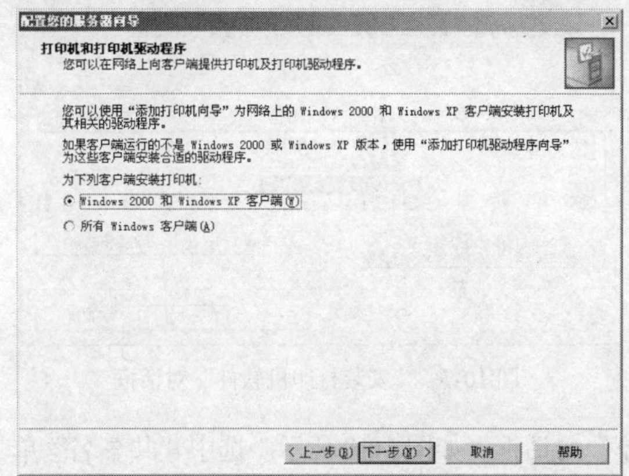

图 10-2　“打印机和打印驱动程序”对话框

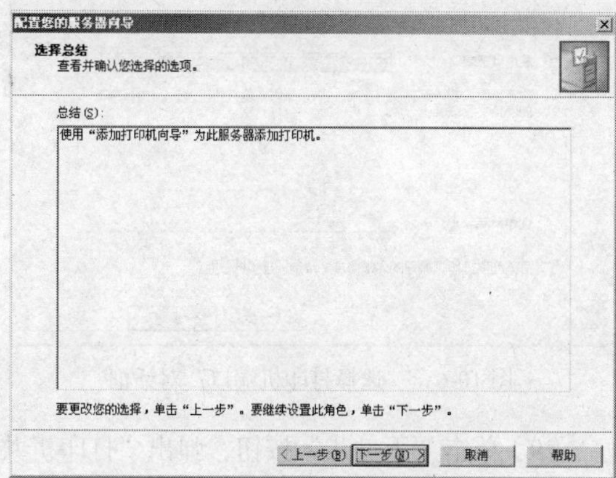

图 10-3　“选择总结”对话框

（4）单击“下一步”按钮，弹出“欢迎使用添加打印机向导”对话框，如图 10-4 所示。

（5）单击“下一步”按钮，弹出“本地或网络打印机”对话框，如图 10-5 所示。选中“连接到这台计算机的本地打印机”单选按钮，如果当前要连接的打印机属于即插即用设置，应选中“自动检测并安装我的即插即用打印机”复选框。

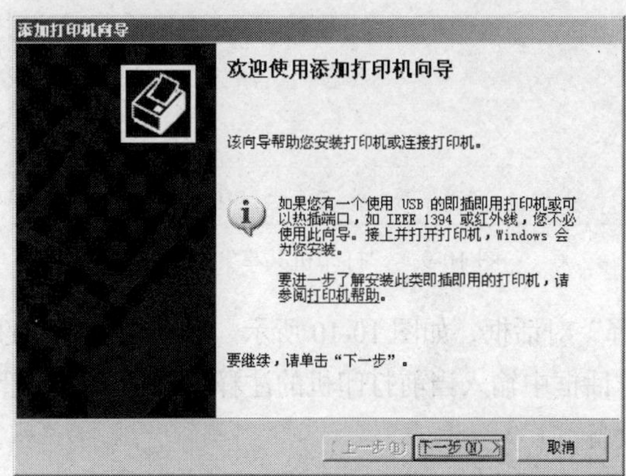

图 10-4　“欢迎使用添加打印机向导”对话框

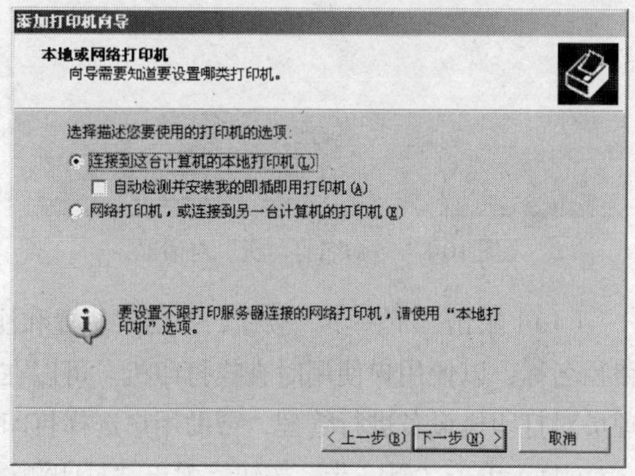

图 10-5　“本地或网络打印机”对话框

（6）单击“下一步”按钮，弹出“选择打印机端口”对话框，如图 10-6 所示。选中“使用以下端口”单选按钮，在下拉列表框中选择“LPT1（推荐的打印机端口）”（安装第 2 台打印机时，应选择 LPT2 端口）选项。

❖ 注意：以太网和 USB 接口的打印机不采用并口连接。

（7）单击“下一步”按钮，弹出“安装打印机软件”对话框，如图 10-7 所示。在对话框左侧的“厂商”列表框中选择打印机的品牌，在右侧的“打印机”列表中选择打印机型号。如果要安装的打印机没有显示在列表中，可单击“从磁盘安装”按钮，插入随打印机提供的安装磁盘或光盘，安装打印机驱动程序。

（8）单击“下一步”按钮，弹出“命名打印机”对话框，如图 10-8 所示。在“打印机名”文本框中输入要使用的打印机名称。

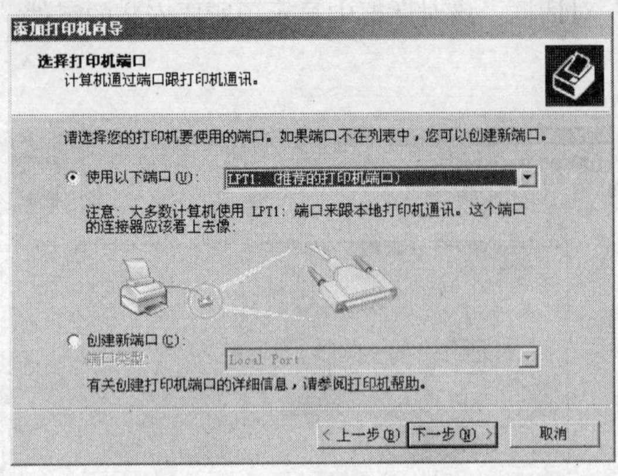

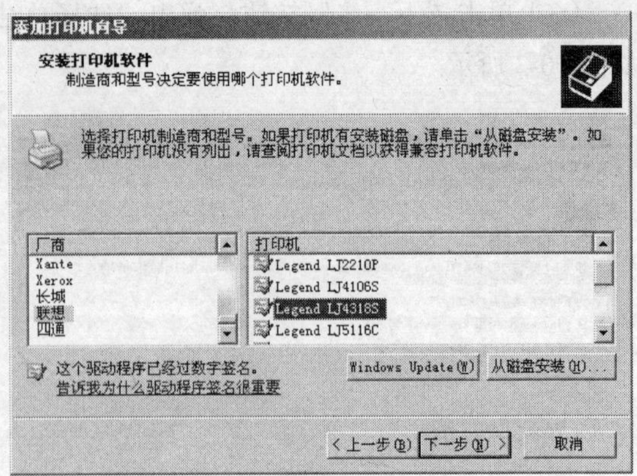

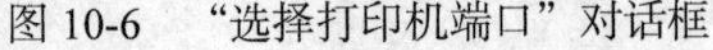
图 10-6　“选择打印机端口”对话框　　　　图 10-7　“安装打印机软件”对话框

（9）单击“下一步”按钮，弹出“打印机共享”对话框，如图 10-9 所示。选中“共享名”单选按钮，将该打印机设置为共享打印机，并设置一个共享名。

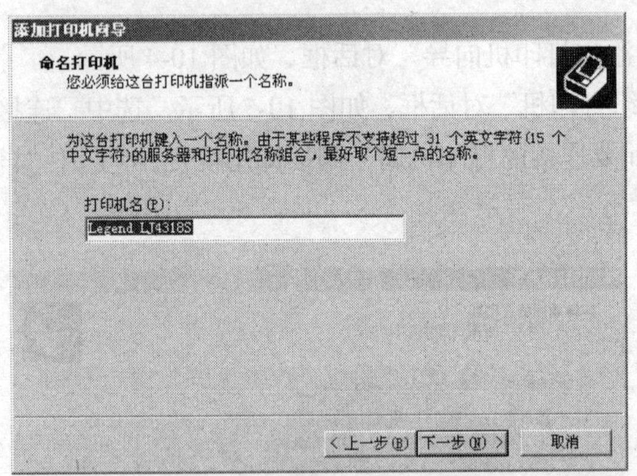

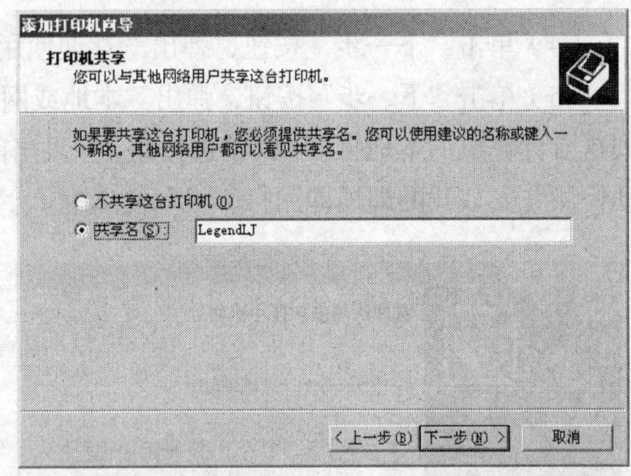

图 10-8　“命名打印机”对话框　　　　图 10-9　“打印机共享”对话框

（10）单击“下一步”按钮，弹出“位置和注释”对话框，如图 10-10 所示。输入一个完整的路径名称，以便用户使用时查找打印机。可以在对话框中输入当前打印机的注释说明，以帮助管理员对打印机设备进行管理，帮助用户选择打印设备。

（11）单击“下一步”按钮，弹出“打印测试页”对话框，如图 10-11 所示。确定是否在安装打印机之后打印测试页，以便检查打印机是否安装正确。

（12）单击“下一步”按钮，弹出“正在完成添加打印机向导”对话框，如图 10-12 所示。这里显示向导中所有选项的设置信息，确认无误后，单击“完成”按钮，开始复制打印机的驱动程序。

2. 安装客户端打印机

客户端打印机的安装过程与打印机服务器的安装过程相似，但不完全相同。客户端打印机的安装步骤如下。

（1）在控制面板中打开“打印机”窗口，双击“添加打印机”图标，弹出“添加打印机向导”对话框。单击“下一步”按钮，弹出“本地或网络打印机”对话框，选中“网络打印机”单选按钮，如图 10-13 所示。

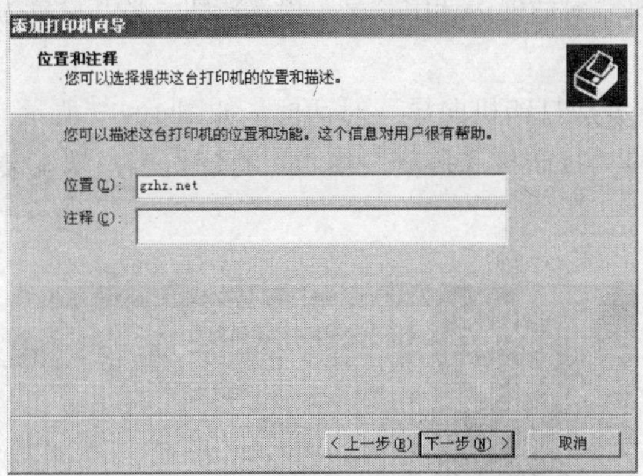

图 10-10　“位置和注释”对话框

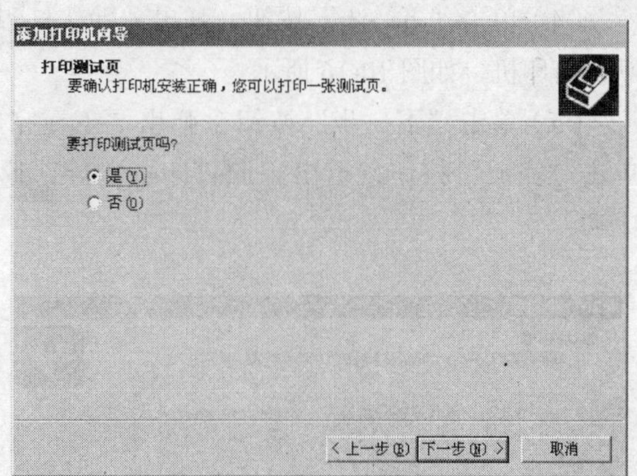

图 10-11　“打印测试页”对话框

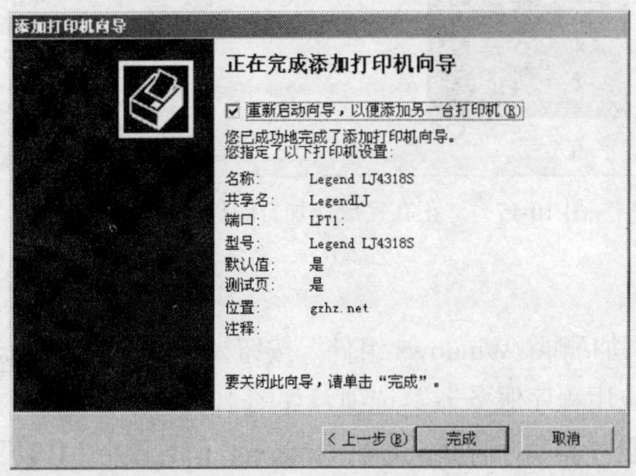

图 10-12　“正在完成添加打印机向导”对话框

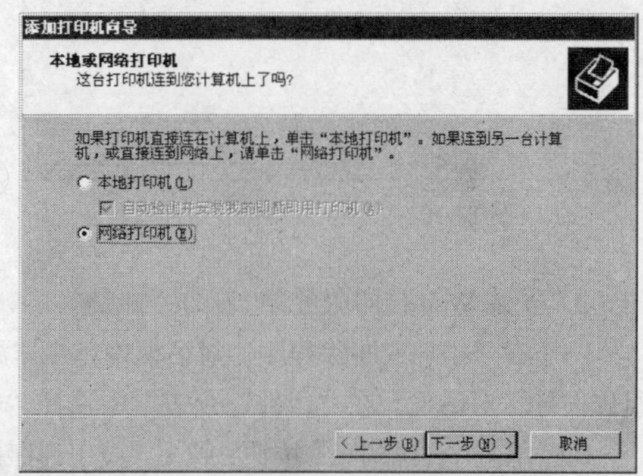

图 10-13　“本地或网络打印机”对话框

（2）单击“下一步”按钮，弹出“查找打印机”对话框。选择“键入打印机名，或者单击‘下一步’，浏览打印机”单选按钮，在“名称”文本框中输入打印机的位置，格式为“\\打印服务器名称\打印机共享名”。局域网内的用户可以直接单击“下一步”按钮，让系统自动寻找打印机，如图 10-14 所示。

（3）单击“下一步”按钮，弹出“浏览打印机”对话框，找到共享打印机 LegendLJ，如图 10-15 所示。

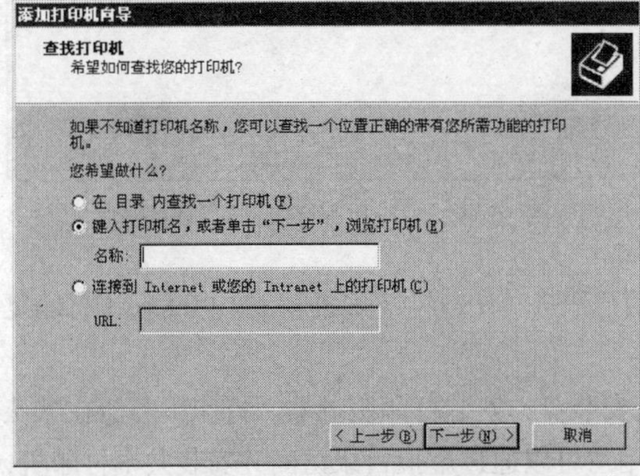

图 10-14　“查找打印机”对话框

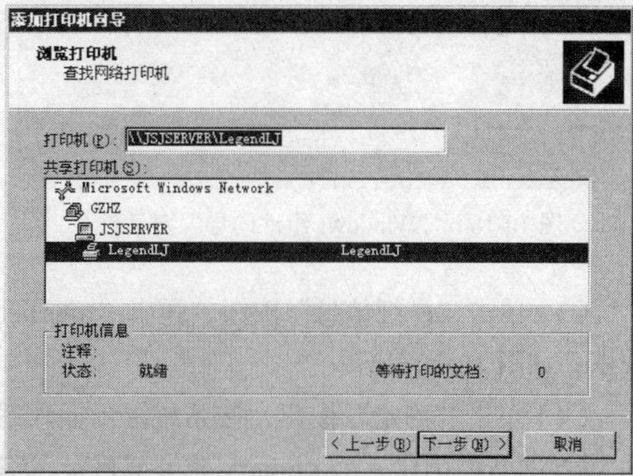

图 10-15　“浏览打印机”对话框

（4）单击“下一步”按钮，弹出“默认打印机”对话框，选中“是”单选按钮，将其设置为默认打印机，如图 10-16 所示。

（5）单击“下一步”按钮，弹出“正在完成添加打印机向导”对话框，如图 10-17 所示。单击“完成”按钮，退出添加打印机向导，返回“打印机和传真”窗口，打印机客户端安装成功。

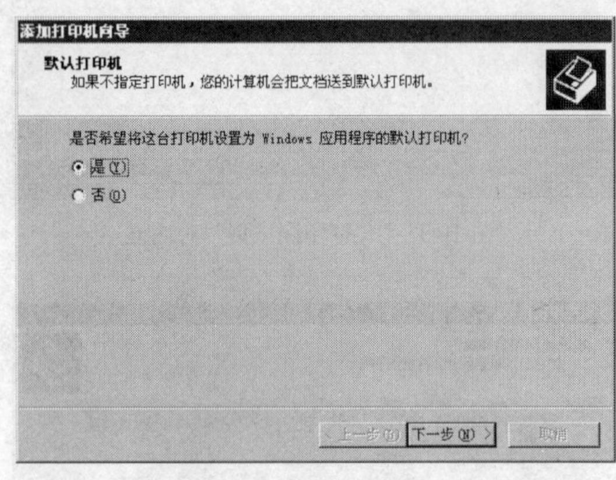

图 10-16　“默认打印机”对话框

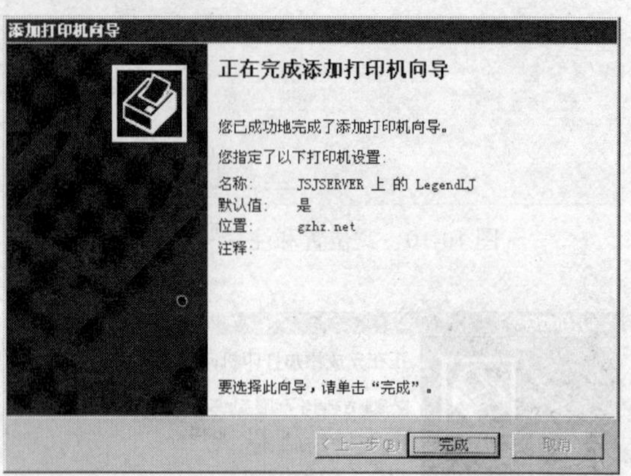

图 10-17　“正在完成添加打印机向导”对话框

3. 安装 Web 打印服务器

（1）在“添加或删除程序”对话框中单击“添加/删除 Windows 组件”按钮，弹出“Windows 组件向导”对话框。在“组件”列表框中选择“应用程序服务器”选项，如图 10-18 所示。

（2）单击“详细信息”按钮，弹出“应用程序服务器”对话框，选中“Internet 信息服务（IIS）”复选框，如图 10-19 所示。

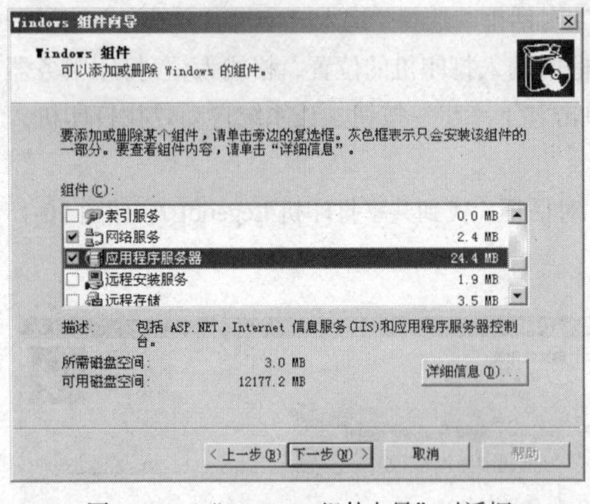

图 10-18　“Windows 组件向导”对话框

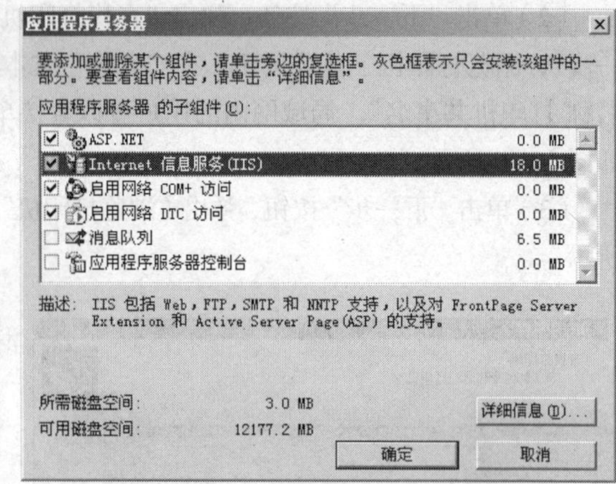

图 10-19　“应用程序服务器”对话框

（3）单击“详细信息”按钮，弹出“Internet 信息服务（IIS）” 对话框，选中 Internet 打印复选框，如图 10-20 所示。

（4）单击“确定”按钮，按系统提示插入系统安装盘，安装打印服务器。打印服务器在默认的 Web 网站中创建一个 Printers 的虚拟目录，远程用户可以通过虚拟目录访问并安装共享打印机，如图 10-21 所示。

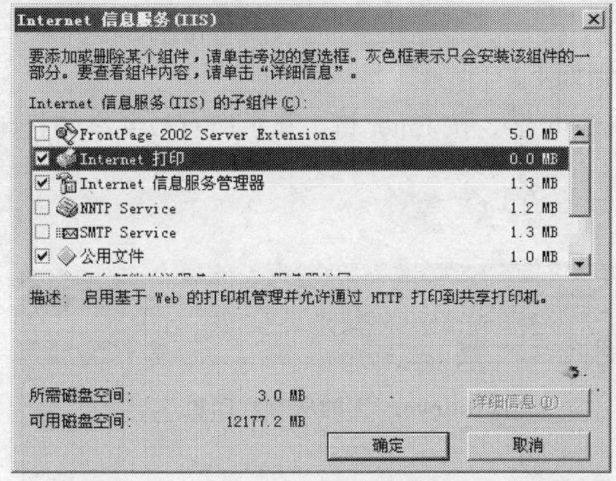

图 10-20　“Internet 信息服务（IIS）”对话框

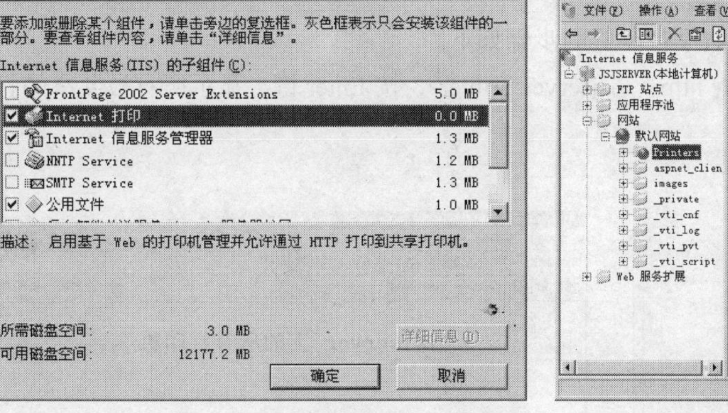

图 10-21　Printers 虚拟目录

4. 设置打印机的权限

打印机安装后，系统为其指派默认的打印机权限，该权限允许所有用户打印。由于打印机可用于网络上的所有用户，可能需要指派特定的打印机权限，以限制某些用户的访问权限。Windows 提供 3 种等级的打印机安全权限：打印、管理打印机和管理文档。默认将“打印”权限指派给 Everyone 组中的所有成员，用户可以连接到打印机，并将文档发送到打印机。默认 Administrators 组和 Power Users 组成员拥有完全访问权限，即这些用户拥有打印、管理打印机和管理文档的权限。

设置打印机权限的操作步骤如下。

（1）在打印机的“LegendLJ 属性”对话框中选择“安全”选项卡，如图 10-22 所示。

（2）单击“添加”按钮，弹出“选择用户、计算机或组”对话框，如图 10-23 所示。

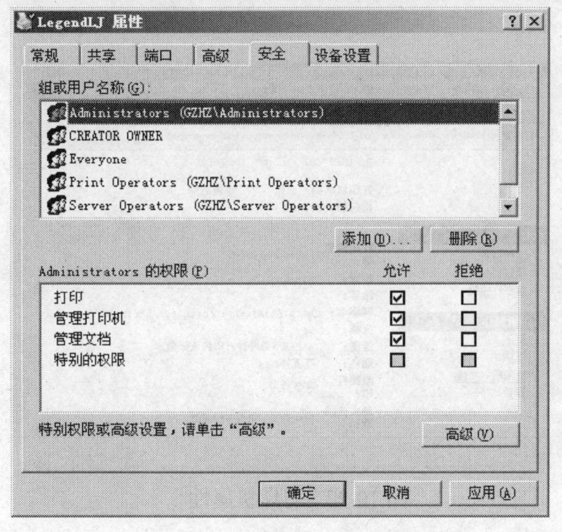

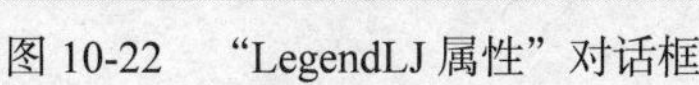

图 10-22　“LegendLJ 属性”对话框

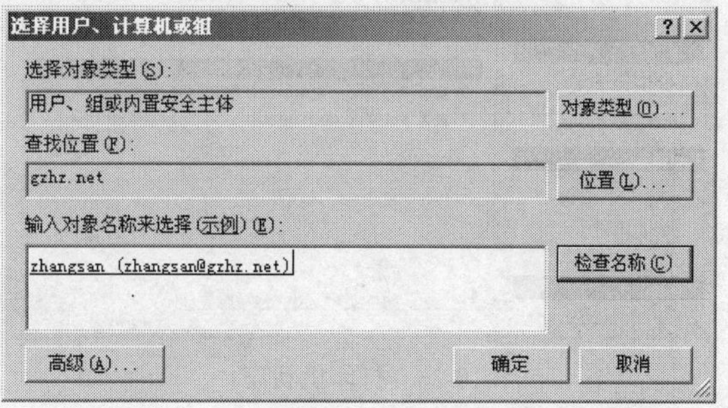

图 10-23　“选择用户、计算机或组”对话框

（3）单击“确定”按钮，返回“LegendLJ 属性”对话框，如图 10-24 所示。

选择“组或用户名称”中的组或用户，可以对该用户设置“允许”和“拒绝”权限。

5. 连接 Web 共享打印机

如果管理员通过 IE 浏览器访问共享打印机，可打开浏览器，在地址栏中输入 http：//打印服务器的 IP 地址或计算机名称/printers，按 Enter 键，显示所有被共享的打印机，可以对共享打印机

进行查看和管理。

用 IE 浏览器查看和管理 Web 共享打印机的步骤如下。

（1）在 IE 浏览器地址栏中输入 http：//jsjserver/printers，按 Enter 键，显示所有被共享的打印机，如图 10-25 所示。

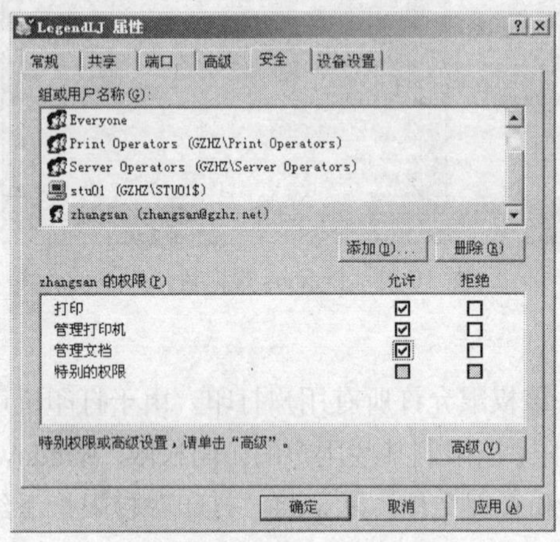

图 10-24　设置用户的权限

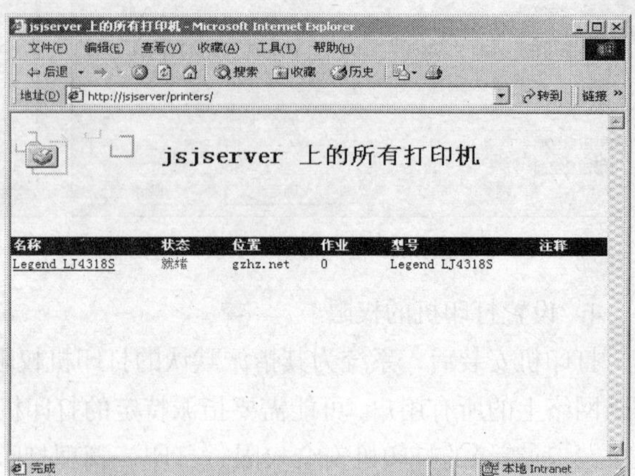

图 10-25　使用 IE 浏览器连接打印机

（2）单击要访问的打印机名称，显示当前打印机状态、打印文档列表及其他相关信息，如图 10-26 所示。

（3）在“查看”选项区域中单击“属性”项，显示打印机属性，包括当前打印机的型号、位置、网络名、速度等信息，如图 10-27 所示。

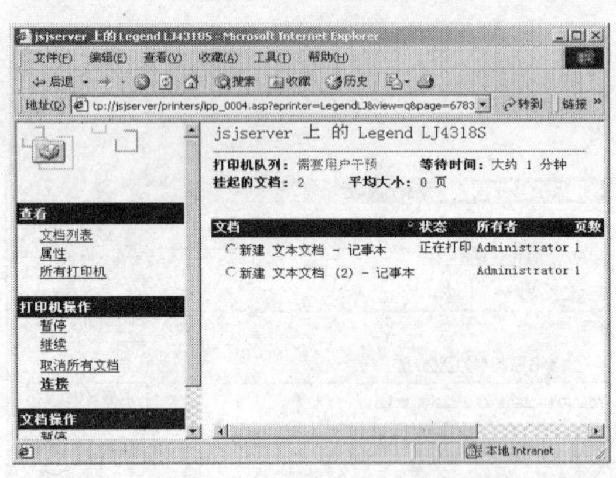

图 10-26　打印机状态

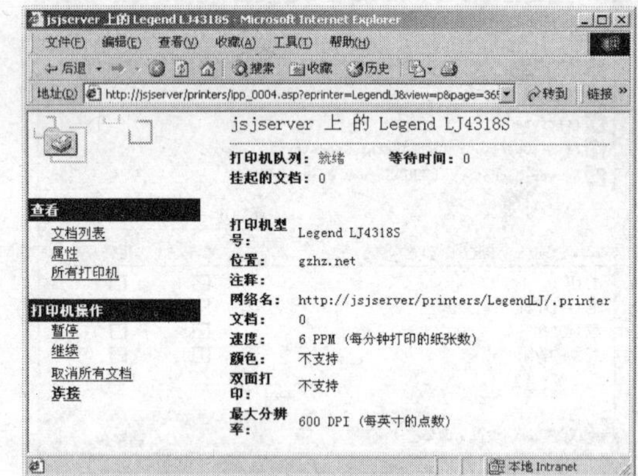

图 10-27　打印机属性

（4）单击“打印机操作”选项区域中的“暂停”、“继续”项，可以对打印机进行暂停、继续的操作。此时，用户必须有相应的权限才能进行此类管理操作。

四、实训总结与提高

本实训练习打印服务器的安装和配置、打印机权限的设置。打印服务器安装和设置成功后，可在客户端安装共享打印机。共享打印机的安装与本地打印机的安装过程相似，可借助“添加打印机向导”完成。在打印服务器上为所有操作系统安装打印机驱动程序后，安装客户端网络打印机时，不再需要为安装的打印机提供驱动程序。

实训 11

交换机的基本配置

一、实训目的

1. 掌握思科交换机下各种操作模式的区别，以及模式之间的切换方法。
2. 能够灵活使用思科交换机的基本命令，并掌握相关操作技巧。

二、实训设备

实训设备：Cisco Catalyst 2950 二层交换机一台，串口线一条，网线若干。

实训网络环境如图 11-1 所示，计算机 pc1 通过串口线连接 Cisco Catalyst 2950 交换机，可以对交换机进行初始配置。同时，计算机 pc1 和 pc2 均通过直通线连接交换机 Cisco Catalyst 2950。

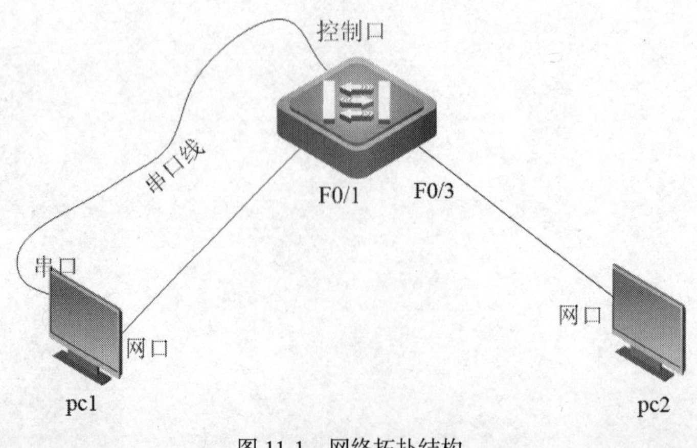

图 11-1　网络拓扑结构

三、预备知识

1. 交换机的工作原理

交换机是一种交换式集线器，通过对信息进行重新生成，并经过内部处理后转发至指定端口，具备自动寻址和交换功能。交换机具有端口带宽独享的特点，在同一时刻可以进行多个端口对之间的数据传输。交换机可以识别 MAC 地址，并把其存放在内部地址表中，通过在数据帧的始发者和目标接收者之间建立临时的交换路径，使数据帧直接由源地址到达目的地址，避免了和其他端口发生冲突。

当某台计算机要将信息发送给另一台计算机时，发送端计算机的网卡将信息通过双绞线送到交换机上，交换机控制电路收到数据包后，查找内存中的地址对照表以确定目的 MAC 地址的网卡挂接在哪个端口上，然后通过内部交换矩阵迅速将数据包传送到目的端口。若目的 MAC 地址不存在，用广播模式将信息发送到所有的端口，接收端口应答后，交换机将该地址添加到内部地址表中。交换机具有 MAC 地址的学习和维护更新机制。

2. 交换机的结构

交换机的内部结构主要由中央处理器 CPU、各端口的内部接口电路和存储器组成。RAM/DRAM 是交换机的主存储器，用来存储和运行配置。非易失性 RAM（NVRAM）用来存储备份配置文件等。快闪存储器 Flash ROM 用来存储系统软件映像启动配置文件等；只读存储器 ROM 用来存储开机诊断程序、引导程序和操作系统软件。

3. 交换机的连接方式

为了满足中大规模局域网对端口数量的需求，通常在交换机与交换机之间进行连接。连接的方式有级联或堆叠。

（1）级联：级联扩展模式是最常规的一种连接方式，可以通过 Uplink 端口级联，也可以通过普通端口级联。

利用 Uplink 端口级联时，上一级交换机的普通端口连接到下层交换机的 Uplink 端口，连接采用直通线。这种级联方式性能好且带通较高。

如果交换机没有 Uplink 端口，可以用普通端口进行级联。级联网线必须用交叉线（1-3 与 2-6 脚对调）。这种级联方式性能稍差，因为下级交换机的有效总带宽相当于上级交换机的一个端口的带宽。

级联是组建大型局域网最常用的连接方式。选用“Uplink 端口”级联可以最大限度地保证下一个集线器的带宽和信号强度。为了保证网络效率，一般建议级联不要超过 4 层。

（2）堆叠：提供 Up 和 Down 堆叠端口的交换机之间，可以通过专用的堆叠线将多个堆叠模块从逻辑上合并为一台交换机，堆叠能扩展交换机端口的数量和背板带宽。

4. Cisco Catalyst 2950 交换机介绍

Cisco Catalyst 2950 系列交换机（如图 11-2 所示）属于接入交换机，可以为局域网提供良好的性能和功能，具有服务质量和组播管理特性，提供的 10/100/1000 Base-T 上行链路可为中等规模的公司和企业分支机构办公室提供理想的解决方案。

图 11-2　Cisco Catalyst 2950 系列交换机

Cisco Catalyst 2950 系列交换机包括 Catalyst 2950T-24、

Catalyst 2950-24、Catalyst 2950-12 和 Catalyst 2950C-24 交换机。Catalyst 2950-24 交换机有 24 个 10/100 端口；Catalyst 2950-12 有 12 个 10/100 端口；Catalyst 2950T-24 有 24 个 10/100 端口和 2 个固定 10/100/1000 Base-T 上行链路端口；Catalyst 2950C-24 有 24 个 10/100 端口和 2 个固定 100 Base-FX 上行链路端口。

5. 交换机的管理方式

交换机的管理方式分为带内管理和带外管理两种。通过交换机的 console 端口管理交换机属于带外管理，不占用交换机的网络接口。此时，应该使用专用的串口电缆通过计算机的串口与交换机的 console 端口进行连接。第一次对交换机进行配置时，必须使用 console 端口进行配置。其他的采用 telnet 方式、Web 方式或 SNMP 方式等均属于带内管理。

交换机的命令行操作模式主要包括用户模式、特权模式、全局配置模式、端口模式等。

（1）用户模式：进入交换机后的第一个操作模式，该模式下可以简单查看交换机的软、硬件版本信息，并进行简单的测试。用户模式提示符为 switch>。

（2）特权模式：由用户模式进入的下一级模式，该模式下可以对交换机的配置文件进行管理，查看交换机的配置信息，进行网络的测试和调试等。特权模式提示符为 switch#。

（3）全局配置模式：属于特权模式的下一级模式，该模式下可以配置交换机的全局性参数（如主机名、登录信息等）。在该模式下可以进入下一级的配置模式，对交换机具体的功能进行配置。全局模式提示符为 switch（config）#。

（4）端口模式：属于全局模式的下一级模式，该模式下可以对交换机的端口进行参数配置。端口模式提示符为 switch（config-if）#。

交换机命令行支持获取帮助信息、命令的简写、命令的自动补齐、快捷键功能。

当用户登录交换机时，需要向用户提供一些必要的提示信息，在交换机上可以设置标题实现这个功能。思科交换机能够创建每日通知和登录两种类型的标题。

几个常用命令如下。

- Exit 命令：返回到上一级操作模式。
- End 命令：用户从特权模式以下级别直接返回到特权模式。
- Banner motd 命令：配置交换机的每日的提示信息。
- Banner login 命令：配置交换机登录提示信息，位于每日提示信息之后。

四、实训内容与步骤

对于一台没有做过任何配置的新交换机，需要采用控制口对交换机做初始配置。在初始配置下，可以配置交换机 IP 地址、enable 及 telnet 连接的密码，使得网络管理员可以通过其他方式进行管理。

要通过 console 端口管理交换机，需要用控制线把计算机的串口连接到交换机的控制口，然后在计算机上打开超级终端，并采用默认设置连接交换机。如果连接成功，在超级终端中能够看到交换机的相关提示信息。在该配置模式下，不用设置计算机的 IP 地址等相关信息。

在字符模式下，交换机提供具有不同权限的操作模式。

1. 交换机各个操作模式之间的切换

```
2950>enable
！使用 enable 命令从用户模式进入特权模式
Password:
```

```
2950#config terminal
! 使用 config terminal 命令从特权模式进入全局配置模式
Enter configuration commands, one per line.  End with CNTL/Z.
2950(config)#interface  f
2950(config)#interface  fastEthernet  0/1
! 使用 interface 命令进入接口配置模式
2950(config-if)#exit
! 使用 exit 命令返回上一级操作模式
2950(config)#end
! 不管当前是什么模式，使用 end 命令均可以直接返回到特权模式
%SYS-5-CONFIG_I: Configured from console by console
2950(config)#interface  vlan  1
!使用 interface 命令进入接口配置模式，vlan 也属于一个接口，可以赋予 IP 地址
2950(config-if)#ip  add
2950(config-if)#ip  address   192.168.0.10 255.255.255.0
2950(config-if)#exit
2950#config
Configuring from terminal, memory, or network [terminal]?
Enter configuration commands, one per line.  End with CNTL/Z.
2950(config)#interface  fastEthernet  0/2
2950(config-if)#^Z
! 使用快捷键“ctrl+z”也可以直接退回到特权模式
%SYS-5-CONFIG_I: Configured from console by console
2950#
```

2. 交换机命令行界面的基本功能

```
2950>?
! 显示当前模式下能够执行的命令
Exec commands:
  <1-99>      Session number to resume
  connect     Open a terminal connection
  disconnect  Disconnect an existing network connection
  enable      Turn on privileged commands
  exit        Exit from the EXEC
  logout      Exit from the EXEC
  ping        Send echo messages
  resume      Resume an active network connection
  show        Show running system information
  telnet      Open a telnet connection
  terminal    Set terminal line parameters
  traceroute  Trace route to destination
2950>en<tab>
```

!使用 tab 键能够对命令进行自动补齐，前提是当前输入的字符串能够唯一标识该命令。比如在当前模式下，以 en 开头的命令仅仅有 enable 命令，所以在当前模式下用 tab 键能够自动补齐

```
2950>enable
2950#con?
configure  connect
! 在一个命令开始的几个字母后面使用? 能够显示出当前模式下有多少个命令以 con 开头
2950(config)#int
2950(config)#int f 0/2
! 只要当前输入的字符能唯一标识出该命令，则可以采用简写来表示该命令
2950#show  ?
! 显示 show 命令后可执行的参数
  arp                   Arp table
  boot                  show boot attributes
  cdp                   CDP information
  clock                 Display the system clock
```

```
 dtp                    DTP information
 flash:                 display information about flash: file system
 history                Display the session command history
 hosts                  IP domain-name, lookup style, nameservers, and host table
 interfaces             Interface status and configuration
 ip                     IP information
 mac-address-table      MAC forwarding table
 port-security          Show secure port information
 processes              Active process statistics
 running-config         Current operating configuration
 sessions               Information about Telnet connections
 spanning-tree          Spanning tree topology
 startup-config         Contents of startup configuration
 tcp                    Status of TCP connections
 terminal               Display terminal configuration parameters
 users                  Display information about terminal lines
 version                System hardware and software status
 vlan                   VTP VLAN status
--more--
! 在该状态下，按空格键将继续显示下一屏的内容，按 Enter 键将显示下一条内容，按其他键将返回提示符
```

3. 配置交换机的基本信息

```
2950(config)#hostname  xinxilou
! 配置交换机的名字
xinxilou(config)#
xinxilou(config)#banner  motd ?
 LINE  c banner-text c, where 'c' is a delimiting character
xinxilou(config)#banner   motd  p
! 设置交换机的每日提示信息，并设定以 p 字符代表提示信息字符串的结束
Enter TEXT message.  End with the character 'p'.
gzhmt-xinxilou-2
p
xinxilou(config)#end
%SYS-5-CONFIG_I: Configured from console by console
xinxilou(config)#no ip domain lookup
!关闭动态域名解析
xinxilou(config)#line console 0
xinxilou(config-line)#exec-timeout  0 0
!关闭控制台的会话超时，保证在调试的过程中连接不会中断
xinxilou(config-line)#logging synchronous
! 关闭日志同步，阻止控制台的一些提示信息
xinxilou(config-line)#exit
xinxilou#show history
! 查看缓存中记录的命令
```

4. 配置交换机的接口和接口安全

```
xinxilou(config)#interface  fastEthernet  0/3
!进入接口 fastEthernet  0/3 的配置模式
xinxilou(config-if)#speed  100
!设置接口速率为 100Mbit/s
xinxilou(config-if)#duplex  half
!设置接口状态为半双工
xinxilou(config-if)#no shutdown
! 开启接口，使接口能够转发数据。交换机的接口默认处于开启状态，而路由器的接口默认处于关闭状态
xinxilou(config-if)#description  "connect to  206 office"
! 为接口设置描述文字，便于识别该接口的连接情况
xinxilou(config-if)#switchport  port-security
Command rejected: FastEthernet 0/3 is a dynamic port
```

```
！要为一个接口设置安全，首先需要把接口的模式设置为 access 模式，而不能是 dynamic 或 trunk 模式
xinxilou(config-if)#switchport mode access
！设置接口的模式为 access 模式
xinxilou(config-if)#switchport port-security
！开启接口的安全功能
xinxilou(config-if)#switchport port-security maximum 5
！设置接口上安全地址的最大个数
xinxilou(config-if)#switchport port-security violation shutdown
！设置地址违例操作方式为 shutdown
xinxilou#show interfaces f0/3
!查看接口 interfaces f0/3 的状态
FastEthernet0/3 is up, line protocol is up (connected)
   Hardware is Lance, address is 0002.179c.e503 (bia 0002.179c.e503)
   Description: "connect to 206 office"
MTU 1500 bytes, BW 100000 Kbit, DLY 1000 usec,
  reliability 255/255, txload 1/255, rxload 1/255
  Encapsulation ARPA, loopback not set
  Keepalive set (10 sec)
  Half-duplex, 100Mbit/s
  input flow-control is off, output flow-control is off
  ARP type: ARPA, ARP Timeout 04:00:00
  Last input 00:00:08, output 00:00:05, output hang never
  Last clearing of "show interface" counters never
  Input queue: 0/75/0/0 (size/max/drops/flushes); Total output drops: 0
  Queueing strategy: fifo
  Output queue :0/40 (size/max)
  5 minute input rate 0 bits/sec, 0 packets/sec
  5 minute output rate 0 bits/sec, 0 packets/sec
     956 packets input, 193351 bytes, 0 no buffer
     Received 956 broadcasts, 0 runts, 0 giants, 0 throttles
     0 input errors, 0 CRC, 0 frame, 0 overrun, 0 ignored, 0 abort
     0 watchdog, 0 multicast, 0 pause input
     0 input packets with dribble condition detected
     2357 packets output, 263570 bytes, 0 underruns
     0 output errors, 0 collisions, 10 interface resets
     0 babbles, 0 late collision, 0 deferred
     0 lost carrier, 0 no carrier
     0 output buffer failures, 0 output buffers swapped out
xinxilou#show port-security interface fastEthernet 0/3
！查看接口 fastEthernet 0/3 的安全设置
Port Security                 : Enabled
Port Status                   : Secure-up
Violation Mode                : Shutdown
Aging Time                    : 0 mins
Aging Type                    : Absolute
SecureStatic Address Aging    : Disabled
Maximum MAC Addresses         : 5
Total MAC Addresses           : 1
Configured MAC Addresses      : 0
Sticky MAC Addresses          : 0
Last Source Address:Vlan      : 0060.2F9A.10D0:1
Security Violation Count      : 0
```

5. 查看交换机的系统信息和配置信息

```
xinxilou#show version
！显示系统硬件的配置，软件版本号，以及引导信息
Cisco Internetwork Operating System Software
```

```
IOS (tm) C2950 Software (C2950-I6Q4L2-M), Version 12.1(22)EA4, RELEASE SOFTWARE(fc1)
! 软件系统的版本信息
Copyright (c) 1986-2005 by cisco Systems, Inc.
Compiled Wed 18-May-05 22:31 by jharirba
Image text-base: 0x80010000, data-base: 0x80562000
ROM: Bootstrap program is is C2950 boot loader
Switch uptime is 1 hours, 1 minutes, 22 seconds
System returned to ROM by power-on
Cisco WS-C2950-24 (RC32300) processor (revision C0) with 21039K bytes of memory.
Processor board ID FHK0610Z0WC
Last reset from system-reset
Running Standard Image
24 FastEthernet/IEEE 802.3 interface(s)
! 接口数量
32K bytes of flash-simulated non-volatile configuration memory
Base ethernet MAC Address: 0002.166B.C7D7
Motherboard assembly number: 73-5781-09
Power supply part number: 34-0965-01
Motherboard serial number: FOC061004SZ
Power supply serial number: DAB0609127D
Model revision number: C0
Motherboard revision number: A0
Model number: WS-C2950-24
System serial number: FHK0610Z0WC
Configuration register is 0xF

xinxilou#show  running-config
! 查看交换机的配置信息
Building configuration...
Current configuration : 1143 bytes
!
version 12.1
no service password-encryption
!
hostname xinxilou
!
enable password gzhmt
!
no ip domain-lookup
!
!
interface FastEthernet0/1
!
interface FastEthernet0/2
 duplex half
 speed 10
!
interface FastEthernet0/3
 description "connect to  206 office"
 switchport mode access
 switchport port-security
 switchport port-security maximum 5
 duplex half
 speed 100
!
interface FastEthernet0/4
!
```

```
interface FastEthernet0/5
!
interface FastEthernet0/6
!
interface FastEthernet0/7
!
interface FastEthernet0/8
!
interface FastEthernet0/9
!
interface FastEthernet0/10
!
interface FastEthernet0/11
!
interface FastEthernet0/12
!
interface FastEthernet0/13
!
interface FastEthernet0/14
!
interface FastEthernet0/15
!
interface FastEthernet0/16
!
interface FastEthernet0/17
!
interface FastEthernet0/18
!
interface FastEthernet0/19
!
interface FastEthernet0/20
!
interface FastEthernet0/21
!
interface FastEthernet0/22
!
interface FastEthernet0/23
!
interface FastEthernet0/24
!
interface Vlan1
 ip address 192.168.0.10 255.255.255.0
!
banner motd ^C
gzhmt-xinxilou-2
^C
line con 0
!
line vty 0 4
 password wlzx
 login
line vty 5 15
 login
!
!
End
```

6. 保存配置及设备重新启动

采用下面 3 条命令均可以保存交换机的配置内容。

```
xinxilou#copy  running-config   startup-config
```

running-config 指的是当前正在运行的配置信息，这些信息保存在 RAM 中，当设备重新启动后，该信息会丢失。通过 copy running-config startup-config 命令，可以把 RAM 中的信息保存到 NVRAM 中去，保证信息不丢失。当设备重新启动时，将运行 NVRAM 中的配置信息。

```
xinxilou#write
xinxilou#write   memory
xinxilou#reload
!重新启动交换机
Proceed with reload? [confirm]y
```

五、实训总结与提高

本实训以 Cisco Catalyst 2950 交换机为例，练习了交换机的配置模式、配置命令和配置方法。对于一台新的交换机，首先应该借助交换机的控制口，通过计算机的超级终端进行初始配置，如设置交换机的管理 IP 地址、telnet 密码和 enable 密码，然后计算机才可以通过网络以 telnet 的方式进行远程配置。

配置一台交换机时，首先应熟悉交换机的物理接口及性能参数，根据网络的具体情况画出拓扑图并分配合理的 IP 地址，然后再动手配置交换机，这样效率会更高，可以少出错误。

本实训中的知识均是交换机配置的基本知识，初学者应该熟练掌握。掌握基础的网络知识和基本的配置方法后，对于后面的交换机的相关配置就轻松多了。

读者在完成本实训的基础上，应注意观察不同品牌交换机的结构和接口类型，如思科交换机、锐捷交换机、H3C 交换机、3com 交换机、神州数码交换机等。阅读不同交换机的说明书，熟悉交换机的各种技术参数，这样才能根据需求合理地选择相应的交换机。

完成本实训后，可进一步思考和练习以下内容。

（1）组建一个局域网的典型部署模式是“核心交换机+汇聚交换机+接入交换机”，请结合 Cisco 的产品，编写一份高校网络的建设方案，并注意考虑交换机的技术参数。

（2）为增强交换机的扩展性，现在很多的交换机具备模块扩展功能。观察模块交换机支持哪些模块？能扩展什么接口？

（3）到网络中心机房参观，熟悉交换机之间的连接和线缆的标识。注意观察交换机之间是用什么线缆进行级联的，采用的什么接口，并了解交换机的配置情况等。

（4）学习用 Cisco 公司的模拟软件 Packet Tracer 搭建模拟环境，并完成本实训。

实训12

利用三层交换机实现 VLAN 间路由

一、实训目的

学习在三层交换机上配置 SVI 端口，实现 VLAN 之间的路由。

二、实训设备

实训设备：三层交换机 Cisco Catalyst 3560-24 两台，计算机 3 台，直通线 4 条。

实训网络环境如图 12-1 所示。在交换机 sw1 上划分 VLAN 100 和 VLAN 200 两个 VLAN，把 F0/2、F0/3 分别添加到 VLAN 100 和 VLAN 200 中。在交换机 sw2 上划分 VLAN 200 这个 VLAN，并把接口 F0/2 加入到该 VLAN 中。对 2 台交换机进行相关配置，实现 VLAN 100、VLAN 200 之间的互相通信。

本实训中，交换机 sw2 仅仅启用二层功能，因而也可以采用二层交换机。

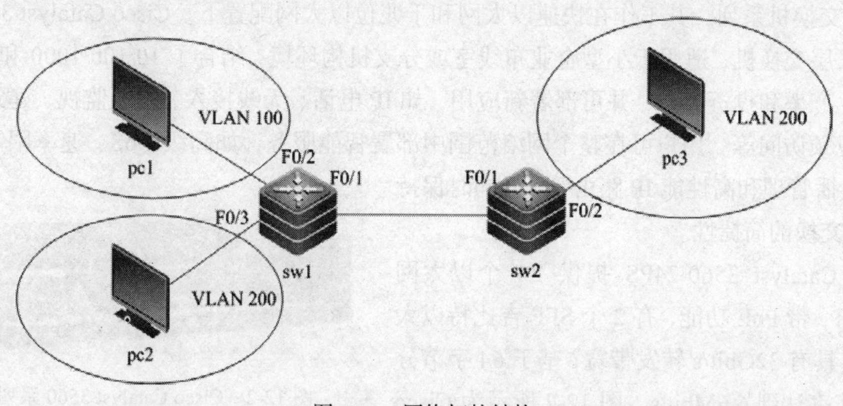

图 12-1　网络拓扑结构

三、预备知识

1. 技术原理

在交换网络中，可以通过 VLAN 对一个物理网络进行逻辑划分。不同的 VLAN 之间无法直接访问，必须通过第三层的路由设备进行连接。一般利用路由器或三层交换机实现不同 VLAN 之间的相互访问。三层交换机和路由器具备网络层的功能，能够根据数据的 IP 包头信息，进行路由选择和转发，从而实现不同网段之间的访问。

直连路由：为第三层设备的接口配置 IP 地址，激活该接口，第三层设备自动产生该接口 IP 所在网段的直连路由信息。

三层交换机实现 VLAN 之间互相访问的原理：利用三层交换机的路由功能，通过识别数据包的 IP 地址，查找路由表进行转发。三层交换机利用直连路由可以实现不同的 VLAN 之间的访问。三层交换机为接口配置 IP 地址，采用 SVI（Switch Virtual Interface，交换虚拟接口）方式实现 VLAN 间互连。SVI 是指为交换机中的 VLAN 创建虚拟接口，并且配置 IP 地址。

在三层交换机上，默认开启 IP 路由功能，因此，在特权模式下通过以下步骤可以配置 SVI 接口实现 VLAN 间的路由。

```
switch#config  terminal
！进入全局配置模式
switch(config)#interface vlan vlan-id
！进入 SVI 接口配置模式
switch(config-if)#ip address ip-address  mask
！给 VLAN 的 SVI 接口配置 IP 地址。这些 IP 地址将作为各个 VLAN 内主机的网关，并且，这些 SVI 接口所在的网段也会作为直连路由出现在三层交换机的路由表中
switch(config-if)#end
!回到特权命令模式
switch#show ip route
!检查配置的 SVI 接口所在的网段是否已经出现在路由表中
```

❖ 注意：只有当 VLAN 内有激活的接口时，即有主机接入该 VLAN 时，该 VLAN 的 SVI 接口所在的网段才会出现在路由表中。

2. Cisco Catalyst 3560 系列交换机

Cisco Catalyst 3560 系列交换机是一个固定配置、企业级、符合 IEEE 802.3af 标准的以太网供电（PoE）交换机系列，其工作在快速以太网和千兆位以太网配置下。Cisco Catalyst 3560 是一款理想的接入层交换机，适用于小型企业布线室或分支机构环境，结合了 10/100/1000 和 PoE 配置，实现最高生产率和投资保护，并可部署新应用，如 IP 电话、无线接入、视频监视、建筑物管理系统和远程视频访问等。用户可在整个网络范围中部署智能服务，如高级 QoS、速率限制、访问控制列表、组播管理和高性能 IP 路由等，且同时保持传统 LAN 交换的简捷性。

Cisco Catalyst 3560-24PS 提供 24 个以太网 10/100 端口，带 PoE 功能，有 2 个 SFP 吉比特以太网端口。它具有 32Gbit/s 转发带宽，基于 64 字节分组的转发速率达到 6.6Mbit/s。图 12-2 所示为 Cisco Catalyst 3560 系列交换机。

图 12-2　Cisco Catalyst 3560 系列交换机

四、实训内容与步骤

1. 交换机 sw1 上的配置

```
！建立 VLAN，并添加相应接口
sw1(config)#vlan 100
sw1(config-vlan)#exit
sw1(config)#interface  f0/2
sw1(config-if)# switchport  mode  access
sw1(config-if)# switchport  access  vlan  100
sw1(config-if)#end
%SYS-5-CONFIG_I: Configured from console by console

sw1(config)#vlan 200
sw1(config-vlan)#exit
sw1(config)#inte
sw1(config)#interface  f0/3
sw1(config-if)# switchport  mode  access
sw1(config-if)# switchport  access  vlan  200
sw1(config-if)#end
%SYS-5-CONFIG_I: Configured from console by console

！给 VLAN 的 SVI 接口配置 IP 地址
sw1(config)#interface  vlan  100
%LINK-5-CHANGED: Interface Vlan100, changed state to up
%LINEPROTO-5-UPDOWN: Line protocol on Interface Vlan100, changed state to up
sw1(config-if)#ip address 192.168.100.1  255.255.255.0
sw1(config-if)#no shutdown
sw1(config-if)#end
%SYS-5-CONFIG_I: Configured from console by console

sw1(config)#interface  vlan  200
%LINK-5-CHANGED: Interface Vlan200, changed state to up
%LINEPROTO-5-UPDOWN: Line protocol on Interface Vlan200, changed state to up
sw1(config-if)#ip address 192.168.200.1  255.255.255.0
sw1(config-if)#no shutdown
sw1(config-if)#end
%SYS-5-CONFIG_I: Configured from console by console

！修改接口模式为 trunk 模式
sw1(config)#interface  f 0/1
sw1(config-if)# switchport  mode  trunk

！当 f0/1 被配置为 trunk 模式后，可以查看该接口的状态。在把交换机的 f0/1 接口配置成 trunk 模式的过程中，不用封装协议，默认封装 dot1q 协议
sw1#show  interfaces   f0/1  switchport
Name: Fa0/1
Switchport: Enabled
Administrative Mode: trunk
Operational Mode: trunk
Administrative Trunking Encapsulation: dot1q
Access Mode VLAN: 1 (default)
Trunking Native Mode VLAN: 1 (default)
Trunking VLANs Enabled: ALL
```

```
Trunking VLANs Active: none
Priority for untagged frames: 0
Override vlan tag priority: FALSE
Voice VLAN: none
Appliance trust: none
sw1#

！通过 show vlan 命令查看 trunk 端口的归属特点
sw1#show  vlan
VLAN Name                             Status    Ports
---------------------------------------- --------- -------------------------------
1    default                          active    Fa0/4, Fa0/5, Fa0/7, Fa0/8
                                                Fa0/9, Fa0/10, Fa0/11, Fa0/12
                                                Fa0/13, Fa0/14, Fa0/15, Fa0/16
                                                Fa0/17, Fa0/18, Fa0/19, Fa0/20
                                                Fa0/21, Fa0/22, Fa0/23, Fa0/24
                                                Gig0/1, Gig0/2
100  VLAN0100                         active    Fa0/2
200  VLAN0200                         active    Fa0/3
1002 fddi-default                     active
1003 token-ring-default               active
1004 fddinet-default                  active
1005 trnet-default                    active

VLAN Type  SAID       MTU   Parent RingNo BridgeNo Stp  BrdgMode Trans1 Trans2
---- ----- ---------- ----- ------ ------ -------- ---- -------- ------ ------
1    enet  100001     1500  -      -      -        -    -        0      0
100  enet  100100     1500  -      -      -        -    -        0      0
200  enet  100200     1500  -      -      -        -    -        0      0
1002 enet  101002     1500  -      -      -        -    -        0      0
1003 enet  101003     1500  -      -      -        -    -        0      0
1004 enet  101004     1500  -      -      -        -    -        0      0
1005 enet  101005     1500  -      -      -        -    -        0      0
```

通过 show vlan 显示的结果，可以看到配置成 trunk 接口模式的 fa0/1 不属于任何一个子网。这与锐捷交换机不同，在锐捷交换机中，被配置成 trunk 模式的接口可加入到任何一个 VLAN 中。

```
sw1#show  ip  route
！查看交换机 sw1 的路由表
Codes: C - connected, S - static, I - IGRP, R - RIP, M - mobile, B - BGP
       D - EIGRP, EX - EIGRP external, O - OSPF, IA - OSPF inter area
       N1 - OSPF NSSA external type 1, N2 - OSPF NSSA external type 2
       E1 - OSPF external type 1, E2 - OSPF external type 2, E - EGP
       i - IS-IS, L1 - IS-IS level-1, L2 - IS-IS level-2, ia - IS-IS inter area
       * - candidate default, U - per-user static route, o - ODR
       P - periodic downloaded static route

Gateway of last resort is not set

C    192.168.0.0/24 is directly connected, Vlan1
C    192.168.100.0/24 is directly connected, Vlan100
C    192.168.200.0/24 is directly connected, Vlan200

sw1#show run
!查看交换机 sw1 的配置
Building configuration...

Current configuration : 1352 bytes
```

```
!
version 12.2
no service password-encryption
!
hostname sw1
!
!
!
!
!
ip ssh version 1
!
port-channel load-balance src-mac
!
interface FastEthernet0/1
 switchport mode trunk
!
interface FastEthernet0/2
 switchport access vlan 100
 switchport mode access
!
interface FastEthernet0/3
 switchport access vlan 200
 switchport mode access
!
interface FastEthernet0/4
!
interface FastEthernet0/5
!
interface FastEthernet0/7
!
interface FastEthernet0/8
!
interface FastEthernet0/9
!
interface FastEthernet0/10
!
interface FastEthernet0/11
!
interface FastEthernet0/12
!
interface FastEthernet0/13
!
interface FastEthernet0/14
!
interface FastEthernet0/15
!
interface FastEthernet0/16
!
interface FastEthernet0/17
!
interface FastEthernet0/18
!
interface FastEthernet0/19
!
interface FastEthernet0/20
!
```

```
interface FastEthernet0/21
!
interface FastEthernet0/22
!
interface FastEthernet0/23
!
interface FastEthernet0/24
!
interface GigabitEthernet0/1
!
interface GigabitEthernet0/2
!
interface Vlan1
 ip address 192.168.0.1 255.255.255.0
!
interface Vlan100
 ip address 192.168.100.1 255.255.255.0
!
interface Vlan200
 ip address 192.168.200.1 255.255.255.0
!
ip classless
!
!
!
!
!
line con 0
line vty 0 4
 login
!
!
end
```

2. 交换机 sw2 上的配置

在交换机 sw2 上做以下配置，建立 VLAN 200，并把 f0/2 加入到 VLAN 200 中。

```
sw2(config)#vlan 200
sw2(config-vlan)#exit
sw2(config)#inte
sw2(config)#interface  f0/2
sw2(config-if)# switchport  mode  access
sw2(config-if)# switchport  access   vlan  200
sw2(config-if)#end
%SYS-5-CONFIG_I: Configured from console by console

sw2#show run
!查看交换机 sw2 的配置
Building configuration...

Current configuration : 1069 bytes
!
version 12.2
no service password-encryption
!
hostname sw2
!
!
```

```
ip ssh version 1
!
port-channel load-balance src-mac
!
interface FastEthernet0/1
 switchport mode trunk
!
interface FastEthernet0/2
 switchport access vlan 200
 switchport mode access
!
interface FastEthernet0/3
!
interface FastEthernet0/4
!
interface FastEthernet0/5
!
interface FastEthernet0/6
!
interface FastEthernet0/7
!
interface FastEthernet0/8
!
interface FastEthernet0/9
!
interface FastEthernet0/10
!
interface FastEthernet0/11
!
interface FastEthernet0/12
!
interface FastEthernet0/13
!
interface FastEthernet0/14
!
interface FastEthernet0/15
!
interface FastEthernet0/16
!
interface FastEthernet0/17
!
interface FastEthernet0/18
!
interface FastEthernet0/19
!
interface FastEthernet0/20
!
interface FastEthernet0/21
!
interface FastEthernet0/22
!
interface FastEthernet0/23
!
interface FastEthernet0/24
!
interface GigabitEthernet0/1
!
```

```
interface GigabitEthernet0/2
!
interface Vlan1
 ip address 192.168.0.2 255.255.255.0
!
ip classless
!
!
!
!
!
line con 0
line vty 0 4
 login
!
!
end
```

3. 结果验证

(1) 对 3 台计算机做如下设置，对实验进行验证。

① 计算机 pc1 的设置如下。

IP ：192.168.100.6

子网掩码：255.255.255.0

网关：192.168.100.1

② 计算机 pc2 的设置如下。

IP：192.168.200.6

子网掩码：255.255.255.0

网关：192.168.200.1

③ 计算机 pc3 的设置如下。

IP ：192.168.200.7

子网掩码：255.255.255.0

网关：192.168.200.1

(2) 在计算机 pc2 上 ping 计算机 pc3，结果正常，如图 12-3 所示。

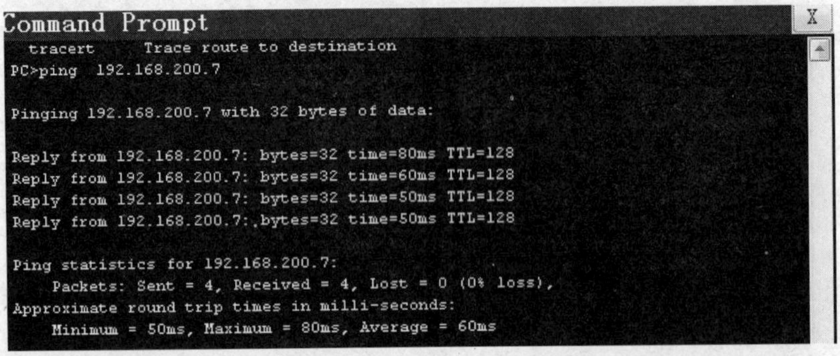

```
Command Prompt
  tracert      Trace route to destination
PC>ping  192.168.200.7

Pinging 192.168.200.7 with 32 bytes of data:

Reply from 192.168.200.7: bytes=32 time=80ms TTL=128
Reply from 192.168.200.7: bytes=32 time=60ms TTL=128
Reply from 192.168.200.7: bytes=32 time=50ms TTL=128
Reply from 192.168.200.7: bytes=32 time=50ms TTL=128

Ping statistics for 192.168.200.7:
    Packets: Sent = 4, Received = 4, Lost = 0 (0% loss),
Approximate round trip times in milli-seconds:
    Minimum = 50ms, Maximum = 80ms, Average = 60ms
```

图 12-3 在 pc2 上 ping pc3

(3) 在计算机 pc1 上 ping 计算机 pc2，结果正常，如图 12-4 所示。

(4) 在计算机 pc1 上 ping 计算机 pc3，结果正常，如图 12-5 所示。

```
PC>ping  192.168.200.6

Pinging 192.168.200.6 with 32 bytes of data:

Reply from 192.168.200.6: bytes=32 time=71ms TTL=127
Reply from 192.168.200.6: bytes=32 time=40ms TTL=127
Reply from 192.168.200.6: bytes=32 time=40ms TTL=127
Reply from 192.168.200.6: bytes=32 time=40ms TTL=127

Ping statistics for 192.168.200.6:
    Packets: Sent = 4, Received = 4, Lost = 0 (0% loss),
Approximate round trip times in milli-seconds:
    Minimum = 40ms, Maximum = 71ms, Average = 47ms
```

图 12-4　在 pc1 上 ping pc2

```
Command Prompt
PC>ping  192.168.200.7

Pinging 192.168.200.7 with 32 bytes of data:

Reply from 192.168.200.7: bytes=32 time=80ms TTL=127
Reply from 192.168.200.7: bytes=32 time=60ms TTL=127
Reply from 192.168.200.7: bytes=32 time=61ms TTL=127
Reply from 192.168.200.7: bytes=32 time=60ms TTL=127

Ping statistics for 192.168.200.7:
    Packets: Sent = 4, Received = 4, Lost = 0 (0% loss),
Approximate round trip times in milli-seconds:
    Minimum = 60ms, Maximum = 80ms, Average = 65ms
```

图 12-5　在 pc1 上 ping pc3

五、实训总结与提高

通过在交换机上配置 trunk 接口，位于 2 台交换机上的同一个 VLAN 内的计算机可以直接进行通信。对于 2 个 VLAN 内计算机之间的通信，则需要借助在三层交换机上创建各个 VLAN 的虚拟接口，并设置对应的 IP 地址来实现。

在本实训的过程中，需要注意以下几点。

① 两台交换机之间相连的端口应该设置为 tag　vlan 模式。

② 为 SVI 端口设置 IP 地址后，需要使用 no shutdown 命令进行激活，否则无法正常使用。

③ 如果 VLAN 内没有激活的端口，相应 VLAN 的 SVI 端口将无法被激活。

④ 需要设置 PC 的网关为相应的 VLAN 的 SVI 接口地址。

在实训中，借助三层交换机实现了不同 VLAN 之间的通信。除此之外，读者还可考虑如何通过单臂路由的方式实现不同 VLAN 之间的通信。

实训 13

路由器的基本配置

一、实训目的

1. 认识路由器的基本结构和常用接口。
2. 掌握路由器的基本命令。
3. 掌握路由器下 console，telnet，eable 等各种密码的设置。
4. 理解路由器的工作原理。

二、实训设备

实训设备：路由器一台，计算机 3 台，控制线一条，交叉线 2 条。

实训网络环境如图 13-1 所示。计算机 pc1 通过串口与路由器相连，计算机 pc2、pc3 与路由器的两个网口相连。通过 pc1 对路由器做初始配置，并给接口 F0/0、F0/1 设置 IP 地址，最终使 pc2、pc3 之间能够互相通信。

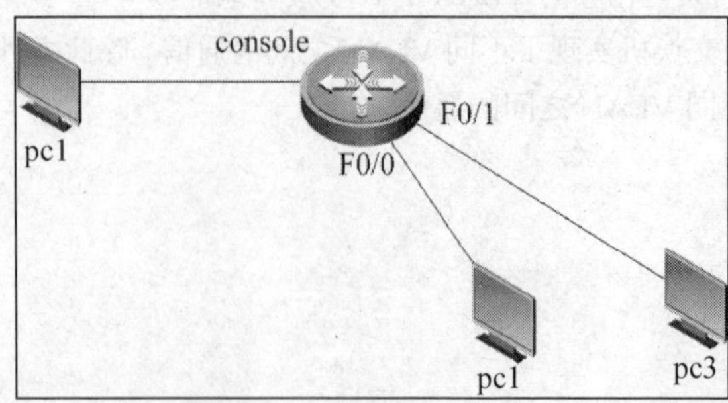

图 13-1　网络拓扑图

路由器的 IP 地址分配如下。

接口 F0/0：192.168.1.1

接口 F0/1：192.168.2.1

三、预备知识

路由器可以将各种局域网和广域网连接在一起，构成大型的交换网络。从宏观的角度出发，可以认为通信子网是由路由器组成的网络。路由器工作在网络层，可以通过复杂的路由选择算法实现不同类型（如以太网、令牌环网、ATM、FDDI）的局域网互连。路由器也可用来实现局域网与广域网、广域网与广域网互连。路由器具有很强的异种网互连能力，互连的两个网络的最低两层协议可以互不相同，通过驱动软件接口使其在第三层得到统一。从应用上看，路由器有内部路由器与边界路由器之分。内部路由器的主要作用是将不同的网段连接起来，或将不同网络操作系统上运行的不同协议进行转换，以实现异构互通。边界路由器以同步方式或异步方式通过专线、公共网接入 Internet，或实现局域网到局域网的连接。

1. 路由器的功能

（1）地址映射。路由器在网络层实现互连。它根据 IP 数据包的目标地址转发数据包，在转发过程中实现网络地址与子网物理地址间的映射。

（2）数据转换。路由器可以互连不同类型的网络等。不同类型网络所传送数据帧（Frame）的格式和大小不相同，数据从一种类型的网络传输到另一种类型的网络，必须进行帧格式转换。例如，路由器把一个以太网和一个令牌环网连接在一起，这两个网络交换信息时，需要进行数据帧格式的转换。以太网上的主机发送信息时，用以太网的帧格式对 IP 数据包进行封装，发送到路由器；路由器在转发帧之前，根据端口所在的网络类型将数据封装成令牌环网的帧格式进行发送。路由器需要解决数据帧的分段和重组问题。

（3）路由选择。在路由器互连的各个网络间传输信息时，需要进行路由选择。每个路由器组织一个独立的路由表。数据包根据路由表选择最佳路径进行转发。对 IP 数据包的每一个目的网络，路由表给出应该送往的下一个路由器地址，以及到达目的主机的步数。

（4）具有更强的隔离功能。可以根据路由器地址和协议类型，或根据网络号、主机网络地址、地址掩码、数据类型来监控、拦截和过滤信息，以提高网络的安全性能。

（5）流量控制。路由器具有很强的流量控制能力，可以采用优化的路径算法均衡网络负载，从而有效地控制拥塞，避免拥塞造成网络性能的下降。

（6）有利于提高网络的安全保密性。路由器连接的网络是彼此独立的子网，独立的子网便于进行网络管理，也提高了网络的安全和保密性。在路由器上还可以实现防火墙技术等。

2. 路由的实现

在 Internet 中，常将发送数据的主机称为源主机，将接受数据的主机称为目的主机，并将它们的 IP 地址分别称为源地址和目的地址。源主机发送数据前，将要传输的数据划分成若干个 IP 数据包，把自己的地址（源地址）和要到达的目的地（目的地址）、希望发送的数据一起封装在“IP 数据包”中，并指明发送数据时使用的第一个路由器。路由器为转发的数据包选择最佳路径，将数据包交换到正确的端口。路由是为数据包选择的一条合适的路径。路径选择即通常所说的网络寻址。为了完成寻址，必须事先在路由器中放置一张路由表。IP 路由表是一张相互连接的网络 IP 地址的列表。当携带目的地址的 IP 数据包到达路由器时，路由器依靠路由表确定数据包的流向。

要使数据正确传送到目的地，有时要通过多个路由器的路由才能完成。一个 IP 分组到达路由器后，依据其目的地址查询路由表，若目的地在本地网络内，则直接发送至相应的主机；若目的地在远程网络，则转发给下一个路由器，可能要经过多次转发才能到达目的地。

路由表中，每条路由主要由网络号、子网掩码、目的端口地址等内容组成。

四、实训内容与步骤

1. 路由器的初始配置

一台新的路由器必须先通过控制口进行初始配置。用控制线把计算机 pc1 和路由器的 console 口相连接后，打开计算机的超级终端，采用默认参数就可以进入路由器的界面，如图 13-2 所示。

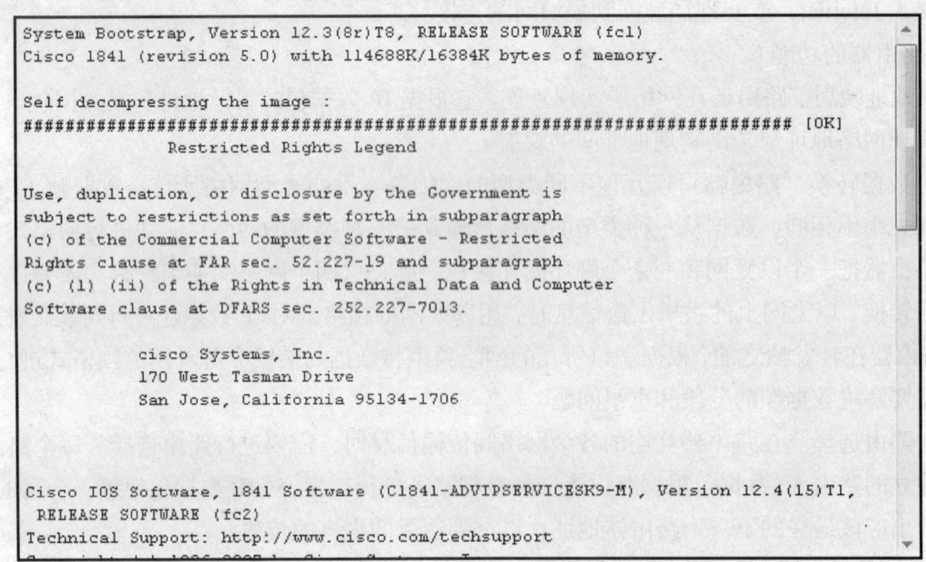

图 13-2 路由器的启动过程

在超级终端模式下，可以采用路由器提供的命令对路由器进行基本配置，并查看路由器的相关参数。

2. 采用 telnet 远程登录路由器进行配置

打开计算机 pc1 的命令行窗口，以 telnet 方式登录路由器。由图 13-3 可见，由于路由器上没有设置 telnet 密码和 enable 密码，现在无法成功登录。要以 telnet 方式登录，需要通过控制口在路由器上配置相应的密码。

```
Command Prompt
PC>telnet 192.168.1.1
Trying 192.168.1.1 ...

[Connection to 192.168.1.1 closed by foreign host]
PC>
PC>
```

图 13-3 没有设置 telnet 密码则无法 telnet 到路由器

在路由器上设置虚拟终端访问密码的操作如下。

```
Router#en
Router#config
Configuring from terminal, memory, or network [terminal]?
Enter configuration commands, one per line.  End with CNTL/Z.
Router(config)#line vty  0   4
！设置 5 个虚拟终端可以同时登录
Router(config-line)#password  vty
Router(config-line)#login
Router(config-line)#end
%SYS-5-CONFIG_I: Configured from console by console
```

设置虚拟终端的密码后，通过 pc1 访问路由器，可以看到从 pc1 能够 telnet 到路由器，并进入到用户模式。此外，也可以使用用户模式下的相关命令（如图 13-4 所示），但无法进入特权模式，因为路由器上没有配置 enable 密码。

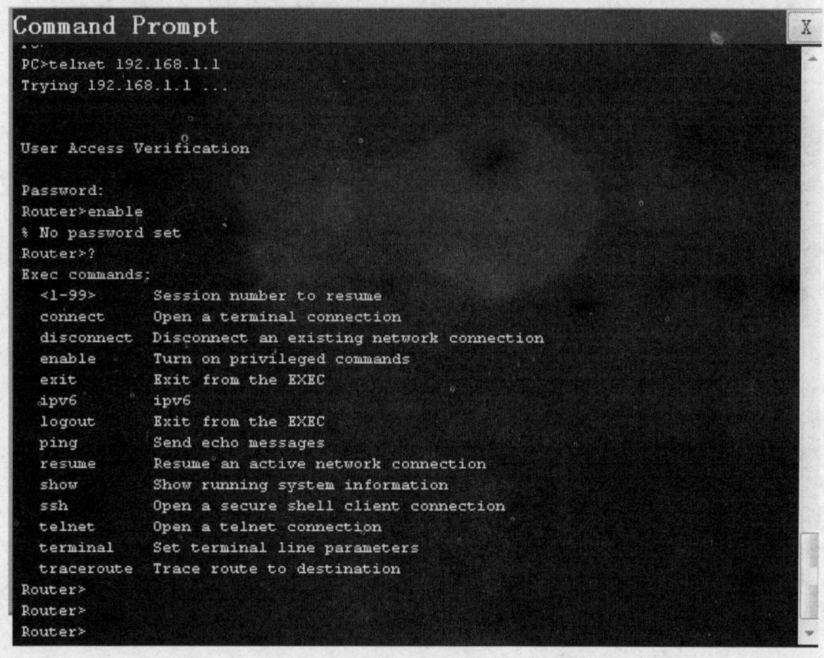

图 13-4　设置 telnet 密码后可以 telnet 到路由器

以上虚拟终端设置密码的过程中执行了 login 命令，如果不执行该命令，当用户 telnet 到路由器上时，不需要输入密码。基于安全的考虑，这里必须通过运行 login 命令启用用户登录时的验证。

当用户通过 telnet 登录到路由器上时，需要经过两次认证。

第一次认证：通过 telnet 方式登录到路由器上的认证，这个密码即通过 line vty 命令建立的虚拟终端的密码。

第二次认证：由用户模式切换到特权模式的认证，这个密码是由 enable password 命令建立的密码，经过 enable 级别的认证用户才能使用特权模式下的命令。

在路由器上设置 enable 密码的操作如下。

```
Router(config)#enable   ?
  password  Assign the privileged level password
  secret    Assign the privileged level secret
Router(config)#enable   password ?
```

```
   7    Specifies a HIDDEN password will follow
   LINE  The UNENCRYPTED (cleartext) 'enable' password
Router(config)#enable  password  gzhmt1
Router(config)#end
%SYS-5-CONFIG_I: Configured from console by console
```

此时，可通过计算机 telnet 到路由器并进入特权模式进行配置，如图 13-5 所示。

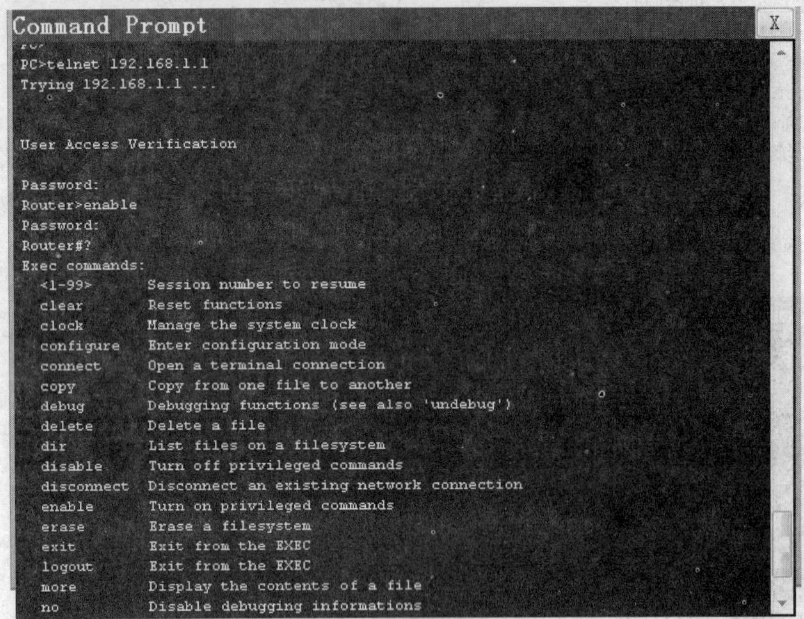

图 13-5　进入路由器的特权用户模式

测试设置情况的操作如下。

① 执行 no login 命令，把刚才建立虚拟终端时输入的 login 命令取消，验证 telnet 登录到路由器时是否不需要输入 telnet 级别的密码而直接登录到路由器上。

在超级终端方式下执行以下命令。

```
Router(config)#line  vty  0  4
Router(config-line)#no  login
Router(config-line)#end
%SYS-5-CONFIG_I: Configured from console by console
```

在计算机 pc1 上采用 telnet 方式登录到路由器，可以看到不需要输入密码即可登录到路由器的用户模式。此时，只需要输入 enable 的密码，即可登录到路由器的特权模式。由于仅通过一个级别的认证，缺乏一定的安全性，因此，在配置路由器启用虚拟终端方式访问的情况下，务必执行 login 命令，如图 13-6 所示。

```
Command Prompt
PC>telnet 192.168.1.1
Trying 192.168.1.1 ...


Router>enable
Password:
Router#
Router#
```

图 13-6　在不执行 login 命令时可以直接 telnet 到路由器上

② 建立 enable 级别的密码时，通过“enable password 密码字符 1”建立的密码是明文密码，没有加密；通过“enable secret 密码字符 2”建立的密码是密文密码，经过了加密，执行 show run 命令时不可以看到；而前者则可以看到，不具备安全性。建立 enable secret 密码后，由于其优先级高于 enable password，由 enable password 建立的密码将失效。此时，需要输入用 enable secret 建立的密码，才能登录到路由器的特权模式。

在路由器上执行 show run 命令，可以看到由 enable 命令建立的密码。

```
enable secret 5 $1$mERr$0QMq89sjHZZpr9u.918p70
enable password gzhmt1
```

为避免明文密码的脆弱性和较低的安全性，在路由器上可以执行 service password-encryption 对明文密码进行加密。

service password-encryption 命令用于对存储在配置文件中的所有口令和类似数据（如 CHAP）进行加密，避免配置文件被不怀好意者看见而获得这些数据的明文。但是，service password-encrypation 的加密算法是一个简单的维吉尼亚加密，很容易被破译。这主要是针对 enable password 命令设置的口令，而 enable secret 命令采用的是 MD5 算法，这种算法很难被破译。

可见，执行 service password-encrypation 命令后，enable password 的明文密码已经被加密，但 enable secret 的密文密码没有再次被加密。

```
service password-encryption
!
hostname Router
!
!
enable secret 5 $1$mERr$0QMq89sjHZZpr9u.918p70
enable password 7 08265646040D54
```

3. 启用路由器接口

一台新的路由器，首先要通过计算机连接其控制口进行配置。对于一台新的路由器，所有接口的状态默认处于 down 状态，这点与交换机默认处于 up 状态有所不同。登录路由器后，用 show ip interface brief 命令可以看到路由器接口状态，如图 13-7 所示。

```
Terminal
Router#show ip interfac
Router#show ip interface brief
Interface              IP-Address      OK? Method Status                Protocol

FastEthernet0/0        unassigned      YES manual administratively down down

FastEthernet0/1        unassigned      YES manual administratively down down

Vlan1                  unassigned      YES manual administratively down down
```

图 13-7　查看路由器接口状态

一台计算机通过交叉线与路由器的网口（这里采用 fastEthernet 0/0 接口）连接后，fastEthernet 0/0 接口仍然处于 down 状态。在路由器上执行 no shutdown 命令启用该接口，如图 13-8 所示。执行 show ip interface brief 命令后，可以看到该接口的 status 和 protocol 都处于 up 状态，如图 13-9 所示。

把交叉线断开时，路由器将出现提示：“protocol 将进入断开状态”。如果计算机与路由器之间连接的网线采用直通线，同样会出现“protocol 层处于断开状态”的提示。因此，这里必须采用交叉线连接。可见，接口的状态与路由器接口上的 IP 地址无关。

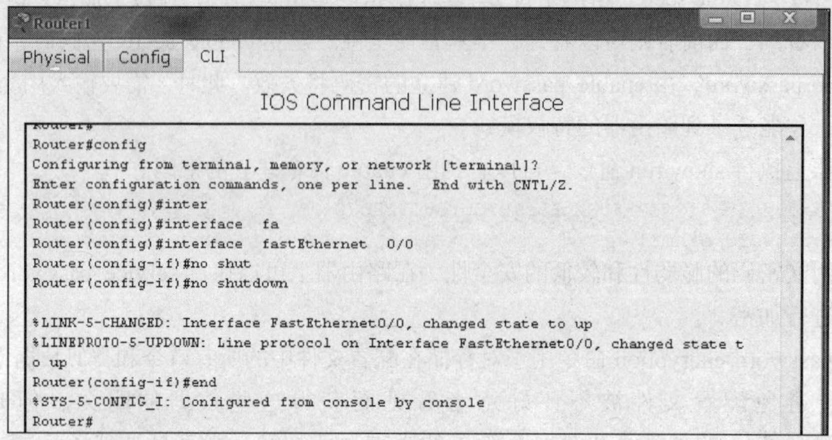
```
Router1
Physical  Config  CLI
IOS Command Line Interface
Router#
Router#config
Configuring from terminal, memory, or network [terminal]?
Enter configuration commands, one per line.  End with CNTL/Z.
Router(config)#inter
Router(config)#interface  fa
Router(config)#interface  fastEthernet  0/0
Router(config-if)#no shut
Router(config-if)#no shutdown

%LINK-5-CHANGED: Interface FastEthernet0/0, changed state to up
%LINEPROTO-5-UPDOWN: Line protocol on Interface FastEthernet0/0, changed state t
o up
Router(config-if)#end
%SYS-5-CONFIG_I: Configured from console by console
Router#
```

图 13-8　启用路由器接口

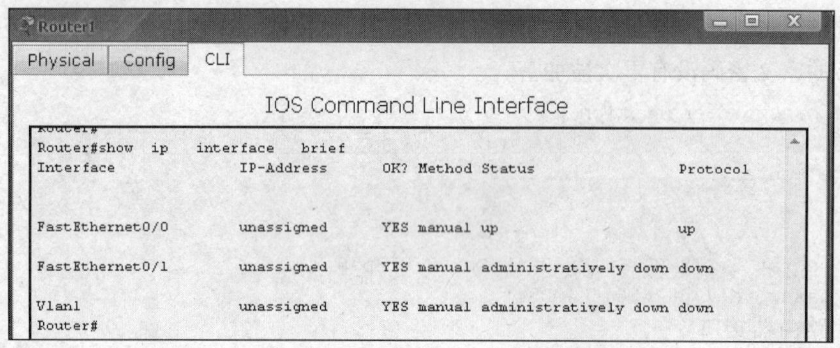
```
Router1
Physical  Config  CLI
IOS Command Line Interface
Router#
Router#show  ip   interface   brief
Interface              IP-Address      OK? Method Status                Protocol


FastEthernet0/0        unassigned      YES manual up                    up

FastEthernet0/1        unassigned      YES manual administratively down down

Vlan1                  unassigned      YES manual administratively down down
Router#
```

图 13-9　路由器的 FastEthernet 0/0 接口处于 up 状态

4. 配置接口的 IP 地址

配置接口的 IP 地址并启用接口，使接口能够对数据进行转发。需要注意，当路由器的一个接口的 IP 地址被配置为 192.168.1.1 后，第二个接口不能配置为类如 192.168.1.2 的同一个网段的 IP 地址。路由器的接口为三层接口，不同接口的 IP 地址应该属于不同的子网，例如配置为 192.168.2.1。当配置为同一个网段的 IP 地址时，路由器将提示 IP 地址有重叠。

```
Router#config
！配置路由器的 2 个接口的 IP 地址
Configuring from terminal, memory, or network [terminal]?
Enter configuration commands, one per line.  End with CNTL/Z.
Router(config)#inte
Router(config)#interface  fa
Router(config)#interface  fastEthernet  0/0
Router(config-if)#ip  add
Router(config-if)#ip  address  192.168.1.1  255.255.255.0
Router(config-if)#no shutdown
Router(config-if)#end
%SYS-5-CONFIG_I: Configured from console by console
Router#config
Configuring from terminal, memory, or network [terminal]?
Enter configuration commands, one per line.  End with CNTL/Z.
Router(config)#inte
```

```
Router(config)#interface  f
Router(config)#interface  fastEthernet  0/1
! 当 2 个接口的 IP 地址位于一个子网时，路由器提示 IP 地址有重叠
Router(config-if)#ip ad
Router(config-if)#ip address  192.168.1.2 255.255.255.0
% 192.168.1.0 overlaps with FastEthernet0/0
Router(config-if)#ip
Router(config-if)#ip  add
Router(config-if)#ip  address  192.168.2.1 255.255.255.0
Router(config-if)#no shutdown

%LINK-5-CHANGED: Interface FastEthernet0/1, changed state to up
Router(config-if)#end
Router#show  ip  interface   brief
! 配置接口 IP 地址，并启用接口后，查看接口状态
Interface           IP-Address      OK? Method Status                Protocol

FastEthernet0/0         192.168.1.1     YES manual up                    up

FastEthernet0/1         192.168.2.1     YES manual up                    up

Vlan1                  unassigned      YES manual administratively down down
```

5. 结果测试

（1）设置计算机 pc2、pc3 的 IP 地址如下。

① 计算机 pc2 的 IP 设置如下。

IP 地址：192.168.1.2

子网掩码：255.255.255.0

网关：192.168.1.1

② 计算机 pc3 的 IP 设置如下。

IP 地址：192.168.2.2

子网掩码：255.255.255.0

网关：192.168.2.1

（2）在两台计算机上 ping 路由器，此时两台计算机都可以连通路由器，如图 13-10 和图 13-11 所示。

```
Command Prompt
PC>ping  192.168.1.1

Pinging 192.168.1.1 with 32 bytes of data:

Reply from 192.168.1.1: bytes=32 time=40ms TTL=255
Reply from 192.168.1.1: bytes=32 time=20ms TTL=255
Reply from 192.168.1.1: bytes=32 time=20ms TTL=255
Reply from 192.168.1.1: bytes=32 time=20ms TTL=255

Ping statistics for 192.168.1.1:
    Packets: Sent = 4, Received = 4, Lost = 0 (0% loss),
Approximate round trip times in milli-seconds:
    Minimum = 20ms, Maximum = 40ms, Average = 25ms
```

图 13-10　从计算机 pc2、pc3 上 ping 路由器接口 F0/0

查看路由表（如图 13-12 所示）可以知道，位于第三层的路由器知道接口 FastEthernet 0/0、FastEthernet 0/1 分别连接子网 192.168.1.0 和子网 192.168.2.0，因而计算机 pc1 和 pc2 能够直接用 ping 命令连通，如图 13-13 所示。

```
Command Prompt
PC>ping 192.168.2.1

Pinging 192.168.2.1 with 32 bytes of data:

Reply from 192.168.2.1: bytes=32 time=180ms TTL=255
Reply from 192.168.2.1: bytes=32 time=20ms TTL=255
Reply from 192.168.2.1: bytes=32 time=20ms TTL=255
Reply from 192.168.2.1: bytes=32 time=20ms TTL=255

Ping statistics for 192.168.2.1:
    Packets: Sent = 4, Received = 4, Lost = 0 (0% loss),
Approximate round trip times in milli-seconds:
    Minimum = 20ms, Maximum = 180ms, Average = 60ms

PC>
```

图 13-11　从计算机 pc2、pc3 上 ping 路由器接口 F0/1

```
IOS Command Line Interface
Router#show ip route
Codes: C - connected, S - static, I - IGRP, R - RIP, M - mobile, B - BGP
       D - EIGRP, EX - EIGRP external, O - OSPF, IA - OSPF inter area
       N1 - OSPF NSSA external type 1, N2 - OSPF NSSA external type 2
       E1 - OSPF external type 1, E2 - OSPF external type 2, E - EGP
       i - IS-IS, L1 - IS-IS level-1, L2 - IS-IS level-2, ia - IS-IS inter area
       * - candidate default, U - per-user static route, o - ODR
       P - periodic downloaded static route

Gateway of last resort is not set

C    192.168.1.0/24 is directly connected, FastEthernet0/0
C    192.168.2.0/24 is directly connected, FastEthernet0/1
Router#
Router#
```

图 13-12　查看路由器的路由表

```
Command Prompt
PC>ping 192.168.1.2

Pinging 192.168.1.2 with 32 bytes of data:

Reply from 192.168.1.2: bytes=32 time=10ms TTL=128
Reply from 192.168.1.2: bytes=32 time=10ms TTL=128
Reply from 192.168.1.2: bytes=32 time=10ms TTL=128
Reply from 192.168.1.2: bytes=32 time=0ms TTL=128

Ping statistics for 192.168.1.2:
    Packets: Sent = 4, Received = 4, Lost = 0 (0% loss),
Approximate round trip times in milli-seconds:
    Minimum = 0ms, Maximum = 10ms, Average = 7ms
```

图 13-13　pc1 和 pc2 能够直接 ping 通

6. 路由器的配置

路由器的最终配置内容如下。

```
Router#show run
Building configuration...

Current configuration : 503 bytes
!
version 12.4
service password-encryption
!
hostname Router
!
```

```
!
enable secret 5 $1$mERr$0QMq89sjHZZpr9u.918p70
enable password 7 08265646040D54
!
!
!
!
ip ssh version 1
no ip domain-lookup
!
!
interface FastEthernet0/0
 ip address 192.168.1.1 255.255.255.0
 duplex auto
 speed auto
!
interface FastEthernet0/1
 ip address 192.168.2.1 255.255.255.0
 duplex auto
 speed auto
!
interface Vlan1
 no ip address
 shutdown
!
ip classless
!
!
!
!
!
line con 0
line vty 0 4
 password 7 08375857
 login
!
!
End
```

五、实训总结与提高

管理一个路由器，首先需要通过控制口进行初始配置，然后才可以通过 telnet 等其他方式进行远程管理。

路由器的基本配置包括接口 IP 的配置、启用接口、查看路由器的路由表等。

读者在完成本实训的基础上，可以参观学校的网络中心机房，观察路由器的接口情况，以及了解路由器的连接方法；借助路由器的技术说明书，了解不同路由器的性能参数；根据用户的实际环境，熟悉配置路由器的基本命令和基本思路。

实训14 静态路由的配置

一、实训目的

1. 理解静态路由的工作原理。
2. 掌握如何配置静态路由。

二、实训设备

实训设备：Cisco 2621 路由器 2 台，计算机 4 台，V.35 DCE/DTE 电缆一条，直通线 4 条。

网络环境如图 14-1 所示。其中，2 台 Cisco 2621 路由器分别提供有 2 个 RJ-45 接口和 2 个串口；4 台计算机连接 2 台路由器的 4 个 RJ-45 接口，组成 4 个局域网。

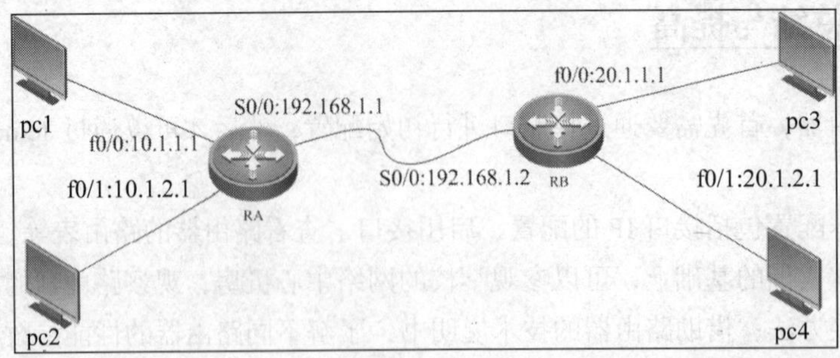

图 14-1　网络拓扑图

路由器 RA、RB 之间用串口线连接，基本配置如下。

路由器 RA 的 IP 地址：serial0/0：192.168.1.1/24，fastEthernet 0/0：10.1.1.1/24，fastEthernet 0/1：10.1.2.1/24。

路由器 RB 的 IP 地址：serial0/0：192.168.1.2/24，fastEthernet 0/0：20.1.1.1/24，fastEthernet 0/1：20.1.2.1/24。

4 台计算机的 IP 配置如下。

pc1 的配置：IP：10.1.1.2/24，网关：10.1.1.1。

pc2 的配置：IP：10.1.2.2/24，网关：10.1.2.1。

pc3 的配置：IP：20.1.1.2/24，网关：20.1.1.1。

pc4 的配置，IP：20.1.2.2/24，网关：20.1.2.1。

路由器 RA、RB 之间采用串口连接，封装 PPP 协议。RA 和 RB 下面分别连接 4 台计算机，代表 4 个局域网，4 个局域网分别用双绞线直接连接路由器。在路由器上配置静态路由，使 4 台计算机之间能够互相通信。

三、预备知识

路由器属于网络层设备，能够根据 IP 包头的信息选择一条最佳路径，将数据包转发出去，实现不同网段的主机之间的互相访问。

路由器是根据路由表进行选路和转发的，路由表由一条条的路由信息组成。路由表的产生方式一般有以下 3 种。

- 直连路由：给路由器接口配置一个 IP 地址，路由器自动产生本接口 IP 所在网段的路由信息。
- 静态路由：在拓扑结构简单的网络中，可以通过手工的方式配置本路由器未知网段的路由信息，从而实现不同网段之间的连接。
- 动态路由：在大规模的网络中，通过在路由器上运行动态的路由协议，路由器通过自动学习产生路由信息。

四、实训内容与步骤

1. 路由器之间串口的配置

用 V.35 DCE/DTE 电缆通过路由器的 serial 0/0 串口，将路由器 RA、RB 互连。通过 show controllers serial 0/0 命令查看路由器 serial0/0 接口的状态，可看到是否连接有线缆、时钟速率、属于 DCE 端还是 DTE 端等信息。

在路由器 RA 上执行 show controllers serial 0/0 命令后，可以看到以下输出结果。从语句“DCE V.35，no clock”可见，该接口属于 DCE 端口，还没有配置时钟频率。与该路由器连接的对方路由器对应的串口应该是 DTE 接口。两台路由器利用串口并使用 PPP 协议进行连接时，需要配置时钟频率，并对协议进行 PPP 封装。

```
RA#show controllers  serial  0/0
! 查看串口状态
Interface Serial0/0
Hardware is PowerQUICC MPC860
DCE V.35, no clock
idb at 0x81081AC4, driver data structure at 0x81084AC0
SCC Registers:
```

```
General [GSMR]=0x2:0x00000000, Protocol-specific [PSMR]=0x8
Events [SCCE]=0x0000, Mask [SCCM]=0x0000, Status [SCCS]=0x00
Transmit on Demand [TODR]=0x0, Data Sync [DSR]=0x7E7E
Interrupt Registers:
Config [CICR]=0x00367F80, Pending [CIPR]=0x0000C000
Mask   [CIMR]=0x00200000, In-srv  [CISR]=0x00000000
Command register [CR]=0x580
Port A [PADIR]=0x1030, [PAPAR]=0xFFFF
       [PAODR]=0x0010, [PADAT]=0xCBFF
Port B [PBDIR]=0x09C0F, [PBPAR]=0x0800E
       [PBODR]=0x00000, [PBDAT]=0x3FFFD
Port C [PCDIR]=0x00C, [PCPAR]=0x200
       [PCSO]=0xC20,  [PCDAT]=0xDF2, [PCINT]=0x00F
Receive Ring
        rmd(68012830): status 9000 length 60C address 3B6DAC4
        rmd(68012838): status B000 length 60C address 3B6D444
Transmit Ring
        tmd(680128B0): status 0 length 0 address 0
        tmd(680128B8): status 0 length 0 address 0
        tmd(680128C0): status 0 length 0 address 0
        tmd(680128C8): status 0 length 0 address 0
        tmd(680128D0): status 0 length 0 address 0
        tmd(680128D8): status 0 length 0 address 0
        tmd(680128E0): status 0 length 0 address 0
        tmd(680128E8): status 0 length 0 address 0
        tmd(680128F0): status 0 length 0 address 0
        tmd(680128F8): status 0 length 0 address 0
        tmd(68012900): status 0 length 0 address 0
        tmd(68012908): status 0 length 0 address 0
        tmd(68012910): status 0 length 0 address 0
        tmd(68012918): status 0 length 0 address 0
        tmd(68012920): status 0 length 0 address 0
        tmd(68012928): status 2000 length 0 address 0
tx_limited=1(2)

SCC GENERAL PARAMETER RAM (at 0x68013C00)
Rx BD Base [RBASE]=0x2830, Fn Code [RFCR]=0x18
Tx BD Base [TBASE]=0x28B0, Fn Code [TFCR]=0x18
Max Rx Buff Len [MRBLR]=1548
Rx State [RSTATE]=0x0, BD Ptr [RBPTR]=0x2830
Tx State [TSTATE]=0x4000, BD Ptr [TBPTR]=0x28B0

SCC HDLC PARAMETER RAM (at 0x68013C38)
CRC Preset [C_PRES]=0xFFFF, Mask [C_MASK]=0xF0B8
Errors: CRC [CRCEC]=0, Aborts [ABTSC]=0, Discards [DISFC]=0
Nonmatch Addr Cntr [NMARC]=0
Retry Count [RETRC]=0
Max Frame Length [MFLR]=1608
Rx Int Threshold [RFTHR]=0, Frame Cnt [RFCNT]=0
User-defined Address 0000/0000/0000/0000
User-defined Address Mask 0x0000

buffer size 1524
PowerQUICC SCC specific errors:
0 input aborts on receiving flag sequence
```

```
0 throttles, 0 enables
0 overruns
0 transmitter underruns
0 transmitter CTS losts
0 aborted short frames
```

本实训中，两台路由器采用 PPP 协议建立点对点的通信。2 台相互通信的路由器必须使用相同的封装协议。如果双方采用不同的封装协议，例如，一端使用 HDLC 协议封装，另一端使用 PPP 协议封装，则双方关于封装协议的协商将失败。此时，链路处于协议性关闭状态，通信无法进行。

路由器 RA 的 serial 0/0 接口属于 DCE 端，需要对该端口设置时钟频率并封装 PPP 协议，路由器默认采用 HDLC 封装。在路由器 RA 上进行以下配置。

```
RA(config)#interface  s0/0
RA(config-if)#ip address  192.168.1.1  255.255.255.0
RA(config-if)#no shutdown
RA(config-if)#encapsulation  ppp
RA(config-if)#clock  rate  64000
RA(config-if)#end
```

路由器 RB 属于 DTE 端，配置如下。

```
RB(config)#interface  s0/0
RB(config-if)#ip address  192.168.1.2  255.255.255.0
RB(config-if)#no shutdown
RB(config-if)#encapsulation  ppp
RB(config-if)#end
```

2 台路由器上封装的协议均为 PPP，此时两者可以正常通信，可以使用 show ip nterface brief 命令进行查看。如图 14-2 所示，serial 0/0 端口处于 up 状态。

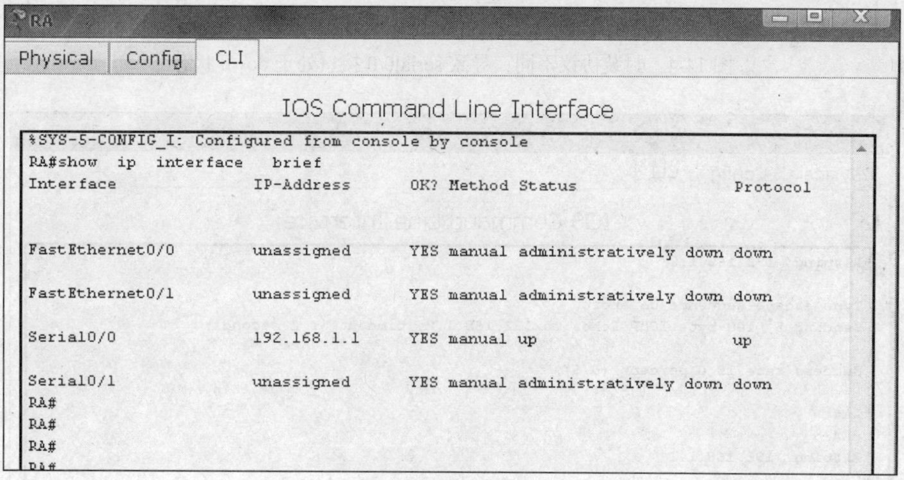

```
RA
Physical  Config  CLI
IOS Command Line Interface
%SYS-5-CONFIG_I: Configured from console by console
RA#show  ip  interface  brief
Interface              IP-Address      OK? Method Status                Protocol

FastEthernet0/0        unassigned      YES manual administratively down down

FastEthernet0/1        unassigned      YES manual administratively down down

Serial0/0              192.168.1.1     YES manual up                    up

Serial0/1              unassigned      YES manual administratively down down
RA#
RA#
RA#
RA#
```

图 14-2 查看接口状态

从路由器 RA 上 ping 路由器 RB，通信正常。

如果路由器 RA 上启用 PPP 封装，路由器 RB 上启用 HDLC 封装可能造成两者无法通信。

在路由器上用 show ip interface brief 命令查看，可以看到 serial0/0 接口已经处于 down 状态，如图 14-4 所示，两个路由器之间已经无法 ping 通。如图 14-5 所示，当两者封装的协议不相同时，从路由器 RA 上 ping 192.168.1.1 和 ping 192.168.1.2 均无法 ping 通。

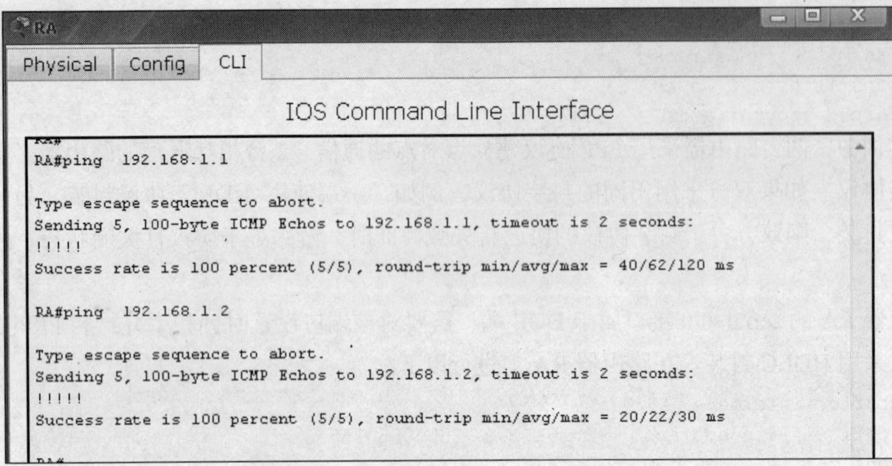

```
RA#ping  192.168.1.1

Type escape sequence to abort.
Sending 5, 100-byte ICMP Echos to 192.168.1.1, timeout is 2 seconds:
!!!!!
Success rate is 100 percent (5/5), round-trip min/avg/max = 40/62/120 ms

RA#ping  192.168.1.2

Type escape sequence to abort.
Sending 5, 100-byte ICMP Echos to 192.168.1.2, timeout is 2 seconds:
!!!!!
Success rate is 100 percent (5/5), round-trip min/avg/max = 20/22/30 ms
```

图 14-3　从路由器 RA 上 ping 路由器 RB

```
RA#show  ip  interface  brief
Interface              IP-Address      OK? Method Status                Protocol

FastEthernet0/0        unassigned      YES manual administratively down down

FastEthernet0/1        unassigned      YES manual administratively down down

Serial0/0              192.168.1.1     YES manual up                    down

Serial0/1              unassigned      YES manual administratively down down
```

图 14-4　封装协议不同，导致 serial0/0 接口处于 down 状态

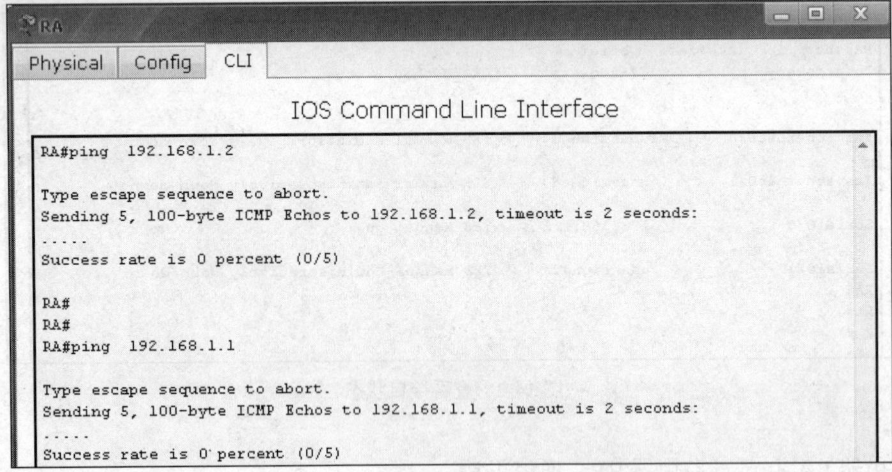

```
RA#ping  192.168.1.2

Type escape sequence to abort.
Sending 5, 100-byte ICMP Echos to 192.168.1.2, timeout is 2 seconds:
.....
Success rate is 0 percent (0/5)

RA#
RA#
RA#ping  192.168.1.1

Type escape sequence to abort.
Sending 5, 100-byte ICMP Echos to 192.168.1.1, timeout is 2 seconds:
.....
Success rate is 0 percent (0/5)
```

图 14-5　封装协议不同，导致无法通信

2. 配置 2 个路由器的以太网接口

分别配置路由器 RA、RB 的两个以太网接口 fastEthernet 0/0 和 fastEthernet 0/1 的 IP 地址。

路由器 RA 的配置如下。

```
RA(config)#interface  fastEthernet 0/0
RA(config-if)#ip add
RA(config-if)#ip address  10.1.1.1 255.255.255.0
RA(config-if)#no shutdown

RA(config)#interface  fastEthernet 0/1
RA(config-if)#ip add
RA(config-if)#ip address  10.1.2.1 255.255.255.0
RA(config-if)#no shutdown
```

路由器 RB 的配置如下。

```
RB(config)#interface  fastEthernet  0/0
RB(config-if)#ip add
RB(config-if)#ip address  20.1.1.1  255.255.255.0
RB(config-if)#no shutdown

RB(config)#interface fastEthernet  0/1
RB(config-if)#ip add
RB(config-if)#ip address  20.1.2.1  255.255.255.0
RB(config-if)#no shutdown
```

3. 在路由器 RA、RB 上配置静态路由

```
RA(config)#ip route 20.1.1.0  255.255.255.0   192.168.1.2
RA(config)#ip route 20.1.2.0  255.255.255.0   192.168.1.2

RB(config)#ip route 10.1.1.0  255.255.255.0   192.168.1.1
RB(config)#ip route 10.1.2.0  255.255.255.0   192.168.1.1
```

4. 查看配置结果

查看路由器的接口配置。

```
RA#show ip interface  brief
Interface           IP-Address     OK? Method Status                Protocol

FastEthernet0/0       10.1.1.1       YES manual up                    up

FastEthernet0/1       10.1.2.1       YES manual up                    up

Serial0/0            192.168.1.1    YES manual up                    up

Serial0/1            unassigned     YES manual administratively down down

RB#show ip interface  brief
Interface           IP-Address     OK? Method Status                Protocol

FastEthernet0/0       20.1.1.1       YES manual up                    up

FastEthernet0/1       20.1.2.1       YES manual up                    up

Serial0/0            192.168.1.2    YES manual up                    up

Serial0/1            unassigned     YES manual administratively down down
```

查看路由器 RA、RB 的路由表。

```
RA#show  ip route
Codes: C - connected, S - static, I - IGRP, R - RIP, M - mobile, B - BGP
       D - EIGRP, EX - EIGRP external, O - OSPF, IA - OSPF inter area
       N1 - OSPF NSSA external type 1, N2 - OSPF NSSA external type 2
       E1 - OSPF external type 1, E2 - OSPF external type 2, E - EGP
       i - IS-IS, L1 - IS-IS level-1, L2 - IS-IS level-2, ia - IS-IS inter area
       * - candidate default, U - per-user static route, o - ODR
```

```
        P - periodic downloaded static route

Gateway of last resort is not set

     10.0.0.0/24 is subnetted, 2 subnets
C       10.1.1.0 is directly connected, FastEthernet0/0
C       10.1.2.0 is directly connected, FastEthernet0/1
     20.0.0.0/24 is subnetted, 2 subnets
S       20.1.1.0 [1/0] via 192.168.1.2
S       20.1.2.0 [1/0] via 192.168.1.2
C    192.168.1.0/24 is directly connected, Serial0/0

RB#show ip route
Codes: C - connected, S - static, I - IGRP, R - RIP, M - mobile, B - BGP
       D - EIGRP, EX - EIGRP external, O - OSPF, IA - OSPF inter area
       N1 - OSPF NSSA external type 1, N2 - OSPF NSSA external type 2
       E1 - OSPF external type 1, E2 - OSPF external type 2, E - EGP
       i - IS-IS, L1 - IS-IS level-1, L2 - IS-IS level-2, ia - IS-IS inter area
       * - candidate default, U - per-user static route, o - ODR
       P - periodic downloaded static route

Gateway of last resort is not set

     10.0.0.0/24 is subnetted, 2 subnets
S       10.1.1.0 [1/0] via 192.168.1.1
S       10.1.2.0 [1/0] via 192.168.1.1
     20.0.0.0/24 is subnetted, 2 subnets
C       20.1.1.0 is directly connected, FastEthernet0/0
C       20.1.2.0 is directly connected, FastEthernet0/1
C    192.168.1.0/24 is directly connected, Serial0/0
RB#
```

5. 测试网络连通性

登录到 pc1 上，进行 ping 测试。

```
PC>ping  10.1.1.1
//从pc1上ping网关，即ping路由器RA的接口FastEthernet0/0，其IP地址为10.1.1.1，结果正常
Pinging 10.1.1.1 with 32 bytes of data:
Reply from 10.1.1.1: bytes=32 time=50ms TTL=255
Reply from 10.1.1.1: bytes=32 time=32ms TTL=255
Reply from 10.1.1.1: bytes=32 time=20ms TTL=255
Reply from 10.1.1.1: bytes=32 time=21ms TTL=255

Ping statistics for 10.1.1.1:
    Packets: Sent = 4, Received = 4, Lost = 0 (0% loss),
Approximate round trip times in milli-seconds:
Minimum = 20ms, Maximum = 50ms, Average = 30ms

PC>ping  10.1.2.2
//从pc1上ping pc2。注意，尽管pc1、pc2在两个不同子网，但这两个子网都直接连接在路由器RA上，所以在路由器上不需做任何配置，不用配置静态路由pc1和pc2之间即可ping通
Pinging 10.1.2.2 with 32 bytes of data:
Reply from 10.1.2.2: bytes=32 time=40ms TTL=127
Reply from 10.1.2.2: bytes=32 time=50ms TTL=127
Reply from 10.1.2.2: bytes=32 time=50ms TTL=127
Reply from 10.1.2.2: bytes=32 time=41ms TTL=127

Ping statistics for 10.1.2.2:
    Packets: Sent = 4, Received = 4, Lost = 0 (0% loss),
Approximate round trip times in milli-seconds:
```

```
Minimum = 40ms, Maximum = 50ms, Average = 45ms

PC>ping  20.1.1.1
//从 pc1 上 ping pc3。这里需要注意的是，如果在路由器 RA 上没有配置静态路由，在路由器 RB 上已经配置了静态路由，那么在 pc1 上仍然可以 ping 通 pc3。因为从 ping 发出的 ICMP 包已经有路由返回，但反过来从 pc3 却不能 ping 通 pc1
Pinging 20.1.1.1 with 32 bytes of data:

Reply from 20.1.1.1: bytes=32 time=40ms TTL=254
Reply from 20.1.1.1: bytes=32 time=40ms TTL=254
Reply from 20.1.1.1: bytes=32 time=40ms TTL=254
Reply from 20.1.1.1: bytes=32 time=40ms TTL=254

Ping statistics for 20.1.1.1:
   Packets: Sent = 4, Received = 4, Lost = 0 (0% loss),
Approximate round trip times in milli-seconds:
Minimum = 40ms, Maximum = 40ms, Average = 40ms

PC>ping  20.1.2.1
//从 pc1 上 ping 计算机 pc4
Pinging 20.1.2.1 with 32 bytes of data:

Reply from 20.1.2.1: bytes=32 time=70ms TTL=254
Reply from 20.1.2.1: bytes=32 time=40ms TTL=254
Reply from 20.1.2.1: bytes=32 time=40ms TTL=254
Reply from 20.1.2.1: bytes=32 time=23ms TTL=254

Ping statistics for 20.1.2.1:
   Packets: Sent = 4, Received = 4, Lost = 0 (0% loss),
Approximate round trip times in milli-seconds:
Minimum = 23ms, Maximum = 70ms, Average = 43ms
```

五、实训总结与提高

本实训主要学习路由表的生成方式及使用场合，着重学习了静态路由的配置方法和检查方法。在掌握本实训的基础上，根据具体需求，学会通过配置静态路由解决问题，并能够解决配置过程中遇到的问题。

静态路由是非自适应性路由计算协议，由管理人员手动配置，不能根据网络拓扑的变化而改变。因此，静态路由非常简单，适用于非常简单的网络。

静态路由常见的缺陷是管理困难，对于存在许多选择路由的中型和大型网络来说是不适用的。

静态路由和动态路由的特点如下。

- 静态路由：无开销，配置简单，需要人工维护，适合简单拓扑结构的网络。
- 动态路由：开销大，配置复杂，无须人工维护，适合复杂拓扑结构的网络。

完成本实训后，对相关内容进行总结，进一步学习如何配置默认路由和如何删除无效的路由及清空路由表。

结合路由表分析，理解以下内容。

① 有类路由协议和无类路由协议各自的特点。

② 什么是浮动静态路由？

③ 路由选择表需要保存哪些信息？

实训 15

RIPv2 路由协议的配置

一、实训目的

理解 RIPv2 的工作原理，掌握 RIPv2 路由协议的配置方法。

二、实训设备

实训设备：Cisco 2621 路由器 2 台，并安装 NM-4E 模块；4 台计算机；网线若干。

网络环境如图 15-1 所示。2 台 Cisco 路由器 RA、RB 采用以太网口互连，每台路由器分别连接 2 个局域网。在 2 台路由器上启用 RIPv2 协议，实现 4 个局域网之间的通信。

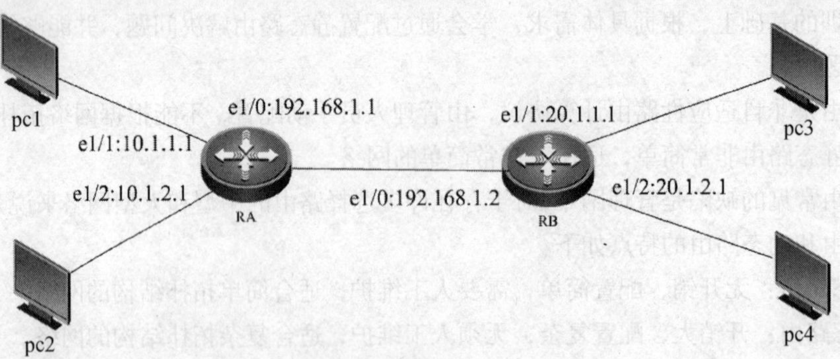

图 15-1 网络拓扑图

Cisco 2621 路由器提供 2 个 FastEthernet 接口，但在实验中需要 3 个接口，所以通过安装 NM-4E 模块以提供另外的 4 个 10Mbit/s 的 Ethernet 接口。

路由器 RA 的 3 个以太网接口的 IP 地址如下。

E1/0:192.168.1.1，e1/1：10.1.1.1，e1/2:10.1.2.1。

路由器 RB 的 3 个以太网接口的 IP 地址如下。

E1/0:192.168.1.2，e1/1:20.1.1.1，e1/2:20.1.2.1。

4 台计算机的 IP 地址和网关配置如下。

pc1 的配置，ip：10.1.1.2/24，网关：10.1.1.1。

pc2 的配置，ip：10.1.2.2/24，网关：10.1.2.1。

pc3 的配置，ip：20.1.1.2/24，网关：20.1.1.1。

pc4 的配置，ip：20.1.2.2/24，网关：20.1.2.1。

三、预备知识

RIP 是路由信息协议（Routing Information Protocol）的简称，目前有 RIPv1 和 RIPv2 两个版本。

RIP 是一种距离向量路由协议，每隔 30 秒发送一次路由更新信息。在 Cisco 提供的 RIP 协议中，为适应快速的网络拓扑变化，还允许在探测到网络拓扑发生变化后，立即传送更新信息而不必等待 30 秒的更新周期，这种更新行为被称为“触发更新”或者“反射更新”。RIP 使用“水平分割”和“路由停用”计时器机制来防止路由信息的错误传播。此外，RIP 通过对从源到目的网的最大跳数加以限制来防止产生路由环。

RIP 只根据一个“跳数”作为度量值来判断最佳路径。“跳数”是一个到达目标所必须经过的路由器的数目。如果到达相同目标有两个不等速或不同带宽的路由器，但“跳数”相同，则 RIP 认为两个路由是等距离的。RIP 支持的最大“跳数”为 15，即在源和目的网间所要经过的路由器的数目最多为 15，“跳数”16 表示不可达。

RIPv2 在 RIPv1 的基础上做了一些修改，是 RIPv1 的扩展，距离向量路由协议和 RIPv1 在一个自治系统中的特性它都具备。但是，RIPv2 是一种“无类”路由协议，这意味着一个网络的所有子网可以使用不同的网络掩码，还可以划分不相邻子网。RIPv2 更新可以发送给组播地址，由其他运行 RIPv2 的路由器进行处理。IP 组播地址的使用可以减轻不运行该路由协议主机的负担。另外，RIPv2 的一个重大改进是增加了鉴别机制。

四、实训内容与步骤

1. 路由器的配置

（1）路由器 RA 的配置。

```
RA(config)#interface  ethernet 1/0
RA(config-if)#ip  address  192.168.1.1 255.255.255.0
RA(config-if)#no shut

RA(config)#interface  ethernet   1/1
RA(config-if)#ip address  10.1.1.1 255.255.255.0
RA(config-if)#no shut

RA(config)#interface  ethernet 1/2
RA(config-if)#ip ad
RA(config-if)#ip address 10.1.2.1 255.255.255.0
RA(config-if)#no shut
```

（2）路由器 RB 的配置。

```
RB(config)#interface  ethernet  1/0
RB(config-if)#ip address  192.168.1.2 255.255.255.0
RB(config-if)#no shut

RB(config)#interface  ethernet   1/1
RB(config-if)#ip address  10.1.1.1 255.255.255.0
RB(config-if)#no shut

RB(config)#interface  ethernet  1/2
RB(config-if)#ip address  20.1.2.1 255.255.255.0
RB(config-if)#no shut
```

（3）在路由器 RA 和 RB 上启用 RIPv2 路由协议。

在 2 台路由器没有启用 RIP2 协议前，查看路由表可知，路由器 RA 已经知道如何访问 10.1.1.0，10.1.2.0 和 192.168.1.0 子网，但不知道如何访问路由器 RB 连接的子网，如子网 20.1.1.0 和子网 20.1.2.1。

在路由器 RA 和 RB 上启用 RIPv2 路由协议后，就可以访问路由器 RB 连接的子网。

```
RA#show ip route
！没有启用 RIPv2 协议时的路由表
Codes: C - connected, S - static, I - IGRP, R - RIP, M - mobile, B - BGP
       D - EIGRP, EX - EIGRP external, O - OSPF, IA - OSPF inter area
       N1 - OSPF NSSA external type 1, N2 - OSPF NSSA external type 2
       E1 - OSPF external type 1, E2 - OSPF external type 2, E - EGP
       i - IS-IS, L1 - IS-IS level-1, L2 - IS-IS level-2, ia - IS-IS inter area
       * - candidate default, U - per-user static route, o - ODR
       P - periodic downloaded static route

Gateway of last resort is not set

     10.0.0.0/24 is subnetted, 2 subnets
C       10.1.1.0 is directly connected, Ethernet1/1
C       10.1.2.0 is directly connected, Ethernet1/2
C     192.168.1.0/24 is directly connected, Ethernet1/0
```

在 2 台路由器上分别启用 RIPv2 协议。

```
RA(config)#router  rip
RA(config-router)#version 2
RA(config-router)#network 192.168.1.0
RA(config-router)#network  10.1.1.0
RA(config-router)#network 10.1.2.0
RA(config-router)#end

RB (config)#router  rip
RB(config-router)#ver
RB(config-router)#version  2
RB(config-router)#network  192.168.1.0
RB(config-router)#network  20.1.1.0
RB(config-router)#network  20.1.2.0
RB(config-router)#end
```

当在 2 个路由器上启用 RIPv2 协议后，分别在路由器 RA 和 RB 上查看相应的路由表，在路由表中可以看到 RA 和 RB 已经通过 RIP 协议分别学习到了对方路由器所连接的网络。例如，在 RA 中有一条路由 R　20.0.0.0/8 [120/1] via 192.168.1.2，00:00:06，Ethernet1/0，说明该条路由是通过 RIP 方式学习到的，要到达这个子网需要通过 192.168.1.2 网络地址，这个地址正是路由器 RB

与 RA 互连的接口 Ethernet1/0。

```
RA#show  ip route
！启用 RIPv2 协议后，查看路由器 RA 的路由表
Codes: C - connected, S - static, I - IGRP, R - RIP, M - mobile, B - BGP
       D - EIGRP, EX - EIGRP external, O - OSPF, IA - OSPF inter area
       N1 - OSPF NSSA external type 1, N2 - OSPF NSSA external type 2
       E1 - OSPF external type 1, E2 - OSPF external type 2, E - EGP
       i - IS-IS, L1 - IS-IS level-1, L2 - IS-IS level-2, ia - IS-IS inter area
       * - candidate default, U - per-user static route, o - ODR
       P - periodic downloaded static route

Gateway of last resort is not set

    10.0.0.0/24 is subnetted, 2 subnets
C      10.1.1.0 is directly connected, Ethernet1/1
C      10.1.2.0 is directly connected, Ethernet1/2
R   20.0.0.0/8 [120/1] via 192.168.1.2, 00:00:06, Ethernet1/0
C   192.168.1.0/24 is directly connected, Ethernet1/0

RB#show ip route
！启用 RIPv2 协议后，查看路由器 RA 的路由表
Codes: C - connected, S - static, I - IGRP, R - RIP, M - mobile, B - BGP
       D - EIGRP, EX - EIGRP external, O - OSPF, IA - OSPF inter area
       N1 - OSPF NSSA external type 1, N2 - OSPF NSSA external type 2
       E1 - OSPF external type 1, E2 - OSPF external type 2, E - EGP
       i - IS-IS, L1 - IS-IS level-1, L2 - IS-IS level-2, ia - IS-IS inter area
       * - candidate default, U - per-user static route, o - ODR
       P - periodic downloaded static route

Gateway of last resort is not set

R   10.0.0.0/8 [120/1] via 192.168.1.1, 00:00:29, Ethernet1/0
    20.0.0.0/24 is subnetted, 2 subnets
C      20.1.1.0 is directly connected, Ethernet1/1
C      20.1.2.0 is directly connected, Ethernet1/2
C   192.168.1.0/24 is directly connected, Ethernet1/0
```

2. 测试

从 pc1 上 ping pc2、pc3、pc4，可以看到不同子网之间的通信均正常。

```
PC>ping  10.1.2.2
//从 pc1 上 ping pc2，可以 ping 通
Pinging 10.1.2.2 with 32 bytes of data:
Reply from 10.1.2.2: bytes=32 time=70ms TTL=127
Reply from 10.1.2.2: bytes=32 time=38ms TTL=127
Reply from 10.1.2.2: bytes=32 time=40ms TTL=127
Reply from 10.1.2.2: bytes=32 time=40ms TTL=127

Ping statistics for 10.1.2.2:
   Packets: Sent = 4, Received = 4, Lost = 0 (0% loss),
Approximate round trip times in milli-seconds:
   Minimum = 38ms, Maximum = 70ms, Average = 47ms

PC>ping  20.1.1.2
//从 pc1 上 ping pc3，可以 ping 通
Pinging 20.1.1.2 with 32 bytes of data:
Reply from 20.1.1.2: bytes=32 time=80ms TTL=126
```

```
Reply from 20.1.1.2: bytes=32 time=60ms TTL=126
Reply from 20.1.1.2: bytes=32 time=60ms TTL=126
Reply from 20.1.1.2: bytes=32 time=60ms TTL=126

Ping statistics for 20.1.1.2:
   Packets: Sent = 4, Received = 4, Lost = 0 (0% loss),
Approximate round trip times in milli-seconds:
   Minimum = 60ms, Maximum = 80ms, Average = 65ms

PC>ping  20.1.2.2
//从pc1上ping pc4，可以ping通
Pinging 20.1.2.2 with 32 bytes of data:
Reply from 20.1.2.2: bytes=32 time=50ms TTL=126
Reply from 20.1.2.2: bytes=32 time=51ms TTL=126
Reply from 20.1.2.2: bytes=32 time=60ms TTL=126
Reply from 20.1.2.2: bytes=32 time=50ms TTL=126

Ping statistics for 20.1.2.2:
   Packets: Sent = 4, Received = 4, Lost = 0 (0% loss),
Approximate round trip times in milli-seconds:
   Minimum = 50ms, Maximum = 60ms, Average = 52ms
```

3. 对路由表自动汇总的分析

通过查看路由器 RA 和 RB 的路由表，可以看到 RIPv2 对路由进行了汇总，通过可以 no auto-summary 命令关闭自动汇总。

```
RB(config)#router  rip
RB(config-router)#no auto-summary
RB(config-router)#end
```

在两个路由器上关闭自动汇总后，查看两个路由器现在的路由表，可以看到路由表中已经包含了每个子网的路由，不再对这些子网进行汇总。

```
RA#show  ip route
Codes: C - connected, S - static, I - IGRP, R - RIP, M - mobile, B - BGP
       D - EIGRP, EX - EIGRP external, O - OSPF, IA - OSPF inter area
       N1 - OSPF NSSA external type 1, N2 - OSPF NSSA external type 2
       E1 - OSPF external type 1, E2 - OSPF external type 2, E - EGP
       i - IS-IS, L1 - IS-IS level-1, L2 - IS-IS level-2, ia - IS-IS inter area
       * - candidate default, U - per-user static route, o - ODR
       P - periodic downloaded static route

Gateway of last resort is not set

     10.0.0.0/24 is subnetted, 2 subnets
C       10.1.1.0 is directly connected, Ethernet1/1
C       10.1.2.0 is directly connected, Ethernet1/2
     20.0.0.0/8 is variably subnetted, 3 subnets, 2 masks
R       20.0.0.0/8 is possibly down, routing via 192.168.1.2, Ethernet1/0
R       20.1.1.0/24 [120/1] via 192.168.1.2, 00:00:15, Ethernet1/0
R       20.1.2.0/24 [120/1] via 192.168.1.2, 00:00:15, Ethernet1/0
C    192.168.1.0/24 is directly connected, Ethernet1/0

RB#show ip route
Codes: C - connected, S - static, I - IGRP, R - RIP, M - mobile, B - BGP
       D - EIGRP, EX - EIGRP external, O - OSPF, IA - OSPF inter area
       N1 - OSPF NSSA external type 1, N2 - OSPF NSSA external type 2
       E1 - OSPF external type 1, E2 - OSPF external type 2, E - EGP
```

```
       i - IS-IS, L1 - IS-IS level-1, L2 - IS-IS level-2, ia - IS-IS inter area
       * - candidate default, U - per-user static route, o - ODR
       P - periodic downloaded static route

Gateway of last resort is not set

     10.0.0.0/8 is variably subnetted, 3 subnets, 2 masks
R       10.0.0.0/8 is possibly down, routing via 192.168.1.1, Ethernet1/0
R       10.1.1.0/24 [120/1] via 192.168.1.1, 00:00:10, Ethernet1/0
R       10.1.2.0/24 [120/1] via 192.168.1.1, 00:00:10, Ethernet1/0
     20.0.0.0/24 is subnetted, 2 subnets
C       20.1.1.0 is directly connected, Ethernet1/1
C       20.1.2.0 is directly connected, Ethernet1/2
C    192.168.1.0/24 is directly connected, Ethernet1/0
```

分析 RA 的路由表可见，运行 no auto-summary 命令后立刻查看路由表，除了能看到子网的路由条目外，还可以看到原有主网络的路由条目，该主网络的路由条目在无效计时器、刷新计时器超时后才会被清除。

原有主网络的路由条目被清除后，查看 RA 的路由表。

```
RA#show  ip route
Codes: C - connected, S - static, I - IGRP, R - RIP, M - mobile, B - BGP
       D - EIGRP, EX - EIGRP external, O - OSPF, IA - OSPF inter area
       N1 - OSPF NSSA external type 1, N2 - OSPF NSSA external type 2
       E1 - OSPF external type 1, E2 - OSPF external type 2, E - EGP
       i - IS-IS, L1 - IS-IS level-1, L2 - IS-IS level-2, ia - IS-IS inter area
       * - candidate default, U - per-user static route, o - ODR
       P - periodic downloaded static route

Gateway of last resort is not set

     10.0.0.0/24 is subnetted, 2 subnets
C       10.1.1.0 is directly connected, Ethernet1/1
C       10.1.2.0 is directly connected, Ethernet1/2
     20.0.0.0/24 is subnetted, 2 subnets
R       20.1.1.0 [120/1] via 192.168.1.2, 00:00:25, Ethernet1/0
R       20.1.2.0 [120/1] via 192.168.1.2, 00:00:25, Ethernet1/0
C    192.168.1.0/24 is directly connected, Ethernet1/0
RA#
```

要查看 RIP 的数据库中的信息，可以采用 show ip　rip database 命令。

```
RA#show ip  rip database
！RIP 的数据库中保存了子网条目的信息
10.1.1.0/24      directly connected, Ethernet1/1
10.1.2.0/24      directly connected, Ethernet1/2
20.1.1.0/24
   [1] via 192.168.1.2, 00:00:06, Ethernet1/0
20.1.2.0/24
   [1] via 192.168.1.2, 00:00:06, Ethernet1/0
192.168.1.0/24   directly connected, Ethernet1/0
```

4. 查看路由器的配置内容

路由器 RA、RB 的最终配置内容如下。

```
RA#show  run
！路由器 RA 的配置内容
Building configuration...

Current configuration : 719 bytes
```

```
!
version 12.2
no service password-encryption
!
hostname RA
!
!
!
!
!
ip ssh version 1
!
!
interface FastEthernet0/0
 no ip address
 duplex auto
 speed auto
 shutdown
!
interface FastEthernet0/1
 no ip address
 duplex auto
 speed auto
 shutdown
!
interface Ethernet1/0
 ip address 192.168.1.1 255.255.255.0
 duplex auto
 speed auto
!
interface Ethernet1/1
 ip address 10.1.1.1 255.255.255.0
 duplex auto
 speed auto
!
interface Ethernet1/2
 ip address 10.1.2.1 255.255.255.0
 duplex auto
 speed auto
!
interface Ethernet1/3
 no ip address
 duplex auto
 speed auto
 shutdown
!
router rip
 version 2
 network 10.0.0.0
 network 192.168.1.0
 no auto-summary
!
ip classless
!
!
!
!
```

```
!
line con 0
line vty 0 4
 login
!
!
End


RB#show  run
! 路由器 RB 的配置内容
Building configuration...

Current configuration : 719 bytes
!
version 12.2
no service password-encryption
!
hostname RB
!
!
!
!
!
ip ssh version 1
!
!
interface FastEthernet0/0
 no ip address
 duplex auto
 speed auto
 shutdown
!
interface FastEthernet0/1
 no ip address
 duplex auto
 speed auto
 shutdown
!
interface Ethernet1/0
 ip address 192.168.1.2 255.255.255.0
 duplex auto
 speed auto
!
interface Ethernet1/1
 ip address 20.1.1.1 255.255.255.0
 duplex auto
 speed auto
!
interface Ethernet1/2
 ip address 20.1.2.1 255.255.255.0
 duplex auto
 speed auto
!
interface Ethernet1/3
 no ip address
 duplex auto
```

```
 speed auto
 shutdown
!
router rip
 version 2
 network 20.0.0.0
 network 192.168.1.0
 no auto-summary
!
ip classless
!
!
!
!
!
line con 0
line vty 0 4
 login
!
!
End
```

五、实训总结与提高

RIPv1 属于有类路由协议，不支持 VLSM（变长子网掩码）。RIPv1 是以广播的形式进行路由信息更新的，更新周期为 30 秒。

RIPv2 属于无类路由协议，支持 VLSM。RIPv2 是以组播的形式进行路由信息更新的，组播地址是 224.0.0.9。RIPv2 还支持基于端口的认证，提高了网络的安全性。

在完成该实训的基础上，思考下面的问题。

① RIPv1 协议和 RIPv2 协议二者有哪些区别，各自的特点是什么？

② 在路由器上关闭自动汇总后，路由表有什么变化？

③ 如何在 RIPv2 下实现明文和 MD5 的认证？

实训 16

路由器下 DHCP 服务的配置

一、实训目的

1. 理解 DHCP 服务的工作原理。
2. 理解在路由器上启用 DHCP 服务的特点。
3. 掌握在路由器上配置 DHCP 服务。

二、实训设备

实训设备：Cisco 2621 路由器一台，DNS 服务器，计算机 2 台，控制线一条，直通线若干。

网络环境如图 16-1 所示。计算机 pc1 连接路由器的控制口，在路由器上配置 DHCP

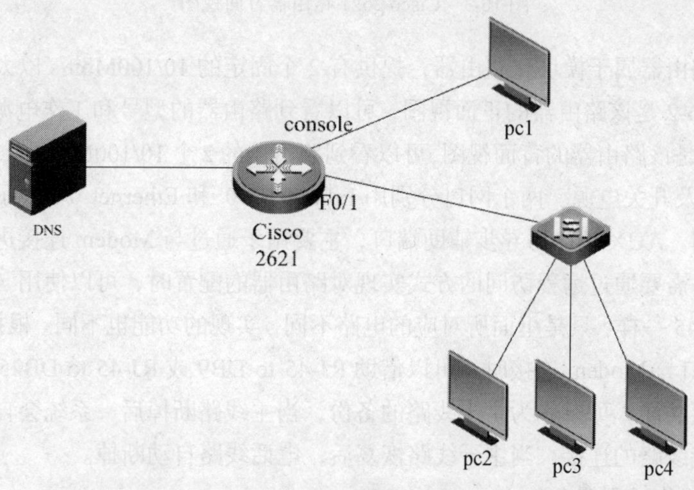

图 16-1　网络拓扑介绍

服务。计算机 pc2、pc3、pc4 等通过一台交换机连接到路由器的 fastEthernet 0/1 接口上，DNS 服务器接在 fastEthernet 0/0 接口上。在 pc2、pc3、pc4 上设置 IP 地址获得方式为自动获得，使它们能够使用路由器提供的 DHCP 服务获得相应的 IP 地址和网关。

三、预备知识

1. Cisco 2621 路由器

Cisco 2621 路由器如图 16-2 和图 16-3 所示。

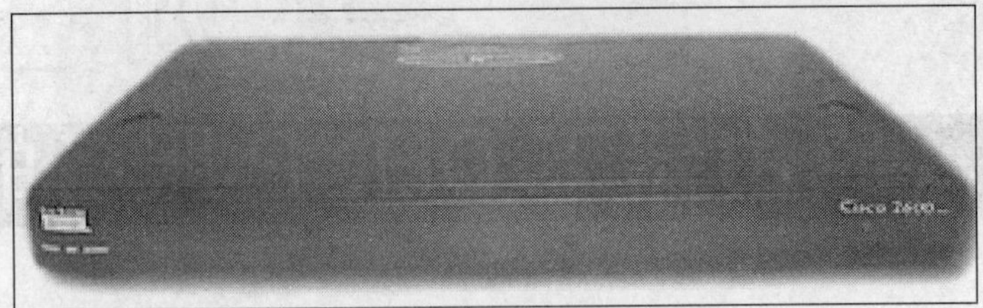

图 16-2 Cisco 2621 路由器正面视图

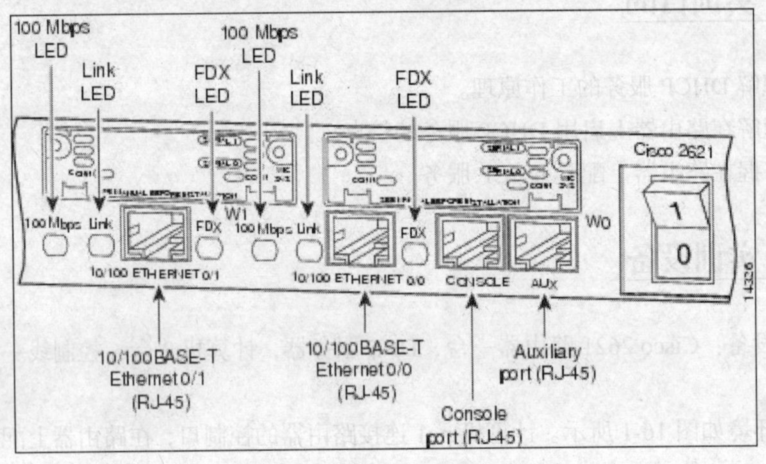

图 16-3 Cisco 2621 路由器背面视图

Cisco 2621 路由器属于模块化路由器，提供有 2 个固定的 10/100Mbit/s 以太网接口和一个异步辅助端口。图 16-2 是该路由器的正面视图，可以看到路由器的型号和工作电源、系统工作状态指示灯等。图 16-3 是该路由器的背面视图，可以看到路由器的 2 个 10/100Mbit/s RJ-45 接口、console 接口和 AUX 端口及开关电源。两个网口分别用 Ethernet 0/0 和 Ethernet 0/1 表示，可以用来连接内部网络和广域网。AUX 端口为异步辅助端口，主要用于通过与 Modem 连接进行远程配置，也可用于拨号连接。需要通过远程访问的方式实现对路由器的配置时，可以使用 AUX 接口。AUX 接口的结构与 RJ-45 一样，只是里面所对应的电路不同，实现的功能也不同。根据 Modem 所使用的端口，AUX 接口与 Modem 连接时，可以借助 RJ-45 to DB9 或 RJ-45 to DB25 的收发器进行连接。对于拨号连接功能，可以作为主干线路的备份，当主线路断掉后，系统会自动启动 AUX 接口电话拨号，保持线路的连接，当主干线路恢复后，电话线路自动断掉。

2. DHCP 的工作过程简介

DHCP 分为两个部分：服务器端和客户端。所有客户机的 IP 地址设定信息都由 DHCP 服务器

集中管理，并负责处理客户端的 DHCP 要求；客户端则使用从服务器分配的 IP 地址。

DHCP 服务器提供 3 种 IP 分配方式：自动分配（Automatic Allocation）、动态分配（Dynamic Allocation）和手动分配。

（1）自动分配：DHCP 客户端第一次从 DHCP 服务器端成功分配到一个 IP 地址后，永远使用这个地址。

（2）动态分配：DHCP 客户端第一次从 DHCP 服务器分配到 IP 地址后，并非永久地使用该地址，每次使用完后，DHCP 客户端释放这个 IP 地址，以给其他客户端使用。

（3）手动分配：由 DHCP 服务器管理员专门指定 IP 地址。

DHCP 客户机启动时，搜寻网络中是否存在 DHCP 服务器。如果找到 DHCP 服务器，给 DHCP 服务器发送一个请求。DHCP 服务器接到请求后，为 DHCP 客户机选择 TCP/IP 配置的参数，并把这些参数发送给客户端。如果已配置冲突检测设置，DHCP 服务器在将租约中的地址提供给客户机之前，试用 ping 测试作用域中每个可用地址的连通性，以确保提供给客户的每个 IP 地址都没有被使用手动 TCP/IP 配置的另一台非 DHCP 计算机使用。

根据客户端是否第一次登录网络，DHCP 的工作形式有所不同。客户端从 DHCP 服务器上获得 IP 地址的整个过程分为以下 6 个步骤。

（1）寻找 DHCP 服务器。

DHCP 客户端第一次登录网络时，计算机发现本机上没有任何 IP 地址设定，将以广播方式发送 DHCP discover 发现信息，寻找 DHCP 服务器，即向 255.255.255.255 发送特定的广播信息。网络上每一台安装了 TCP/IP 协议的主机都会接收到这个广播信息，但只有 DHCP 服务器才会做出响应。

（2）分配 IP 地址。

网络中接收到 DHCP discover 发现信息的 DHCP 服务器都会做出响应，从尚未分配的 IP 地址中挑选一个分配给 DHCP 客户机，向 DHCP 客户机发送一个包含分配的 IP 地址和其他设置的 DHCP offer 提供信息。

（3）接收 IP 地址。

DHCP 客户端接收到 DHCP offer 提供信息后，选择第一个接收到的提供信息，然后以广播方式回答一个 DHCP request 请求信息，该信息包含向选定的 DHCP 服务器请求 IP 地址的内容。

（4）IP 地址分配确认。

DHCP 服务器收到 DHCP 客户端回答的 DHCP request 请求信息后，向 DHCP 客户端发送一个包含它所提供的 IP 地址和其他设置的 DHCP ack 确认信息，告诉 DHCP 客户端可以使用它提供的 IP 地址。然后，DHCP 客户机将其 TCP/IP 协议与网卡绑定。除了 DHCP 客户机选中的服务器外，其他 DHCP 服务器将收回曾经提供的 IP 地址。

（5）重新登录。

以后 DHCP 客户端每次重新登录网络时，不需要再发送 DHCP discover 发现信息，而是直接发送包含前一次所分配 IP 地址的 DHCP request 请求信息。当 DHCP 服务器收到这一信息后，尝试让 DHCP 客户机继续使用原来的 IP 地址，并回答一个 DHCP ack 确认信息。如果该 IP 地址已无法再分配给原来的 DHCP 客户机使用，DHCP 服务器会给 DHCP 客户机回答一个 DHCP nack 否认信息。原来的 DHCP 客户机收到该 DHCP nack 否认信息后，必须重新发送 DHCP discover 发现信息来请求新的 IP 地址。

（6）更新租约。

DHCP 服务器向 DHCP 客户机出租的 IP 地址一般都有一个租借期限，期满后，DHCP 服务器会收回出租的 IP 地址。如果 DHCP 客户机要延长其 IP 租约，必须更新其 IP 租约。DHCP 客户机启动时和 IP 租约期限过一半时，DHCP 客户机都会自动向 DHCP 服务器发送更新其 IP 租约的信息。

3. 采用 Cisco 路由器提供 DHCP 服务的特点

Cisco 路由器提供 DHCP 服务器功能是在 ios12.0（1）T 以后才出现的。路由器具备 DHCP 功能后，在中小型的网络环境下，用户没有必要再配置一台 DHCP 服务器，从而降低了网络构建成本。

用 Cisco 路由器提供 DHCP 服务具有以下特点。

① 传统的构建方法是在企业的总部设立 DHCP 服务器，各分支机构通过路有器获取 IP 地址。当 DHCP 服务器出现问题时，整个企业的网络都会受到影响。如果把 DHCP 服务器功能设在各个分支机构的路由器上，则某个分支机构的路由器 DHCP 服务出现问题，仅仅会影响该分支机构的网络本身，其他分支机构不受任何影响，缩小了危害影响的范围，实现了问题的局部化。

② 在各分支机构的路由器上实现 DHCP 服务器功能后，大量的 DHCP UDP 请求报文将不会通过 wan link 转发到中心机构上去，相比传统的方式，减少了广域网的负荷。

③ 在各分支机构的路由器上实现 DHCP 服务器功能后，如果某条广域网链路坏了，本地的局域网依然能够正常运行。

④ 基于路由器的 DHCP 具有很高的可管理性，通过 ios 的命令界面比较容易配置。

四、实训内容与步骤

1. 在路由器 Cisco 2621 上进行配置

（1）配置接口 F0/1，这个 IP 地址将是局域网的网关。

```
RA(config)#interface  FAstEthernet   0/1
RA(config-if)#ip  add
RA(config-if)#ip  address  192.168.1.254  255.255.255.0
RA(config-if)#no shutdown
```

（2）建立 IP 地址池。

```
RA(config)#service dhcp
!开启 DHCP 服务
RA(config)#ip dhcp  pool gzhmt
! 定义 DHCP 地址池
RA(dhcp-config)#network  192.168.1.0  255.255.255.0
! 用 network 命令来定义网络地址的范围
RA(dhcp-config)#default-router  192.168.1.254
! 定义要分配的网关地址
RA(dhcp-config)#lease infinite
!定义租期为无限制
RA(dhcp-config)#dns-server  192.168.3.1
!指定 DNS 服务器
RA(config)#ip dhcp excluded-address  192.168.1.1   192.168.1.10
! 该范围内的 ip 地址不分配给客户端
RA(config)#ip  dhcp excluded-address  192.168.1.250   192.168.1.254
! 该范围内的 ip 地址不分配给客户端
```

2. 结果验证

设置 DHCP 客户端的 IP 地址获得方式为自动获得，如图 16-4 所示。

图 16-4　设置客户端自动获得 IP 地址

查看客户端获得的 IP 地址，可以看到获得的 IP 地址属于路由器上设定的 IP 地址池的范围，并且网关和 DHCP 服务器均是路由器。

```
C:\Documents and Settings\Administrator>ipconfig
Windows IP ConfigurationEthernet adapter bendi:

        Connection-specific DNS Suffix  . :
        Description . . . . . . . . . . . : Intel(R) PRO/1000 MT Mobile Connection
        Physical Address. . . . . . . . . : 00-11-25-32-88-06
        Dhcp Enabled. . . . . . . . . . . : Yes
        Autoconfiguration Enabled . . . . : Yes
        IP Address. . . . . . . . . . . . : 192.168.1.1
        Subnet Mask . . . . . . . . . . . : 255.255.255.0
        Default Gateway . . . . . . . . . : 192.168.1.254
        DHCP Server . . . . . . . . . . . : 192.168.1.254
        DNS Servers . . . . . . . . . . . : 192.168.3.1
```

查看 IP 地址的分配情况。

```
RA#show ip dhcp pool
！查看 DHCP 地址池的情况
Pool gzhmt:
 Utilization mark (high/low)    : 100 / 0
 Subnet size (first/next)       : 0 / 0
 Total addresses                : 254
!地址池中共有 254 个地址
 Leased addresses                 : 4
！已经分配出去 4 个地址
 Pending event                  : none
 1 subnet is currently in the pool :
 Current index          IP address range            Leased addresses
 192.168.1.5         192.168.1.1 - 192.168.1.254          4

RA#show  ip  dhcp  binding
！查看 DHCP 的地址绑定和地址租约情况
IP address       Client-ID/              Lease expiration          Type
             Hardware address
```

```
192.168.1.1      00E0.A3DD.86A2       Infinite             Automatic
192.168.1.2      000C.856B.6180       Infinite             Automatic
192.168.1.3      0002.4ADD.927C       Infinite             Automatic
192.168.1.4      00D0.D3B9.4786       Infinite             Automatic
```

使用 show running-config 命令查看路由器上 DHCP 服务的配置。

```
RA#show run
Building configuration...

Current configuration : 486 bytes
!
version 12.2
no service password-encryption
!
hostname RA
!

ip ssh version 1
!
!
interface FastEthernet0/0
 no ip address
 duplex auto
 speed auto
 shutdown
!
interface FastEthernet0/1
 ip address 192.168.1.254 255.255.255.0
 duplex auto
 speed auto
!
ip classless
!
!
ip dhcp excluded-address 192.168.1.250 192.168.1.254
!
ip dhcp pool gzhmt
 network 192.168.1.0 255.255.255.0
 default-router 192.168.1.254
 dns-server 192.168.3.1
 lease infinite
!
line con 0
line vty 0 4
 login
!
!
end
```

五、实训总结与提高

本实训主要学习了 DHCP 的工作原理，并分析了路由器启用 DHCP 服务的优点。通过在路由器上配置 DHCP 服务，可实现客户端自动获得 IP 地址和网关等信息。

注意观察路由器上地址池的变化和客户端获得 IP 地址的情况，思考如何能够更好地管理 IP 地址。

① 假设一个局域网中有多个子网，考虑采用一台路由器如何为多个子网中的计算机提供 DHCP 服务。

② 考虑如何在 Windows、Linux 平台下实现 DHCP 服务，与在路由器上实现 DHCP 服务比较，不同设计方法的各自的特点是什么？

③ 在一个局域网内，如何避免用户私自架设的 DHCP 服务器对合法服务器的影响？

④ 结合 DHCP SNOOPING 功能，在 DHCP 模式下如何限定用户只能使用动态 IP 地址，使用静态地址则不能连接上网络。

关于 DHCP 租期的讨论如下。

DHCP 的租期（DHCP Lease Periods）是 DHCP 一个比较重要的概念，基本配置方法如下。

```
RA#configure terminal
Enter configuration commands, one per line. End with CNTL/Z.
RA(config)#ip dhcp  pool  192.168.1.0/24
RA(dhcp-config)#lease 2 10 15
RA(dhcp-config)#end
RA#
```

对 lease 的配置作几点说明。

① lease 命令的基本格式是 lease [days] [hours] [minutes]。

lease 2 10 15 语句表示设定 DHCP 租约为 2 天 10 小时 15 分。可以配置最大值为 365 天 23 小时 59 秒，也可以设置最小值为 1 秒，默认的 DHCP 租约是 1 天。

② 在设定租约的时间方面，对于 DHCP 客户端数量比较大，客户端联入网络、断开网络比较频繁的场合，一般把租约的时间配置得比较短，使得 IP 地址很快被收回，可以供另外的 DHCP 客户使用。比较经典的场合如飞机场的无线网络。但是，越短的租约 DHCP 请求包越多，增加了网络的负担。

③ 在一个相对稳定的网络环境中，如小型办公室网络，由于客户端数量变化不大，可以考虑适当增加 DHCP 的租约，可以减少 DHCP 服务器的负担。

④ 客户端在自己的租约还有一半时，会向服务器发出更新租约的请求，如果成功，则租约重新恢复为完整的租期；如果失败，则经过剩下的一半租约后，再发出更新请求，如此循环，直到成功更新为止。

⑤ 在很多场合，默认一天的租约比较合理，一般很少修改。

⑥ 一种比较极端的配置，可以规定租约为永久，即一旦客户端获得 IP 地址后，只要物理上不断网，以后再也不会向服务器发送 DHCP 租约更新请求。这种配置在现实中很少见到。

实训 17 数据包的捕获与分析

一、实训目的

1. 掌握 sniffer 抓包工具的使用。

2. 对 ICMP、DNS、HTTP 等各种协议进行分析，掌握各种常用协议的结构和常用服务的工作过程。

3. 在理解数据包的基础上，能够使用 sniffer 工具解决网络中的问题。

二、实训设备

实训设备：安装有 sniffer 抓包工具的计算机，并与网络相连接，能够访问网站等相关资源。

本实训以访问一个网站的过程为线索，采用 sniffer 工具捕获 ping 协议，DNS 解析过程、HTTP 协议等几个常用的协议，对网络服务的工作过程进行分析。

图 17-1 所示是已安装 sniffer 软件的计算机的 IP 设置情况，计算机的主机名为 yinliu。该计算机安装有 2 块网卡，其中一块为无线网卡，IP 地址为 10.10.71.12，DNS 服务器为 10.10.12.11；另一块为有线网卡，IP 地址为 10.10.70.14，DNS 服务器为 10.10.12.11。本实训使用有线网卡捕获数据包。

三、预备知识

sniffer 软件是 NAI 公司推出的功能强大的协议分析软件，支持丰富的协议，能够对数据包快速解码。sniffer 能够实时监控网络活动，捕获网络流量进行详细分析，利用专家分析系统诊断问题，搜集网络利用率和错误等。

```
C:\WINDOWS\system32\cmd.exe
C:\Documents and Settings\Administrator>ipconfig  /all

Windows IP Configuration

        Host Name . . . . . . . . . . . . : yinliu
        Primary Dns Suffix  . . . . . . . :
        Node Type . . . . . . . . . . . . : Unknown
        IP Routing Enabled. . . . . . . . : No
        WINS Proxy Enabled. . . . . . . . : No

Ethernet adapter 无线网络连接:

        Connection-specific DNS Suffix  . :
        Description . . . . . . . . . . . : 11a/b/g Wireless LAN Mini PCI Adapte
r
        Physical Address. . . . . . . . . : 00-05-4E-4D-6C-FE
        Dhcp Enabled. . . . . . . . . . . : Yes
        Autoconfiguration Enabled . . . . : Yes
        IP Address. . . . . . . . . . . . : 10.10.71.12
        Subnet Mask . . . . . . . . . . . : 255.255.255.0
        Default Gateway . . . . . . . . . : 10.10.71.1
        DHCP Server . . . . . . . . . . . : 10.10.12.11
        DNS Servers . . . . . . . . . . . : 10.10.12.11
                                            211.66.64.8
        Lease Obtained. . . . . . . . . . : 2009年7月28日 18:26:38
        Lease Expires . . . . . . . . . . : 2009年8月5日 18:26:38

Ethernet adapter bendi:

        Connection-specific DNS Suffix  . :
        Description . . . . . . . . . . . : Intel(R) PRO/1000 MT Mobile Connecti
on
        Physical Address. . . . . . . . . : 00-11-25-32-88-06
        Dhcp Enabled. . . . . . . . . . . : Yes
        Autoconfiguration Enabled . . . . : Yes
        IP Address. . . . . . . . . . . . : 10.10.70.14
        Subnet Mask . . . . . . . . . . . : 255.255.255.0
        Default Gateway . . . . . . . . . : 10.10.70.1
        DHCP Server . . . . . . . . . . . : 10.10.12.11
        DNS Servers . . . . . . . . . . . : 10.10.12.11
                                            211.66.64.8
        Lease Obtained. . . . . . . . . . : 2009年7月28日 18:26:41
        Lease Expires . . . . . . . . . . : 2009年8月5日 18:26:41
```

图 17-1　查看 IP 地址的设置

四、实训内容与步骤

1. ping 命令工作过程的分析

广州航海高等专科学校的网站 IP 地址为 211.66.64.17，域名为 www.gzhmt.edu.cn。在访问网站前，首先通过 ping 命令测试网站是否能够 ping 通，这是访问一个服务的前提。如图 17-2 所示，表示本机能够 ping 通，IP 地址为 211.66.64.17。

```
C:\WINDOWS\system32\cmd.exe
C:\Documents and Settings\Administrator>ping  211.66.64.17

Pinging 211.66.64.17 with 32 bytes of data:

Reply from 211.66.64.17: bytes=32 time<1ms TTL=61
Reply from 211.66.64.17: bytes=32 time<1ms TTL=61
Reply from 211.66.64.17: bytes=32 time<1ms TTL=61
Reply from 211.66.64.17: bytes=32 time<1ms TTL=61

Ping statistics for 211.66.64.17:
    Packets: Sent = 4, Received = 4, Lost = 0 (0% loss),
Approximate round trip times in milli-seconds:
    Minimum = 0ms, Maximum = 0ms, Average = 0ms

C:\Documents and Settings\Administrator>
```

图 17-2　在主机 10.10.70.14 上 ping Web 服务器 211.66.64.17

ping 命令工作过程中主要使用 ICMP 包，具体工作过程如下。

在主机 A 上执行 ping 命令，该命令构建一个固定格式的 ICMP 请求数据包，然后由 ICMP 协议将这个数据包连同地址 211.66.64.17 一起交给 IP 协议，IP 协议将以地址 211.66.64.17 作为目的地址，以本机 IP 地址作为源地址，加上一些其他的控制信息，构建一个 IP 数据包，并在一个映射表中查找 IP 地址 211.66.64.17 对应的物理地址，一起交给数据链路层。后者构建一个数据帧，目的地址是 IP 层传过来的物理地址，源地址是本机的物理地址，还要附加上一些控制信息，依据以太网的介质访问规则，将它们传送出去。

主机 B 收到这个数据帧后，先检查它的目的地址，并和本机的物理地址对比，如二者相符，则接收；否则丢弃。接收后检查该数据帧，将 IP 数据包从帧中提取出来，交给本机的 IP 层协议。同样，IP 层检查后，将有用的信息提取后交给 ICMP 协议，后者处理后马上构建一个 ICMP 应答包，发送给主机 A，其过程和主机 A 发送 ICMP 请求包到主机 B 相同。

下面采用 sniffer 工具捕获 ICMP 数据包。

（1）定义一个过滤条件，在 address 选项卡中，设置要捕获数据包的 2 台计算机的 IP 地址。其中，station1 的地址为 10.10.70.14，即安装 sniffer 软件的计算机；station2 的 IP 地址为 211.66.64.17，即网站服务器的 IP 地址，如图 17-3 所示。

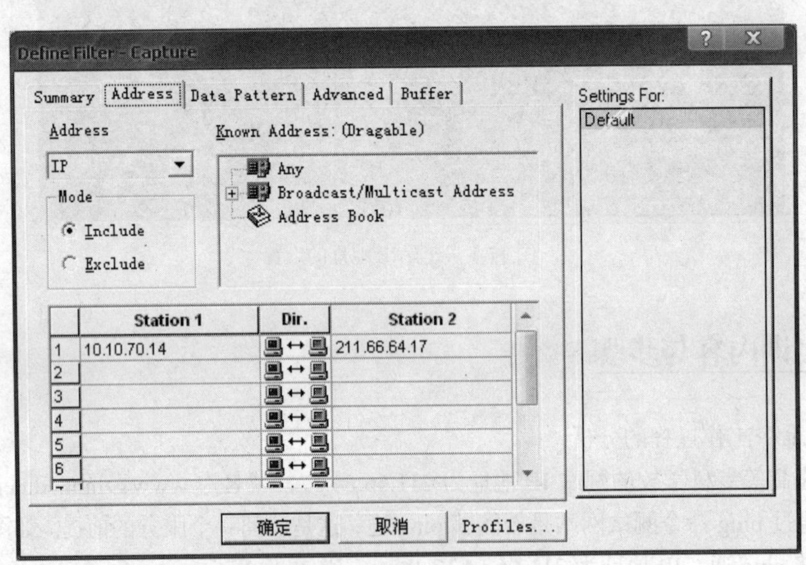

图 17-3　设置捕获主机的 IP 地址

（2）在 advanced 选项卡中定义要捕获的数据包类型是 ICMP 数据包，如图 17-4 所示。

（3）设置完成后，依次单击 capture 和 start 按钮，或直接在工具栏上单击开始抓包的按钮进行抓包。

（4）执行 ping 命令，当按钮有效时，代表已经捕获到对应的数据包。单击该按钮，停止捕获数据包并进行分析，如图 17-5 所示。

ping 命令默认发送 4 个 Echo 数据包到对应的服务器，当 Echo 数据包到达对方服务器后，对方服务器会向发送该数据包的主机进行 Echo reply 响应。如图 17-5 所示，第一帧是由主机 10.10.70.14 向服务器 211.66.64.17 发送的一个 Echo 数据包，该数据包的类型是 8（Type 的值为 8 时，代表响应请求；该值为 0 时，代表响应应答）。

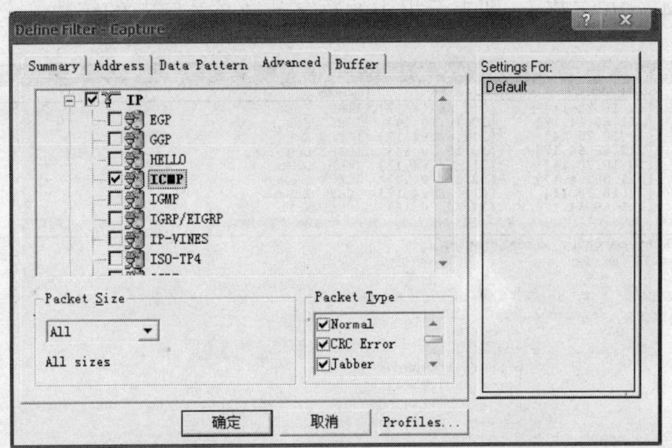

图 17-4　设置过滤的数据包类型

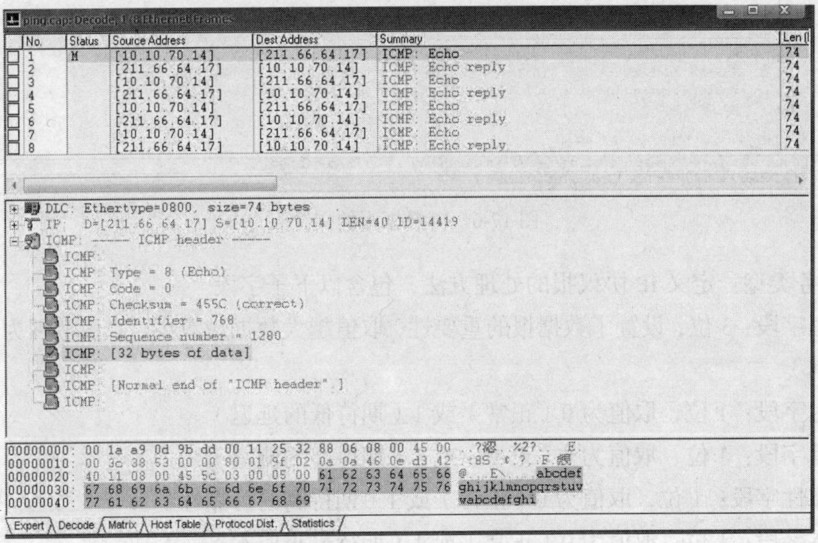

图 17-5　捕获的 ICMP 数据包

在图 17-5 中还可以看到 ICMP 数据包中的其他参数值。其中，代码（Code）域用于详细说明某种 ICMP 报文的类型，这个代码现在在 ICMP Echo 信息中不常用，经常设置为 0。校验和（Checksum）字段，长度为 16 位，代表包括数据在内的整个 ICMP 数据包的校验和，其计算方法和 IP 头部校验和的计算方法是一样的。接下来是 16 位标识符字段，用于标识本 ICMP 进程。最后是 16 位序列号字段，用于判断响应应答数据报。

2. IP 数据报的分析

我们知道，ICMP 数据包封装在 IP 数据报中，IP 数据报又被封装在以太网帧中。下面对 ping 操作过程中产生的 IP 数据报进行分析。

图 17-6 中显示了这个帧中的 IP 文件头部分，下面对其中的各项内容进行说明。

（1）版本：4 位，指定 IP 协议的版本号。

（2）首部长度（IHL）：4 位，IP 协议报头的长度，指明 IPv4 协议报头长度的字节数包含多少个 32 位。由于 IPv4 的报头可能包含可变数量的可选项，所以这个字段可以用来确定 IPv4 数据报中数据部分的偏移位置。IPv4 报头的最小长度是 20 个字节，因此 IHL 这个字段的最小值用十进

制表示就是 5（5×4＝20 字节），即表示报头的总字节数是 4 字节的倍数。

```
ping.cap: Decode, 1/8 Ethernet Frames
No.  Status  Source Address     Dest Address       Summary
1    M       [10.10.70.14]      [211.66.64.17]     ICMP: Echo
2            [211.66.64.17]     [10.10.70.14]      ICMP: Echo reply
3            [10.10.70.14]      [211.66.64.17]     ICMP: Echo
4            [211.66.64.17]     [10.10.70.14]      ICMP: Echo reply
5            [10.10.70.14]      [211.66.64.17]     ICMP: Echo
6            [211.66.64.17]     [10.10.70.14]      ICMP: Echo reply
7            [10.10.70.14]      [211.66.64.17]     ICMP: Echo
8            [211.66.64.17]     [10.10.70.14]      ICMP: Echo reply

DLC: Ethertype=0800, size=74 bytes
IP: ----- IP Header -----
IP:
IP: Version = 4, header length = 20 bytes
IP: Type of service = 00
IP:       000. ....    = routine
IP:       ...0 ....    = normal delay
IP:       .... 0...    = normal throughput
IP:       .... .0..    = normal reliability
IP:       .... ..0.    = ECT bit - transport protocol will ignore the CE bit
IP:       .... ...0    = CE bit - no congestion
IP: Total length       = 60 bytes
IP: Identification     = 14419
IP: Flags              = 0X
IP:        .0.. ....   = may fragment
IP:        ..0. ....   = last fragment
IP: Fragment offset    = 0 bytes
IP: Time to live       = 128 seconds/hops
IP: Protocol           = 1 (ICMP)
IP: Header checksum    = 9F02 (correct)
IP: Source address         = [10.10.70.14]
IP: Destination address    = [211.66.64.17]
IP: No options
IP:
ICMP: ----- ICMP header -----
00000000: 00 1a a9 0d 9b dd 00 11 25 32 88 06 08 00 45 00
Expert  Decode  Matrix  Host Table  Protocol Dist.  Statistics
```

图 17-6　IP 数据报的文件头

（3）服务类型：定义 IP 协议报的处理方法，包含以下子字段。

① 过程字段：3 位，设置了数据报的重要性，取值越大数据越重要，取值范围为 0（正常）~ 7（网络控制）。

② 延迟字段：1 位，取值为 0（正常）或 1（期待低的延迟）。

③ 流量字段：1 位，取值为 0（正常）或 1（期待高的流量）。

④ 可靠性字段：1 位，取值为 0（正常）或 1（期待高的可靠性）。

⑤ 成本字段：1 位，取值为 0（正常）或 1（期待最小成本）。

⑥ 未使用：1 位。

（4）总长度：报头和数据的总长度。

（5）标识：唯一的 IP 数据报值，可以理解为 IP 报文的序列号，用于识别潜在的重复报文等。

（6）标志：一个 3 位的控制字段，包含以下字段。

① 保留位：1 位。

② 不分段位：1 位，取值为 0（允许数据报分段）或 1（数据报不能分段）。

③ 更多段位：1 位，取值为 0（数据报后面没有包，该包为最后的包）或 1（数据报后面有更多的包）。

（7）段偏移量：当数据分组时，它和更多段位（More Fragments，MF）进行连接，帮助目的主机将分段的包组合。

（8）TTL：表示数据报在网络上生存多久，每通过一个路由器该值减一，为 0 时将被路由器丢弃。

（9）协议：8 位，这个字段定义了 IP 数据报的数据部分使用的协议类型。常用的协议及其十进制数值包括 ICMP（1）、TCP（6）、UDP（17）。

（10）头校验和：16 位，是 IPv4 数据报报头的校验和。

（11）源 IP 地址：源主机 IP 地址。

（12）目的 IP 地址：目的主机 IP 地址。

（13）IP 选项：用来实现网络测试、调试、安全等功能。

（14）数据：需要被传输的数据。

3. DNS 解析过程的分析

如果已经访问过对应的网站，在主机上会有 DNS 缓存存在，可能造成无法捕获对应的数据包。因此，要对本地缓存的域名进行清除。在字符命令下，执行 ipconfig /flushdns 命令可清除 DNS 缓存。

设置浏览器的默认主页为空白，防止开启浏览器后访问默认首页，造成捕获无用的数据包。首先设置捕获条件，例如，要捕获数据包的双方主机 IP 地址和数据包的类型 DNS（TCP）及 DNS（UDP），然后开始捕获数据包。

打开浏览器，在地址栏中输入广州航海高等专科学校的网站域名 http://www.gzhmt.edu.cn，访问该网站。

通过浏览器访问 www.gzhmt.edu.cn 网站时，主机 yinliu（IP 地址为 10.10.70.14）不知道该网站的 IP 地址，将向 DNS 服务器 10.10.12.11 请求解析域名 www.gzhmt.edu.cn 的 IP 地址，如图 17-7 所示。DNS 服务器查询后，返回该域名的 IP 地址 211.66.64.17，如图 17-8 所示。

```
No.  Status  Source Address     Dest Address       Summary                                                    Len (Bytes)
11           YINLIU             [10.10.12.11]      DNS: C ID=23507 OP=QUERY NAME=www.gzhmt.edu.cn             76
12           [10.10.12.11]      YINLIU             DNS: R ID=23507 OP=QUERY STAT=OK NAME=www.gzhmt.edu        92
13           YINLIU             www.gzhmt.edu.c    TCP: D=80 S=1130 SYN SEQ=3473292932 LEN=0 WIN=65535        62
14           www.gzhmt.edu.cn   YINLIU             TCP: D=1130 S=80 SYN ACK=3473292933 SEQ=2253323898         62
15           YINLIU             www.gzhmt.edu.c    TCP: D=80 S=1130     ACK=2253323899 WIN=65535              60

DLC: Ethertype=0800, size=76 bytes
IP: D=[10.10.12.11] S=[10.10.70.14] LEN=42 ID=1822
UDP: D=53 S=65411  LEN=42
DNS: ----- Internet Domain Name Service header -----
  DNS:
  DNS: ID = 23507
  DNS: Flags = 01
  DNS: 0... .... = Command
  DNS: .000 0... = Query
  DNS: .... ..0. = Not truncated
  DNS: .... ...1 = Recursion desired
  DNS: Flags = 0X
  DNS: ...0 .... = Non Verified data NOT acceptable
  DNS: Question count          = 1
  DNS: Answer count            = 0
  DNS: Authority count         = 0
  DNS: Additional record count = 0
  DNS:
  DNS: ZONE Section
  DNS:     Name = www.gzhmt.edu.cn
  DNS:     Type = Host address (A,1)
  DNS:     Class = Internet (IN,1)
  DNS:

00000000: 00 1a a9 0d 9b dd 00 11 25 32 88 06 08 00 45 00
00000010: 00 3e 07 1e 00 00 80 11 cd 64 0a 0a 46 0e 0a 0a
00000020: 0c 0b ff 83 00 35 00 2a fc 6d 5b d3 01 00 00 01
00000030: 00 00 00 00 00 00 03 77 77 77 05 67 7a 68 6d 74   .......www.gzhmt
00000040: 03 65 64 75 02 63 6e 00 00 01 00 01               .edu.cn....

Expert  Decode  Matrix  Host Table  Protocol Dist.  Statistics
```

图 17-7　请求 DNS 解析的报文

图 17-7 所示是一个请求 DNS 解析的报文，下面对这个报文进行简单分析。

① ID：代表标识字段，由客户程序设置，由服务器返回结果，这个数值在请求和相应的响应数据包中相同，这里为 23507。

② Flags：16 位的标志字段。其中，第一个 8 位字段的第一位（response 位）为 0，表示查询报文，如果为 1 则表示响应报文。

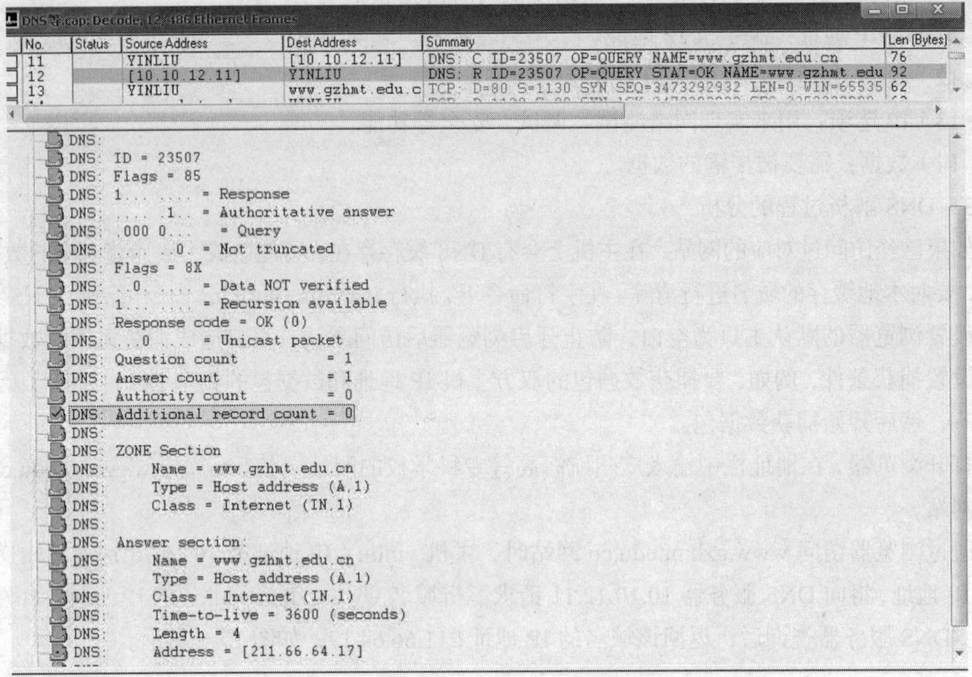

图 17-8 DNS 解析请求的响应报文

③ Question count：问题数，这里值为 1。

④ Answer count：记录数，这里值为 0。

⑤ Authority count：授权资源记录数，这里值为 0。

⑥ Additional record count：额外资源记录数，这里值为 0。

在 ZONE Section 部分可以看到被查询的域名的 FQDN（Fully Qualified Domain Name，完整的域名）名字，这里是 www.gzhmt.edu.cn。

图 17-8 所示是一个 DNS 解析请求的响应报文，下面对这个报文进行简单介绍。

① ID：标识字段。这里 ID 为 23507，与请求报文的 ID 一样。

② Flags：标志位。这里 16 位标志位的第一位（response 位）为 1，表示是响应报文。

③ Question count：问题数是 1。

④ Answer count：答案数是 1。

在 ZONE Section 区域可以看到提出问题的主机的 FQDN 名称。

在 Answer section 区域可以看到要查询域名 www.gzhmt.edu.cn 的 IP 地址是 211.66.64.17。其中，Time-to-live=3600 表示这条信息可以在缓存中保存的时间。

4. TCP 会话建立过程中的“三次握手”分析

根据图 17-9 分析 TCP 连接建立时的三次握手的过程。

（1）第一个帧：Web 客户端（yinliu）向 Web 服务器（www.gzhmt.edu.cn）发送了一个数据包。由于 Web 在 80 端口提供服务，客户端通过随机选择的一个本地端口 1130 向 Web 服务器的 80 端口发送数据包。同时，SYN 字节被设定为同步方式，序号（3473292932）是工作站随机选择的，用来识别这次 TCP 会话。

（2）第二个帧：服务器通过发送带有回执号（3473292933）的帧来发送回执会话，这个帧比

DNS等.cap: Decode, 13/486 Ethernet Frames

No.	Status	Source Address	Dest Address	Summary	Len (Bytes)
12		[10.10.12.11]	YINLIU	DNS: R ID=23507 OP=QUERY STAT=OK NAME=www.gzhmt.edu	92
13		YINLIU	www.gzhmt.edu.c	TCP: D=80 S=1130 SYN SEQ=3473292932 LEN=0 WIN=65535	62
14		www.gzhmt.edu.cn	YINLIU	TCP: D=1130 S=80 SYN ACK=3473292933 SEQ=2253323898	62
15		YINLIU	www.gzhmt.edu.c	TCP: D=80 S=1130 ACK=2253323899 WIN=65535	60
16		YINLIU	www.gzhmt.edu.c	HTTP: C Port=1130 GET /index4.jsp HTTP/1.1	304
17		www.gzhmt.edu.cn	YINLIU	TCP: D=1130 S=80 ACK=3473293183 WIN=6432	60
18		www.gzhmt.edu.cn	YINLIU	HTTP: R Port=1130 HTTP/1.1 Status=OK	1514
19		www.gzhmt.edu.cn	YINLIU	HTTP: Continuation of frame 18; 1460 Bytes of data	1514
20		YINLIU	www.gzhmt.edu.c	TCP: D=80 S=1130 ACK=2253326819 WIN=65535	60
21		www.gzhmt.edu.cn	YINLIU	HTTP: Continuation of frame 18; 1460 Bytes of data	1514
22		www.gzhmt.edu.cn	YINLIU	HTTP: Continuation of frame 18; 1460 Bytes of data	1514

```
TCP: ----- TCP header -----
  TCP:
  TCP: Source port             =  1130
  TCP: Destination port        =    80 (WWW/WWW-HTTP/HTTP)
  TCP: Initial sequence number = 3473292932
  TCP: Next expected Seq number= 3473292933
  TCP: Data offset             = 28 bytes
  TCP: Reserved Bits: Reserved for Future Use (Not shown in the Hex Dump)
  TCP: Flags                   = 02
  TCP:             ..0. .... = (No urgent pointer)
  TCP:             ...0 .... = (No acknowledgment)
  TCP:             .... 0... = (No push)
  TCP:             .... .0.. = (No reset)
  TCP:             .... ..1. = SYN
  TCP:             .... ...0 = (No FIN)
  TCP: Window                  = 65535
  TCP: Checksum                = 0D6F (correct)
  TCP: Urgent pointer          = 0
  TCP:
  TCP: Options follow
  TCP: Maximum segment size = 1460
  TCP: No-Operation
  TCP: No-Operation
```

图 17-9　TCP 会话建立过程中的“三次握手”

序号(3473292931)大 1，序号由客户端产生。服务器还在帧中包含了随机选择的序号(2253323898)等来识别这次会话。

（3）最后一个帧：客户机发送一个回执数据包（ACK=2253323899），确认收到来自服务器的帧。

建立会话后，服务器和客户端就可以交换数据了。

5. HTTP 协议的分析

客户机访问 Web 网站时，采用的是 HTTP 通信协议。

HTTP（Hyper Text Transfer Protocol，超文本传输协议）协议是从 WWW 服务器传输超文本到本地浏览器的传送协议，可以使浏览器更加高效，使网络传输减少。它不仅保证计算机正确快速地传输超文本文档，还确定传输文档中的哪一部分，以及哪部分内容首先显示（如文本先于图形）等。

一次 HTTP 操作称为一个事务，其工作过程可分为 4 步。

（1）客户机与服务器需要建立连接。只要单击某个超链接，HTTP 的工作就开始了。

（2）建立连接后，客户机发送一个请求给服务器，请求方式的格式为：统一资源标识符（URL）、协议版本号，后边是 MIME 信息（包括请求修饰符、客户机信息和可能的内容）。

（3）服务器接到请求后，给予相应的响应信息，其格式为一个状态行，包括信息的协议版本号、一个成功或错误的代码，后边是 MIME 信息（包括服务器信息、实体信息和可能的内容）。

（4）客户端接收服务器所返回的信息通过浏览器显示在用户的显示屏上，然后客户机与服务器断开连接。

图 17-10 是采用 sniffer 捕获的 HTTP 协议的数据包。可以看到，客户机与服务器通过“三次握手”建立会话后，客户机随机选择一个端口（这里是 1130）与 Web 服务器（默认是 80 端口）进行通信。

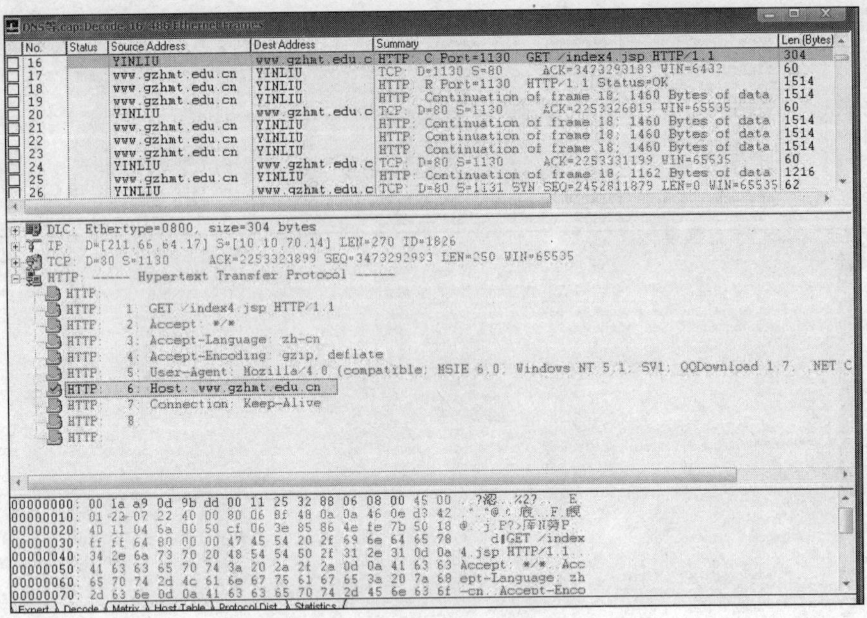

图 17-10　HTTP 协议数据包

在第 16 帧中，服务器告诉客户机有关服务器的一些信息，如服务器采用的协议版本是 http1.1、采用 get 方法来请求指定的资源以及网站默认的首页是 index4.jsp。

第 17 个数据帧相当于第 16 帧的回复帧，同时确认客户端可以提供的 TCP 窗口的大小。

五、实训总结与提高

本实训首先学习了 sniffer 工具的基本使用，然后结合捕获的数据包及协议的格式，依次分析了 ping 命令、DNS 解析过程、TCP 建立时的“三次握手”的过程以及 HTTP 工作过程。完成本实训后，读者应该能够熟练掌握 sniffer 工具的使用，对网络中的协议进行分析，解决网络问题。

需要注意，捕获数据包时会发现尽管没有额外的网络访问，也会出现一些不希望看到的数据包，这些数据包可能是正在运行的 QQ 之类的即时通信软件造成的。因此，在捕获数据包时需要首先关闭这些软件，以免造成影响。

如果浏览器已经设置了默认的首页，应该把它设置为空，防止打开浏览器时自动打开默认首页，避免捕获无用的数据。

在完成本实训基础上，思考以下问题。

① 如何修改捕获数据包的网卡，比如修改为采用无线网卡进行捕获数据。

② 采用 sniffer 捕获 TCP 通信终止时“四次挥手”的过程，并进行分析。

③ 采用 sniffer 捕获 Telnet 协议，SMTP 协议，POP3 协议，FTP 协议等，分析它们的工作原理。

④ 用 sniffer 监测网络性能，制定基准并分析变化趋势。

⑤ 用 sniffer 分析网络问题，建立网络分析报告，探测并补救安全漏洞。

⑥ 学习使用 sinffer 检修传输故障以优化网络。

实训18 防火墙的基本配置

一、实训目的

1. 采用串口模式对防火墙进行初始化操作。
2. 采用防火墙客户端对防火墙进行基本配置和高级配置。
3. 在路由模式下配置防火墙，并启用防火墙的 NAT 和 PAT 功能。
4. 采用防火墙对 IM、P2P、流媒体进行封堵。

二、实训设备

速通 s50a 防火墙 1 台。防火墙自带的转换头，直通线。

三、预备知识

防火墙（Firewall）是指隔离在内部网络与外部网络之间的一道防御系统，是在网络之间执行安全控制策略的系统。防火墙在用户与 Internet 之间建立起一道屏障，把用户与外部网络隔离，保护内部网络资源不被外部非授权用户使用，防止内部网络受到外部非法用户的攻击。防火墙通过检查所有进出内部网络的数据包，检查数据包的合法性，判断是否会对网络安全构成威胁，为内部网络建立一个安全边界。

用户可以通过设定规则来决定在哪些情况下防火墙应该隔断计算机与 Internet 之间的数据传输，哪些情况允许两者之间的数据传输。通过这样的方式挡住外部网络对内部网络的入侵和攻击，以保障用户网络的安全。防火墙是一种非常有效的网络安全管理模型，可以隔离风险区与安全区的连接，又不会妨碍对风险区的访问。

防火墙是一种综合性的技术，涉及计算机网络技术、密码技术、安全技术、软件

技术。防火墙的主要目标是防止外部网络的未授权访问。它是不同网络或不同网络安全域之间信息的唯一出入口，可以按照用户事先规定的方案控制信息的流入和流出，且本身具有较强的抗攻击能力，可以监督和控制使用者的操作，使得用户可以安全地使用网络，避免受到黑客的攻击。此外，防火墙还提供信息安全服务，实现网络和信息的安全。

防火墙包含一对矛盾机制，既要限制数据流通，又要允许数据流通。在防火墙的管理策略中，一种是除了非允许不可的都被禁止，这种策略安全，但访问效率较低；另一种是除了非禁止不可的都被允许，这种策略效率高，但安全性较差。防火墙监控进出网络的信息，仅让安全、符合规则的信息进入内部网络。目前比较成熟的防火墙技术有基于硬件的“包过滤”技术和通过软件实现的“代理服务器”技术。

四、实训内容与步骤

1．速通 s50a 防火墙介绍

速通 s50a 防火墙（如图 18-1 所示）提供 5 个以太网接口，支持 100Mbit/s 带宽、100 条策略、5 万个并发连接数，支持路由模式和 ADSL（PPPoE）、地址转换（NAT）、端口地址转换（PAT），支持状态检测包过滤、基于时间的过滤、IP/MAC 地址绑定、支持 DOS/DDOS 防护、能够封堵 IM、P2P 和流媒体，具有流量管理和 VPN 功能，支持双机热备和链路备份。

图 18-1　速通 s50a 防火墙外观图

2. 采用串口连接防火墙

借助防火墙自带的转换头，用一条直通线将计算机与防火墙正确连接。将转换头一端接到计算机的 COM 口上，另一端接到防火墙 COM 口上。

在“开始”菜单中选择“程序→附件→通讯→超级终端”选项，打开“超级终端”窗口。设置连接名称，选择正确的 COM 口，按图 18-2 所示设置端口参数，连接成功后，“超级终端”窗口如图 14-3 所示。

COM4 属性

端口设置

每秒位数(B): 115200
数据位(D): 8
奇偶校验(P): 无
停止位(S): 1
数据流控制(F): 无

还原为默认值(R)

确定　取消　应用(A)

图 18-2　端口参数设置

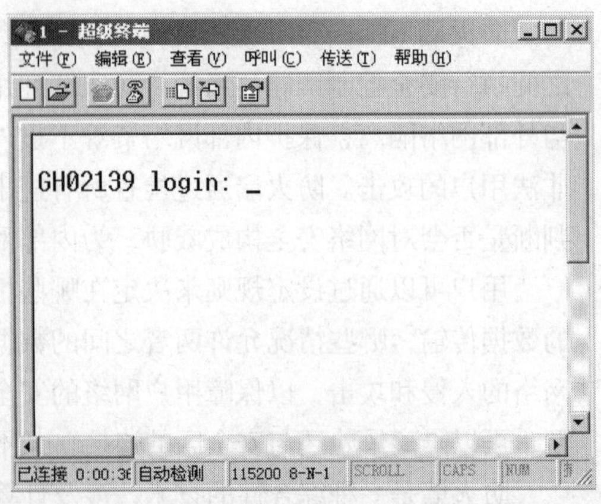

图 18-3　采用超级终端登录防火墙

该状态下可以对防火墙进行初始化操作。初始化后，防火墙的默认管理 IP 是 192.168.0.1/24。

3. 将要管理的防火墙添加到客户端管理软件中

（1）设置管理计算机的 IP 地址为 192.168.0.x/24（x 为任意地址），与防火墙在同一网段。

（2）使用速通防火墙客户端对防火墙进行管理。

在计算机上安装速通防火墙客户端软件，即可通过该软件管理防火墙，如图 18-4 所示。默认用户名和密码均为 admin。

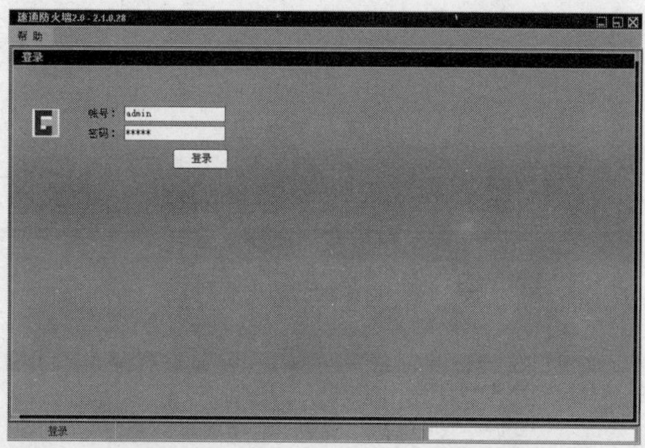

图 18-4　采用客户端管理软件登录防火墙

登录后，单击“添加”按钮（如图 18-5 所示），添加要管理的防火墙的 IP 地址，输入要管理的防火墙的 IP 地址 192.168.0.1，单击“确认”按钮，即可将要管理的防火墙添加进来，如图 18-6 所示。双击对应的防火墙 IP 地址即可进行管理。

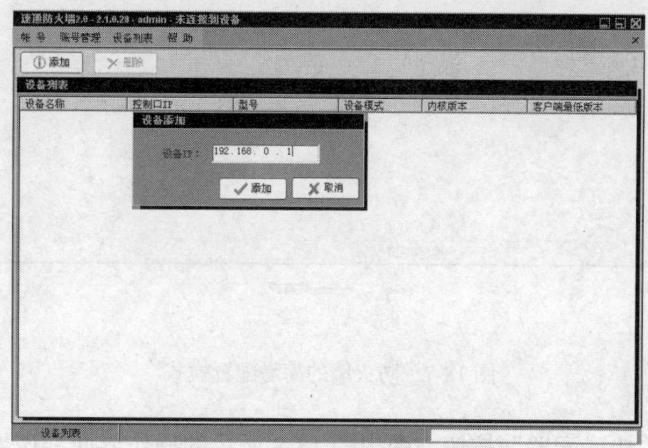

图 18-5　添加要管理的防火墙

这种模式可以把多台防火墙添加进来，进行集中管理。

4. 通过客户端对防火墙进行管理

速通防火墙提供简易配置模式和高级配置模式。

在登录界面输入管理员的密码登录后，默认进入防火墙简易配置模式的主界面，如图 18-7 所示。

简易配置模式包括 4 项配置：快速配置、IPsec 设置、修改密码和切换到高级模式。

（1）快速配置。

在快速配置模式下，通过向导可以引导用户简便快速地完成速通防火墙的配置工作。

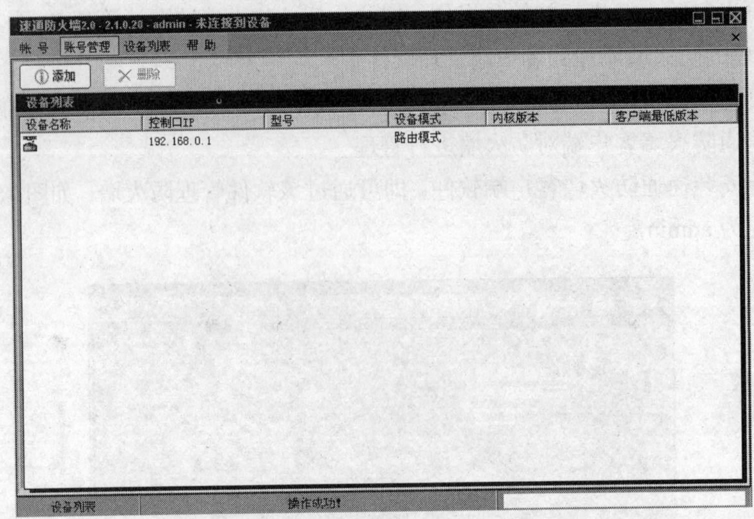

图 18-6 已添加的防火墙列表

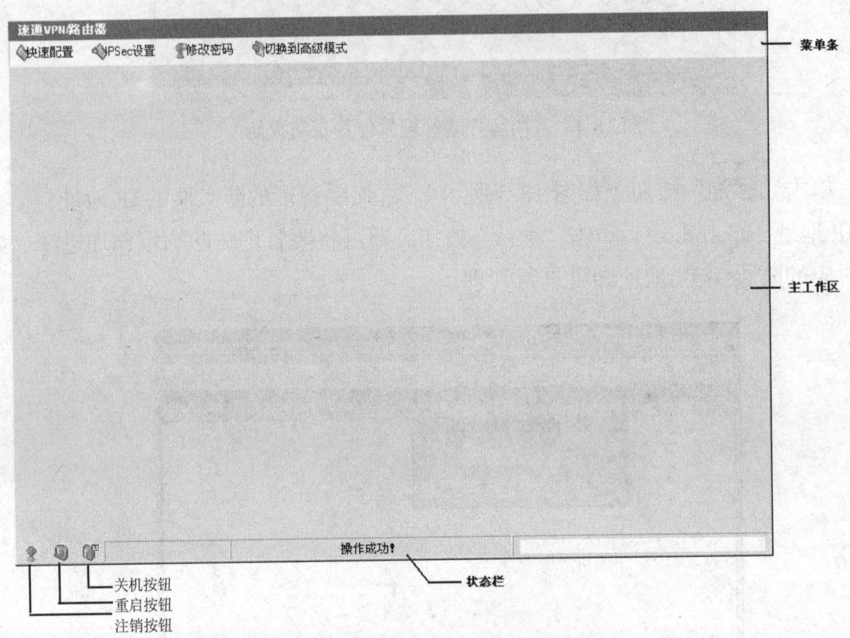

图 18-7 防火墙的简易配置模式

在菜单栏中单击“快速配置”按钮，弹出图 18-8 所示的操作界面。该界面包括 5 个选项卡：外部口[Wan]配置、内部口[Lan]配置、扩展口[Ext1]配置、其他配置和配置清单。

① “外部口[Wan]配置”选项卡：配置外部口信息，即接入信息，如图 18-8 所示。在该项配置中选择接入模式。

- 如果使用 ADSL 方式，应选中“使用 PPPoE（ADSL）”单选按钮，在“用户名”文本框中输入 ADSL 账号，在“密码”文本框中输入 ADSL 的密码，完成在外部口上使用 ADSL 的接入配置工作。如果需要控制 ADSL 的使用时间，需要选中“时间控制开启”复选框，设置生效时间。
- 如果使用小区宽带等固定 IP 的方式，应选中“使用下面的 IP 地址”单选按钮，输入运营

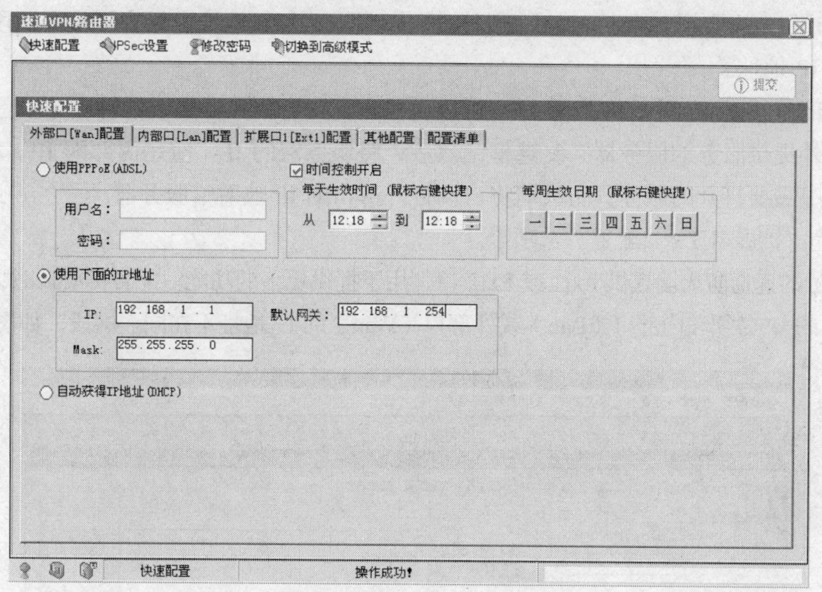

图 18-8　“外部口配置”选项卡

商分配的 IP 地址、子网掩码和默认网关等信息。

- 如果使用 CableModen 等自动获得 IP 的方式，应选中“自动获得 IP 地址（DHCP）”单选按钮，外部口将向网络中的 DHCP 服务器请求 IP 地址和相应信息，并自动将这些信息绑定到外部口上。

② “内部口[Lan]配置”选项卡。

配置用户内部网接口信息，如图 18-9 所示。

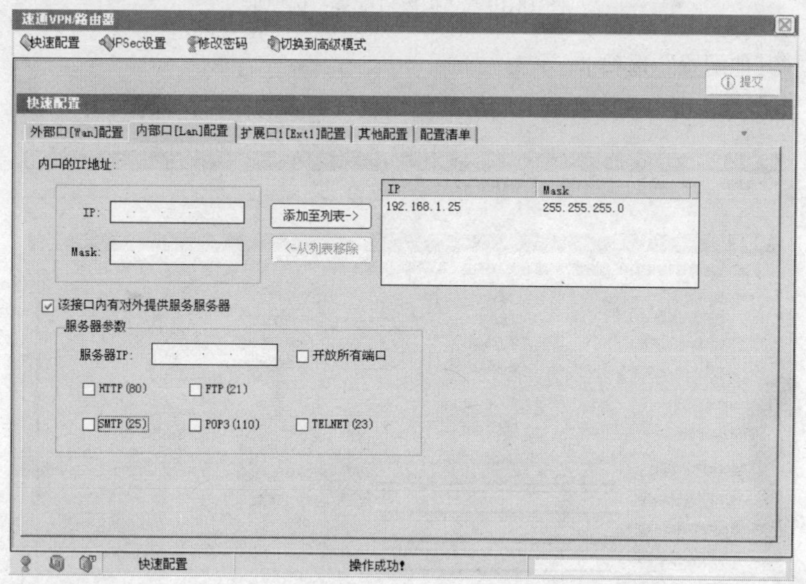

图 18-9　“内部口配置”选项卡

通过该选项卡可以为内部接口配置一个或多个 IP 地址。在 IP 文本框中输入 IP 地址，在 Mask 文本框中输入子网掩码，单击“添加至列表”按钮，完成内部口配置 IP 的工作。凡是连接在

L1 ~ L4 接口的内部网络计算机，其 IP 地址应和内部网口的 IP 地址设置为同一个网段，网关设置为内部口的 IP 地址。

如果外部口接入 IP 地址为公网 IP，可以设置内部一台服务器提供对外服务。首先选中“该接口内有对外提供服务的服务器”复选框，然后，将服务器的 IP（应是内部网 IP）填入 IP 文本框中，再选中需要打开的服务，防火墙将自动把外部口的 IP 映射给服务器。

③ 设置“扩展口[Ext1]配置”选项卡。

某些型号的速通防火墙提供 Ext1 或 Ext2 口，用于提供更多的功能。配置扩展口时，需要注意扩展口（Ext）的 IP 必须和内部口（Lan）或外部口（Wan）的 IP 地址不在同一网段，如图 18-10 所示。

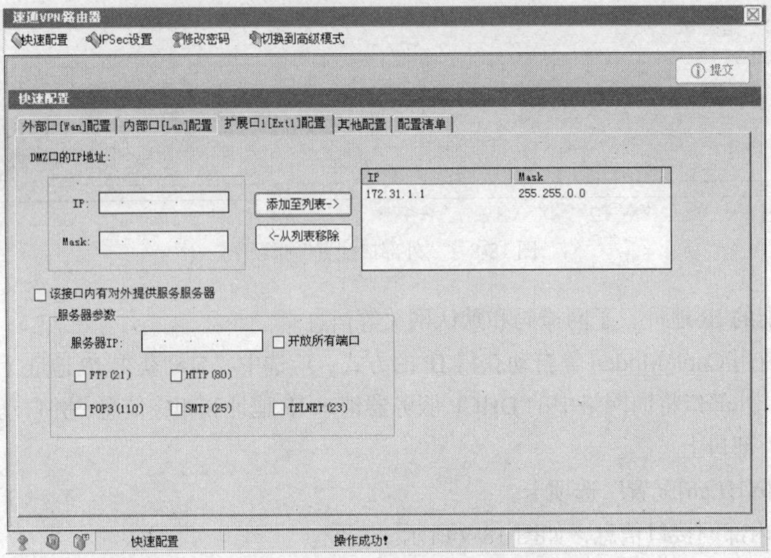

图 18-10 “扩展口配置”选项卡

④ 设置“其他配置”选项卡。

如图 18-11 所示，可以在内容层对网络的使用进行更多的保护，包含以下功能。

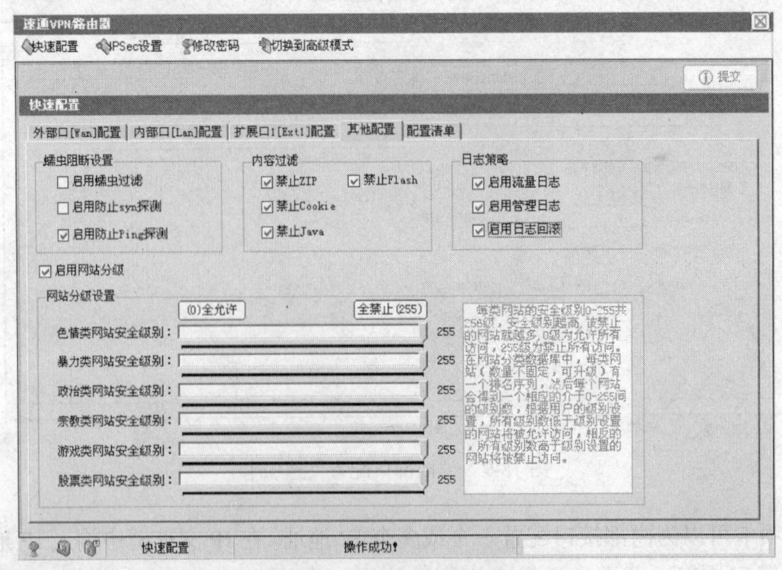

图 18-11 “其他配置”选项卡

- 蠕虫阻断设置：开启后，可以防止蠕虫病毒对网络的破坏。
- 内容过滤选项：在浏览网页时过滤有害的 ZIP、Flash、Cookie 和 Java 等信息。
- 启用网站分级：通过内置的分级数据库对网站进行过滤，防止内部对敏感网址的访问。
- 日志策略选项：设定日志的相关选项。

需要注意，此处的安全选项均以系统开销为代价，用户应该根据速度和安全性的要求选择。

⑤ 设置“配置清单”选项卡。

如图 18-12 所示，配置清单中列出了前面所有的配置信息，单击“提交”按钮能够将这些配置写入防火墙。

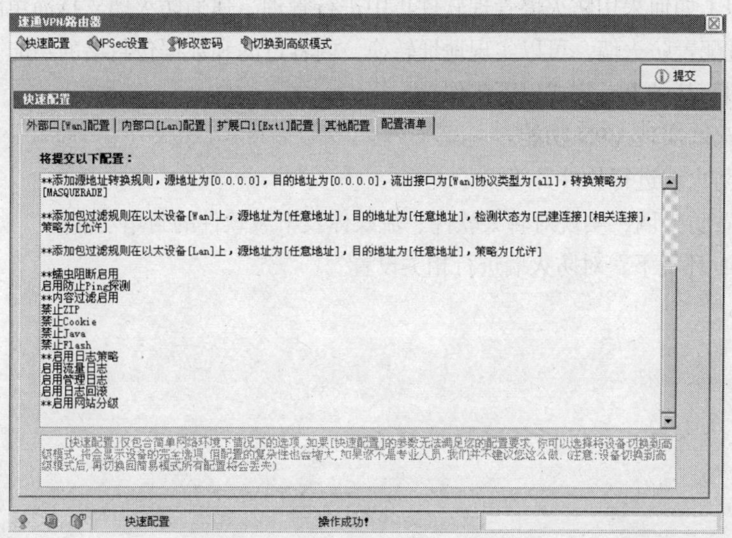

图 18-12　防火墙配置清单

（2）修改密码。

单击“修改密码”按钮，弹出图 18-13 所示的页面，可以修改防火墙登录密码。按照提示输入旧密码，然后输入新的密码后，单击“提交”按钮，即可修改当前的管理用户密码。

速通VPN路由器
快速配置　IPSec设置　修改密码　切换到高级模式
提交
修改密码
旧密码：
新密码：
新密码（确认）：
注意：密码长度为5-16。
修改密码　操作成功!

图 18-13　修改防火墙登录密码

（3）切换到高级模式。

单击“切换到高级模式”按钮，进入高级配置模式。高级模式向用户提供了更多的配置选择和修改权限。

需要注意，一旦进入高级配置模式后，如果再切换回快速配置模式，防火墙将把配置恢复为出厂时的默认配置。

五、实训总结与提高

本实训认识了如何采用防火墙管理软件集中进行管理。速通防火墙支持简单配置模式和高级配置模式。通过配置防火墙，可以实现地址转换、内容过滤和数据包封堵的功能。

在完成实训的基础上，完成以下工作。

① 使用防火墙实现 VPN 功能。

② 对速通防火墙进行软件升级。

③ 通过设置防火墙，实现对聊天软件、流媒体及下载软件的封堵功能。

④ 在 ADSL 环境下，对防火墙进行相关设置。

实训 19

综合布线施工与文档

一、实训目的

1. 认识各类网络传输介质：同轴电缆、UTP 线缆、STP 线缆、超 5 类双绞线、6 类双绞线、单模/多模光纤，培养学生对各种线缆和光缆的正确识别能力。

2. 熟悉各种介质的产品性能和技术指标，使学生掌握在不同环境下正确选择组网线缆的方法。

3. 认识 RJ-45 连接器、信息模块、信息插座、RJ-45 配线架、理线架、光电转换器、光纤模块、光纤连接器、光纤配线架，使学生能够识别并正确使用各种连接器件。

4. 熟悉网线压线钳，网线测试仪，光纤熔接机，通信线缆验证测试仪的使用。

5. 学习制作直通线和交叉线，学习光纤熔接。

6. 掌握模块连接技术，学习配线架的拆装和线槽的布放。

7. 使用各种测试工具测试信号，解决网线及网络故障。

8. 理解交换机的各种技术参数。

9. 在模拟墙上作各类管道敷设，掌握垂直系统、水平系统和管理间等系统的敷设。

二、实训设备

1. 各种组网线材：超 5 类线缆、光纤。

2. 水晶头、信息模块、信息插座、RJ-45 配线架、光电转换器、光纤模块、光纤连接器、光纤配线架、SC 型、FC 型、ST 型光纤连接器。

3. 网线钳、网线测试仪、光纤熔接机、通信线缆验证测试仪。

三、预备知识

综合布线系统是一种模块化的、灵活性极高的建筑物内或建筑群之间的信息传输通

道。它既能使语音、数据、图像设备和交换设备与其他信息管理系统彼此相连，也能使这些设备与外部相连接，还包括建筑物外部网络或电信线路的连接点与应用系统设备之间的所有线缆及相关的连接部件。综合布线系统由不同系列和规格的部件组成，包括传输介质、相关连接硬件（如配线架、连接器、插座、插头、适配器）以及电气保护设备等。这些部件可用来构建各种子系统，它们都有各自的具体用途，不仅易于实施，而且能随需求的变化而平稳升级。

结构化综合布线系统（Structured Cabling Systems，SCS）采用模块化设计和分层星形拓扑结构，能够适应大楼或建筑物的布线系统，其代表产品是建筑与建筑群综合布线系统（Premises Distribution System，PDS）。PDS 一般采用模块化设计和物理分层星形拓扑结构，可传输语音、数据、图像以及各类控制信号。PDS 的结构可分为 6 个独立的子系统（模块）。

四、实训内容与步骤

1. 在综合布线实训室演示以下材料

① 5 类、超 5 类和 6 类 UTP、STP 双绞线，大对数双绞线（25、50、100）。

② 单模和多模光纤，室内与室外光纤，单芯与多芯光纤。

③ RJ-45 水晶头、信息模块和免打信息模块、信息插座底盒、面板、24 口 RJ-45 配线架、110 配线架。

④ ST 头、SC 头、FC 头、光纤耦合器、光纤终端盒、光纤收发器、交换机光纤模块、光电转换器。

⑤ 镀锌线槽及配件（水平三通、弯通、上垂直三通等），PVC 线槽及配件（阴角、阳角等）、管、梯形桥架。

⑥ 立式机柜、壁挂式机柜、多媒体配线箱。

⑦ 膨胀栓、标记笔、捆扎带、木螺钉、膨胀胶等。

2. 制作各种线缆

① 制作双绞线。采用超 5 类双绞线制作直通线和交叉线，用测试仪对线缆进行测试。

② 熔接光纤。采用光纤熔接机把室外光纤和室内光纤进行熔接。

③ 把网线、光纤和交换机连接。对网线、室内光纤和交换机进行连接，连接时注意光纤接头类型和交换机光纤模块类型的匹配以及光纤发送和接收线的识别。

3. 综合布线实验

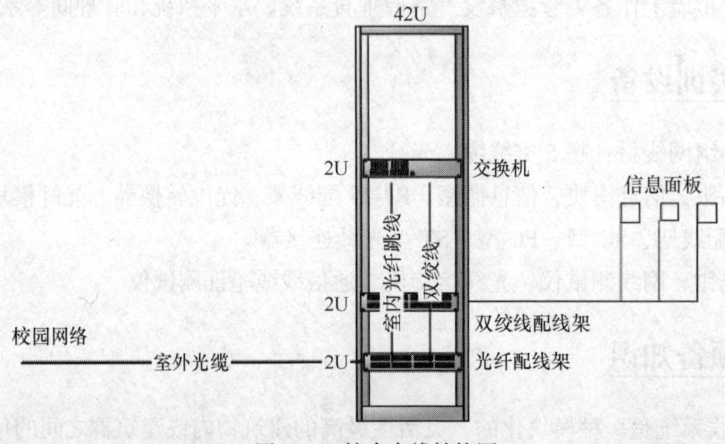

图 19-1　综合布线结构图

① 在综合布线实验室中，预设一条室外光纤接入学校校园网络。在实验室内，采用模拟墙模拟水平系统、垂直系统和管理间系统等 6 个子系统。在机柜内，对室外光纤的另一端和室内光纤跳线进行熔接，如果室外光纤是单模，室内跳线也要采用单模。光纤熔接后，存放在光纤配线架内，便于固定光纤，使布线整齐美观。

② 机柜内架设有光纤配线架、双绞线配线架和支持光口的交换机。将室内光纤跳线与支持光口的交换机进行连接，如图 19-1 所示。

③ 在模拟墙上安装信息模块，通过超 5 类双绞线把每个信息模块汇集到双绞线配线架，再连接到交换机。

④ 用双绞线把计算机连接到信息模块，即可访问校园网络。

五、实训总结与提高

本实训简单介绍了综合布线项目的总体思路，包括如何制作双绞线、如何熔接光纤、如何使用双绞线或光纤将交换设备互连等。

在本实训的基础上，进一步完成以下工作。

① 在网络布线实训室或到网络综合布线工地参观，认识以上材料在工程中的使用。

② 了解学校网络中心或实训楼的综合布线系统的情况，完成一份综合布线系统的设计方案。

③ 仔细观察一栋智能化布线的办公楼，注意市电电缆、网线的走向和桥架路由的架设。

实训 20

神州数码交换机的配置

一、实训目的

1. 熟悉交换机提供的接口类型和数量。
2. 学习交换机的初始化方法和基本配置命令。
3. 启用 telnet，Web 服务及建立对应账号的方法。
4. 交换机的数据备份方法和数据恢复。
5. VLAN 划分。

二、实训设备

神州数码 DCS-3600-26C 吉比特可网管二层以太网交换机。

三、预备知识

神州数码 DCS-3600-26C 交换机是一款吉比特可网管二层以太网交换机，如图 20-1 所示。该型号交换机的基本参数如下：背板带宽为 32Gbit/s，包转发率为 10.1Mbit/s，提供 24 个 10/100Mbit/s 端口和 2 个 100/1000Mbit/s Combo（SFP/GT）接口，可灵活用于吉比特上联、级联。能够通过 CLI、Web、telnet SNMP（v1、v2、v3）等方式进行管理。

图 20-1　神州数码 DCS-3600-26C 交换机外观图

四、实训内容与步骤

1. 交换机的初始化

交换机的管理分为带外管理和带内管理。

- 带外管理（Out-band management）：通过 console 口对交换机进行配置管理。通常在首次配置交换机或无法进行带内管理时使用。例如，用户希望通过远程 telnet 或 HTTP 访问交换机时，必须先通过 console 口给交换机配置一个 IP 地址。
- 带内管理（In-band management）：通过 telnet 登录到交换机，或者通过 HTTP 协议访问交换机，或者通过神州数码网络有限公司自主研发的网管软件 LinkManager 对交换机进行配置管理。带内管理方式可以使连接在交换机中的某些设备具有管理交换机的功能。当交换机的配置出现变更，导致带内管理失效时，可以用带外管理对交换机进行配置管理。

若通过 IP 地址方式管理交换机，首先要用控制口对交换机进行初始化配置，包含给交换机分配一个管理 IP 地址。

（1）用串口线将交换机和计算机连接。

用专用串口控制线将计算机的串口和交换机的控制口相连。台式计算机一般都提供公口类型的 COM 接口，而多数笔记本则提供母口类型的接口，而控制线一般是提供母口类型，可见，要通过笔记本的 COM 接口连接控制线将无法直接连接，需要采用串口转换器进行转换。

❖ 注意：一定要用神州数码交换机提供的专用控制线连接计算机和交换机，不同品牌交换机的串口线的线序或电压可能不同，会造成无法检测到交换机。

（2）使用超级终端进行初始化配置。

① 打开超级终端，新建一个连接，名字设置为 dcs-3600，打开“端口设置”参数页面，如图 20-2 所示。单击“还原为默认值”按钮，将相应的参数值依次设置如下：每秒位数为 9600，数据位为 8，奇偶校验为“无”，停止位为 1，数据流控制为“无”。

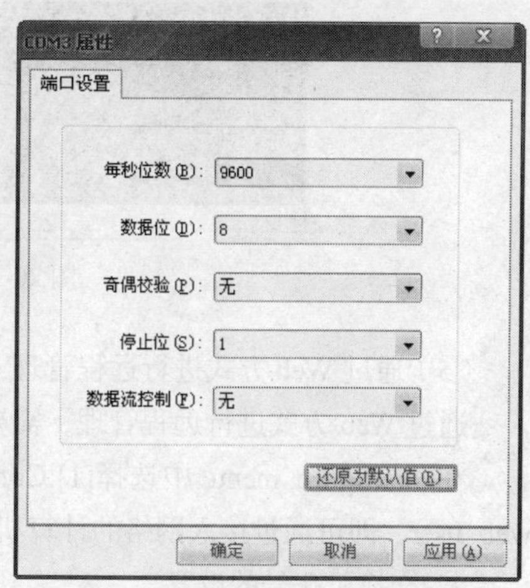

图 20-2　超级终端端口参数设置

② 单击“确定”按钮，进入超级终端页面。此时启动交换机，可以看到交换机的启动过程。

③ 交换机启动完成后，显示“Continue with configuration dialog? [y/n]:”提示，选择 y，采用交互模式对交换机进行基本配置。该状态也可以通过执行 setup 命令进入。

（3）在 setup 模式下对交换机进行配置。

在交换机提供的 setup 模式下，可以通过菜单方式对交换机进行基本配置。

在 setup 模式下提供的基本功能如下。

```
[0]:Config hostname
[1]:Config interface-Vlan1
[2]:Config telnet-server
[3]:Config web-server
```

```
[4]:Config SNMP
[5]:Exit setup configuration without saving
[6]:Exit setup configuration after saving
```

① 设置交换机的名字，选择数字 0，可以看到以下内容。

```
Selection number:0
Please input the host name[switch]:gzhmt_sw
```

② 配置 vlan1，可以设置交换机管理 IP 地址，选择数字 1，可以看到以下内容。

```
Config interface-Vlan1
[0]:Config interface-Vlan1 IP address
[1]:Config interface-Vlan1 status
[2]:Exit
```

③ 选择 0，设置 IP 地址为以下情形。

```
Selection number:0
Please input interface-Vlan1 IP address (A.B.C.D):192.168.1.41
Please input interface-Vlan1 mask [255.255.255.0]:255.255.255.0
```

④ 在初始状态下，交换机仅存在一个 VLAN1，并且 26 个接口都属于该 VLAN1。可以采用 show vlan 命令查看。此时，每个接口的状态则可以采用类如 show interface Ethernet 0/0/1 的命令查看。

⑤ 返回交换机的特权模式，采用 show running-config 可以看到交换机已经具备了管理 IP 地址。此时，通过网络能够 ping 通该 IP 地址。

（4）通过 telnet 方式进行远程管理。

以 telnet 方式进行远程管理，需要启用 telnet 服务。

在 configure menu 中选择[2]:Config telnet-server，启用 telnet 服务。

设置用户账号 telnet_user，然后通过接入网络的计算机以 telnet 方式访问，如图 20-3 所示。

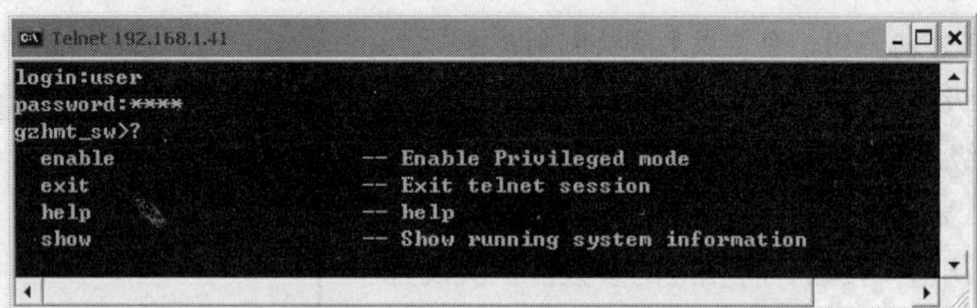

图 20-3 采用 telnet 方式登录交换机

（5）通过 Web 方式进行远程管理。

通过 Web 方式进行远程管理，需要启用 Web 服务。

在 configure menu 中选择[1]:Config web server status，启用 Web 服务，并设置用户账号 web_user，即可通过接入网络的计算机以 Web 方式访问，如图 20-4 所示。

2. 交换机账号的设置

交换机的用户可以设置为 visitor 和 admin 两种身份。visitor 用户能够使用 show 命令以及 ping、traceroute、clear 命令，该用户身份无法进入 config 模式。admin 用户可以使用所有命令，具备所有权限。

建立用户账号的过程如下。

```
gzhmt_sw>enable
gzhmt_sw#config  terminal
gzhmt_sw(Config)#enable  password  level  admin
Current password:
```

```
New password:******
Confirm new password:******
gzhmt_sw(Config)#
```

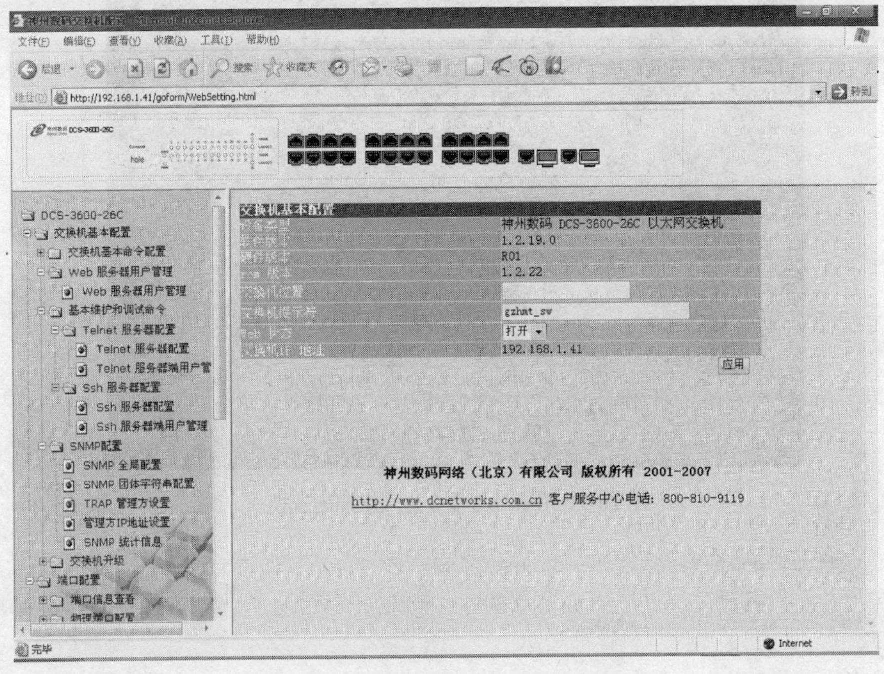

图 20-4　采用 Web 方式登录交换机

3. 通过 IP 地址对交换机进行管理

采用超级终端的方式为交换机的 VLAN1 配置 IP 地址后，可以通过 telnet 或 Web 方式对交换机进行远程管理。

① 假设交换机 VLAN1 的 IP 地址为 192.168.1.41/24，设置计算机的 IP 地址为 192.168.1.1/24，计算机和被管理的交换机位于一个子网内。

② 打开计算机的 command 界面，用 telnet 192.168.1.41 命令连接交换机。

③ 输入用户账号，可以看到如图 20-3 所示的交换机的普通用户模式，在该模式下，用户只能使用几个基本命令，不能修改交换机的配置。例如，用 show clock 命令能够查看当前的系统时间，用 show version 命令能够查看系统硬件和软件状态信息。若需要使用更多的命令，需要用 enable 命令进入交换机提供的特权模式。

在交换机的普通用户模式下输入 enable 命令，输入用户密码，可以进入交换机的特权模式，能够使用所有的命令，并能够修改交换机的配置，如图 20-5 所示。

通过 Web 方式对交换机进行管理的方法：打开浏览器，在地址栏中输入 http:// 192.168.1.41，弹出登录验证框，输入用户账号，即可看到如图 20-4 所示的图形界面。通过图形界面能够对交换机进行全面的管理。

4. 交换机的基本配置

通过 telnet 方式登录交换机后，可以使用命令对交换机进行配置。

（1）配置交换机管理 IP。

```
gzhmt_sw#config
gzhmt_sw(Config)#interface  vlan 1
```

```
Telnet 192.168.1.41

gzhmt_sw>enable
Password:******
gzhmt_sw#?
  clear                    -- Clear logging in logbuff channel
  clock                    -- Manage the system clock
  cluster                  -- Cluster Exec mode subcommands
  config                   -- Enable Config mode
  copy                     -- Copy file
  debug                    -- Debugging functions
  dot1x                    -- Configure 802.1X
  erase                    -- Erase last system failure info stored in flash
  exit                     -- Exit Privileged mode
  help                     -- help
  language                 -- Switch language mode <English, Chinese>
  monitor                  -- monitor
  no                       -- Negate a command or set its defaults
  ping                     -- Send echo messages
  rcommand                 -- Run command on remote switch
  reload                   -- Reboot the switch
  set                      -- Set switch
  setup                    -- Run the SETUP command facility
  show                     -- Show running system information
  telnet                   -- Connect remote computer
  traceroute               -- Trace route to destination
  write                    -- Write running configuration to flash

gzhmt_sw#
```

图 20-5　用 enable 命令进入全局配置模式

```
gzhmt_sw(Config-If-Vlan1)#ip address  192.168.1.41  255.255.255.0
gzhmt_sw(Config-If-Vlan1)#no shutdown  //激活 VLAN 接口，否则不可管理交换机
gzhmt_sw(Config-If-Vlan1)#exit
gzhmt_sw(Config)#
```

（2）启用 telnet 服务。

启用 telnet 服务，建立对应账号，限定 IP 地址访问范围。

```
gzhmt_sw(Config)#telnet-server  enable    //启用 telnet 服务
Telnetd already enabled.
gzhmt_sw(Config)#telnet-user  linyang  password  0  111111
//建立 telnet 账号
gzhmt_sw(Config)#telnet-server  securityip  192.168.1.1
//限定访问 IP 地址
```

（3）启用 Web 服务。

```
gzhmt_sw(Config)#ip  http server
web server  is  on      //表明已经成功启动
gzhmt_sw(Config)#web-user  admin  password  0  digital
//设计交换机授权 HTTP 用户
```

5. 交换机的数据备份

采用 tftp 软件能够对交换机的系统文件和配置文件进行备份和恢复。

```
gzhmt_sw#show flash                    //查看相关文件
file name          file length
nos.img           3788145 bytes
startup-config      1142 bytes
running-config      1139 bytes
gzhmt_sw#copy  startup-config  tftp://192.168.1.1/switch200902
//备份配置文件
Confirm [Y/N]:y
begin to send file, wait...
file transfers complete.
close tftp client.
gzhmt_sw#
```

查看 tftp 软件的日志，可知是否备份成功。在 tftp 软件的相应目录下，可以看到备份的

文件。

6. 在交换机上划分 VLAN

划分 VLAN 可以减少广播风暴。建立两个 VLAN，名称分别为 gzhmt1、gzhmt2。图 20-6 所示是交换机的默认状态，所有的端口都属于 VLAN1。把 Ethernet0/0/2-6 划分到 VLAN 100 中，即 gzhmt1；把 Ethernet0/0/7-8 划分到 VLAN 200 中，即 gzhmt2，如图 20-7 和图 20-8 所示。

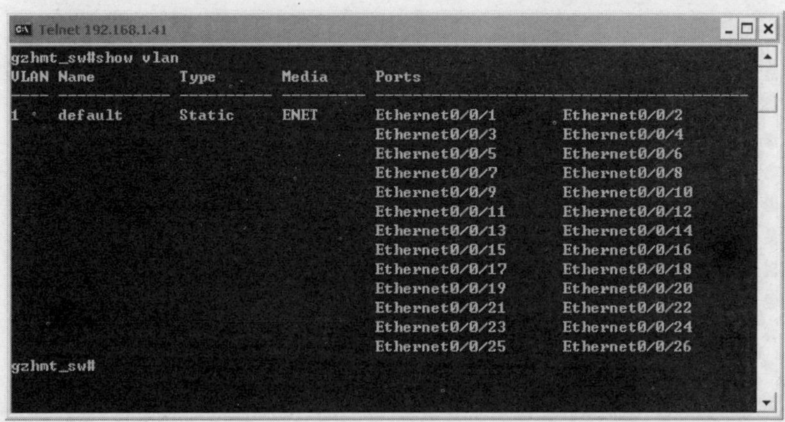

图 20-6 交换机默认的 VLAN 配置

```
Telnet 192.168.1.41
gzhmt_sw#config
gzhmt_sw(Config)#vlan 100
gzhmt_sw(Config-Vlan100)#name gzhmt1
gzhmt_sw(Config-Vlan100)#switchport interface Ethernet 0/0/2-6
Set the port Ethernet0/0/2 access vlan 100 successfully
Set the port Ethernet0/0/3 access vlan 100 successfully
Set the port Ethernet0/0/4 access vlan 100 successfully
Set the port Ethernet0/0/5 access vlan 100 successfully
Set the port Ethernet0/0/6 access vlan 100 successfully
gzhmt_sw(Config-Vlan100)#vlan 200
gzhmt_sw(Config-Vlan200)#name gzhmt2
gzhmt_sw(Config-Vlan200)#switchport interface Ethernet 0/0/7-8
Set the port Ethernet0/0/7 access vlan 200 successfully
Set the port Ethernet0/0/8 access vlan 200 successfully
gzhmt_sw(Config-Vlan200)#
```

图 20-7 配置交换机的 VLAN

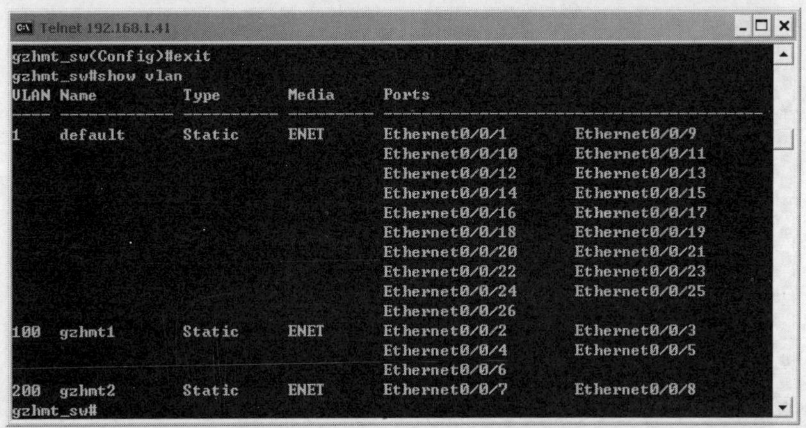

图 20-8 新增两个 VLAN 后的交换机

现在 VLAN 100 和 VLAN 200 之间已经不可以互相访问，如要实现相互访问，应该采用路由器或三层交换机的路由功能。

7. 查看交换机的配置内容

采用 show running-config 命令查看当前交换机的配置内容。

```
gzhmt_sw#show running-config
Current configuration:
!
  enable password level admin e10adc3949ba59abbe56e057f20f883e
  hostname gzhmt_sw
!
  telnet-server securityip 192.168.1.1
  telnet-user user password 0 user
  telnet-user linyang password 0 111111
!
!
Vlan 1
  vlan 1
!
Vlan 100
  vlan 100
  name gzhmt1
!
Vlan 200
  vlan 200
  name gzhmt2
!
!
Interface Ethernet0/0/1
!
Interface Ethernet0/0/2
  switchport access vlan 100
!
Interface Ethernet0/0/3
  switchport access vlan 100
!
Interface Ethernet0/0/4
  switchport access vlan 100
!
Interface Ethernet0/0/5
  switchport access vlan 100
!
Interface Ethernet0/0/6
  switchport access vlan 100
!
Interface Ethernet0/0/7
  switchport access vlan 200
!
Interface Ethernet0/0/8
  switchport access vlan 200
!
Interface Ethernet0/0/9
!
Interface Ethernet0/0/10
!
Interface Ethernet0/0/11
```

```
!
Interface Ethernet0/0/12
!
Interface Ethernet0/0/13
!
Interface Ethernet0/0/14
!
Interface Ethernet0/0/15
!
Interface Ethernet0/0/16
!
Interface Ethernet0/0/17
!
Interface Ethernet0/0/18
!
Interface Ethernet0/0/19
!
Interface Ethernet0/0/20
!
Interface Ethernet0/0/21
!
Interface Ethernet0/0/22
!
Interface Ethernet0/0/23
!
Interface Ethernet0/0/24
!
Interface Ethernet0/0/25
!
Interface Ethernet0/0/26
!
!
interface Vlan1
  interface vlan 1
  ip address 192.168.1.41 255.255.255.0
!
  ip http server
  web-user 0 password 0 1
!
gzhmt_sw#
```

五、实训总结与提高

本实训主要认识交换机的基本结构、初始化过程、基本配置方法、常用管理方法和交换机数据备份方法及 VLAN 划分。

在本实训的基础上，完成以下工作。

① 划分跨交换机的 VLAN，采用路由器或三层交换机实现 VLAN 之间的通信。

② 建立账号，通过 telnet、Web 方式对交换机进行远程管理。

③ 启用交换机的 SNMP 服务，采用网络管理软件对交换机进行管理。

④ 使用堆叠线缆对 3 台交换机进行堆叠，并进行统一管理。

实训21 神州数码路由器的配置

一、实训目的

1. 熟悉路由器提供的接口类型和用途。
2. 学习路由器的初始化方法和基本配置命令。
3. 学习启用 telnet，Web 服务及建立对应账号的方法。
4. 学习路由器数据备份和数据恢复方法。
5. 掌握静态路由协议和 RIP 协议的配置方法。

二、实训设备

1. 2 台计算机和 2 台神州数码 DCR-1702E 路由器，控制线。
2. 实训线路如图 21-1 所示。

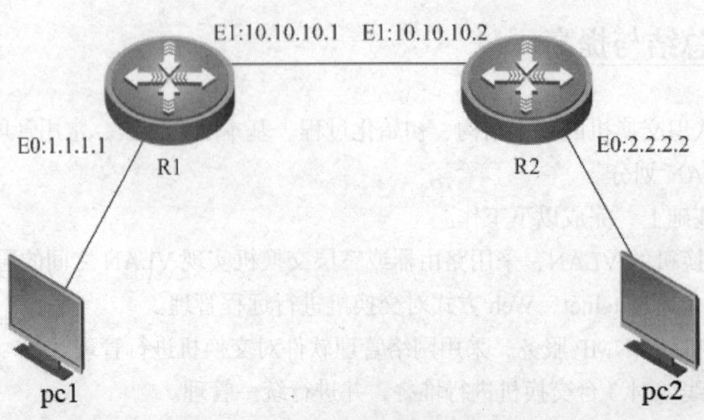

图 21-1 配置静态路由使网络互通

三、预备知识

神州数码 DCR-1702E 路由器是一款高性价比的安全接入路由器。该款路由器专为行业专网、小型办事处和企业远程工作者设计，具有良好的安全性和高度的灵活性，可以实现高速、稳定、安全的专线接入或 ADSL 接入，实现灵活可靠的 VoIP、VPN 等网络应用。

神州数码 DCR-1702E 路由器提供两个以太网口（1 个 10/100Mbit/s 自适应以太网口、1 个 10Mbit/s 以太网口）、一个高速串口、一个扩展接口插槽。其中，双以太网口的设计独具特色，能满足 ADSL 或专线上网需求，高速串口可满足行业专网的接入需求。全新设计的安全功能支持 IPSec VPN、防火墙保护和 URL 过滤等，并特别设计了防 BT 功能。优化设计的高级服务质量（QoS）特性，可优先处理高质量语音、视频和数据应用。此外，该路由器还具备 MPLS VPN 等新特性，可平滑升级到 IPv6，保护用户投资为未来发展提供保障。

图 21-2　神州数码 DCR-1702E 路由器的外观图

四、实训内容与步骤

1. 路由器的启动过程

通过控制口登录 R1、R2 路由器，可以看到路由器的启动过程，如图 21-3 所示。

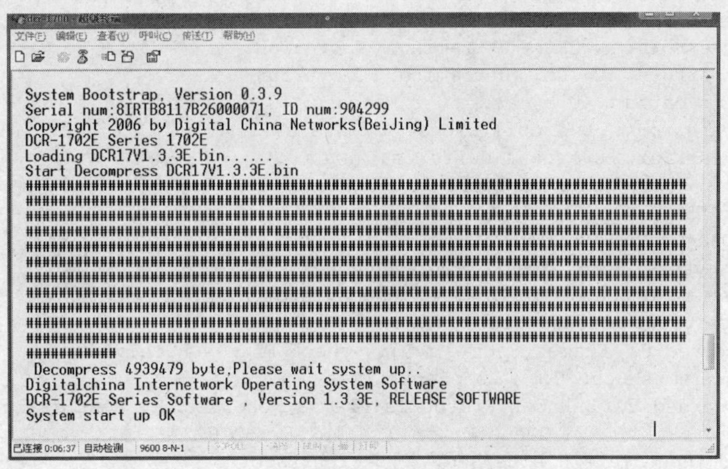

图 21-3　路由器的启动过程

2. 查看路由器的接口和状态

```
Router#show  ip   interface                    //查看所有接口状态
Serial0/2 is down,  line protocol is down
  Internet protocol processing disabled

FastEthernet0/0 is up,  line protocol is up
  Internet protocol processing disabled

Ethernet0/1 is down,  line protocol is down
  Internet protocol processing disabled
```

```
Router config f0/0#show  interface
//可以看每个接口的详细信息，包含接口类型、接口速率
Router config f0/0#show  interface
FastEthernet0/0 is up, line protocol is up
address is 00e0.0f93.98d5
 MTU 1500 bytes, BW 100000 kbit, DLY 10 usec
 Encapsulation ARPA, loopback not set
 Keepalive not set
 ARP type: ARPA, ARP timeout 00:03:00
 60 second input rate 62 bits/sec, 0 packets/sec!
 60 second output rate 0 bits/sec, 0 packets/sec!
 Full-duplex, 100Mbit/s, 100BaseTX, 13 Interrupt
  14 packets input, 2909 bytes, 200 rx_freebuf
  Received 0 unicasts, 0 lowmark, 14 ri, 0 throttles
  0 input errors, 0 CRC, 0 framing, 0 overrun, 0 long
  0 packets output, 0 bytes, 50 tx_freebd, 0 underruns
  0 output errors, 0 collisions, 0 interface resets
  0 babbles, 0 late collisions, 0 deferred, 0 err600
  0 lost carrier, 0 no carrier 0 grace stop 0 bus error
  0 output buffer failures, 0 output buffers swapped out
Ethernet0/1 is down, line protocol is down
address is 00e0.0f93.98d6
 MTU 1500 bytes, BW 10000 kbit, DLY 100 usec
 Encapsulation ARPA, loopback not set
 Keepalive not set
 ARP type: ARPA, ARP timeout 00:03:00
 60 second input rate 0 bits/sec, 0 packets/sec!
 60 second output rate 0 bits/sec, 0 packets/sec!
 Half-duplex, 10Mbit/s, 10BaseTX, 0 Interrupt
  0 packets input, 0 bytes, 100 rx_freebuf
  Received 0 unicasts, 0 lowmark, 0 ri, 0 rx_busy
  0 input errors, 0 CRC, 0 framing, 0 overrun
  0 input errors, 0 CRC, 0 framing, 0 overrun
  0 packets output, 0 bytes, 50 tx_freebd, 0 underruns
  0 output errors, 0 o_collisions, 0 late collisions
  0 lost carrier, 0 output buffer failures
Serial0/2 is down, line protocol is down
 Mode=Sync DTE
  DTR=UP, DSR=DOWN, RTS=DOWN, CTS=DOWN, DCD=DOWN
  MTU 1500 bytes, BW 64 kbit, DLY 2000 usec
  Encapsulation prototol HDLC, link check interval is 10 sec
Octets  Received0, Octets Sent 0
Frames Received 0, Frames Sent 0, Link-check Frames Received0
Link-check Frames Sent 0,   LoopBack times 0
Frames Discarded 0, Unknown Protocols Frames Received 0, Sent failuile 0
  Link-check Timeout 0, Queue Error 0, Link Error 0,
  60 second input rate 0 bits/sec, 0 packets/sec!
  60 second output rate 0 bits/sec, 0 packets/sec!
   0 packets input, 0 bytes, 8 unused_rx, 0 no buffer
   0 input errors, 0 CRC, 0 frame, 0 overrun, 0 ignored, 0 abort
   0 packets output, 0 bytes, 8 unused_tx, 0 underruns
  error:
   0 clock, 0 grace
  PowerQUICC SCC specific errors:
   0 recv allocb mblk fail    0 recv no buffer
   0 transmitter queue full   0 transmitter hwqueue full
Router_config_f0/0#
```

3. 配置接口 IP 地址和时钟频率

对路由器接口配置 IP 地址，启用适当的路由协议。当路由器作为 DCE 设备时，还需要设置

时钟频率。

```
Router_config_f0/0#ip  address 192.168.1.42  255.255.255.0
Router_config_f0/0#no shutdown
Router_config_f0/0#clock rate  64000
```

4. 启用 telnet 服务

```
router_config# aaa authentication login default local   //开启 aaa 认证
router_config# aaa authentication enable default   enable

router_config#line  vty  0  4
router_config_line#login   authentication   default
router_config_line#password  0   user
```

5. 路由器的备份

用 dir 命令查看路由器文件，通过 tftp 方式对路由器的文件进行备份。

```
router#dir
Directory of /:
0    DCR17V1.3.3E.bin      <FILE>     4941591    Thu Jan  1 00:03:12 2004
1    Function.map         <FILE>      695139    Thu Jan  1 00:03:24 2004
2    startup-config       <FILE>         717    Thu Jan  1 01:13:58 2004
free space 1540096

router#copy  startup-config  tftp
Remote-server ip address[]?192.168.1.1
Destination file name[startup-config]?router03
#
TFTP:successfully send 2 blocks , 717 bytes
```

6. 静态路由协议的配置

在图 13-1 所示的网络环境中，在 R1、R2 上配置静态路由，实现位于不同网段的 2 台计算机之间能够互相通信。

① 在 R1 路由器上进行以下参数配置。

```
R1(config)Interface e0
R1(config)ip address 1.1.1.1 255.255.255.0
R1(config)Interface e1
R1(config)ip address 10.10.10.1 255.255.255.0
R1(config)ip route 2.2.2.0 255.255.255.0 10.10.10.2
//添加静态路由协议，去往 2.2.2.0/24 网段的数据，下一跳为 10.10.10.2
```

② 在 R2 路由器上进行以下参数配置。

```
R2(config)Interface e0
R2(config)Ip address 2.2.2.2 255.255.255.0
R2(config)Interface e1
R2(config)Ip address 10.10.10.2 255.255.255.0
R2(config)ip route 1.1.1.0 255.255.255.0 10.10.10.1
```

五、实训总结与提高

本实训认识了路由器的基本结构、管理方法、路由配置备份的方法及基本的路由协议配置方法。在完成实训的基础上，完成以下工作。

① 使用 RIP 路由协议，实现实训目的中第 5 条的要求，采用 show ip route 查看路由表。

② 配置访问控制列表，限制某些 IP 地址的访问。

③ 实现 NAT 功能，对内部 IP 地址进行转换。

参 考 书 目

1. 钟小平，张金石.网络服务器配置与应用. 北京：人民邮电出版社.

2. IT 同路人. 服务器架设实例详解. 北京：人民邮电出版社.

3. 高峡，钟啸剑，李永俊. 网络设备互连实验指南. 北京：科学出版社，2009.

4. 高峡，陈智罡，袁宗福. 网络设备互连学习指南. 北京：科学出版社，2009.4.

5. 李馥娟.计算机网络实验教程. 北京：清华大学出版社，2007.9.

6. [美]西蒙斯基(Robert J. Shimonski)，等，著. Sniffer Pro 网络优化与故障检修手册. 陈逸. 谢婷,等,译. 北京：电子工业出版社，2004.8.

7. CSDN: http: //hi.csdn.net/mabohui.